欺骗时间

科学、性与衰老

[英]罗杰·戈斯登(Roger Gosden) / 著

刘学礼 陈俊学 毕东海 / 译

上海科技教育出版社

对本书的评价

◇

罗杰·戈斯登(Roger Gosden)教授呈现给我们一部关于生物医学老年学根源的精彩历史,集可读性和资料性于一身。同时,他还对生物衰老过程的本质提出了自己睿智的见解。

——芬奇(Caleb Finch),
南加利福尼亚大学安德勒斯老年学中心教授

◇

戈斯登是一位令人兴趣盎然的讲故事能手。他熟练地将趣闻轶事、历史花絮和生物学琐事编织成一个有趣的故事。他的交谈式风格使幽默和不拘小节与准确和权威性相得益彰。

——《美国科学家》

◇

本书由利兹大学一位著名的生殖生物学家所撰写,对于广大读者来说,它生动而幽默,包括了大量引人入胜的关于衰老、死亡和激素的趣闻。参考书目列举了大量经典的老年学文献,许多生动有趣的仿真陈述具有坚实的学术基础……本书具有很强的趣味性,恰似一顿由许多小小的美味佳肴组成的丰盛自助餐。

——《新英格兰医学杂志》

◇

一本出色的、大众化的关于衰老生物学的读物。

——《选择》

◇

一本有趣的读物，一幅将进化、生理学和临床医学中的衰老问题统一起来的生动画面。

——《新科学家》

◇

读戈斯登的书，可以启迪那些被关于"青春永驻"研究的天花乱坠的广告引入歧途者，使之重具活力，以新的视角看待自然之道和现代老年学。

——《华盛顿邮报》

本书献给布朗-塞加尔（1817—1894）教授：一位陷身于性激素和衰老研究泥潭的先驱。他过度依恋于得宠学说和不当方法，已落下千秋笑柄。然而，我不仅崇尚他那种不屈不挠的奋斗和牺牲精神，而且对其勾勒的医学幻境神往不已。

CONTENTS 目录

目 录

001 — 中文版序
003 — 序言
007 — 致谢
009 — 导言

017 — 上篇　时间的种子
019 — 第一章　疯狂的交配
037 — 第二章　狗的生命
060 — 第三章　威廉老爹
085 — 第四章　编程性衰老
112 — 第五章　大交易

131 — 下篇　时间的果实
133 — 第六章　布朗-塞加尔的长生不老药
153 — 第七章　腺体移植者
178 — 第八章　激素时代
203 — 第九章　绝经期的意义
230 — 第十章　类固醇的塑形作用
255 — 第十一章　一个极度不育的物种
278 — 第十二章　美丽新时代？

297 — 进一步的读物
309 — 译后记

中文版序

许多世纪以来，中国的草药医生和化学家一直致力于增进老人的健康，并始终位于该领域的前沿。当延缓衰老成为国际上研究的焦点时，我们开始逐步认识那些使我们易患衰退性疾病的变化，而希望在于，即使我们不能完全终止衰老过程，至少也可以减弱其最可怕的影响。在本书中，作者引导读者领略了最新生物学进展，特别是性激素这一角色——性激素通常被视为"长生不老药"。根据进化理论，在生殖力与寿命之间存在一种交易，每一物种的寿命均有一个遗传决定的上限。性激素就是这一交易的典型示例，因为我们需要它们来生育后代和改善骨质及血管状况。但是，它们也会引起老年人身体的恶性变化。也许这就是为什么尽管绝经首先是更多的一系列严重问题的前兆，卵巢和睾丸却比身体的其他器官老化得更快。随着老龄化人口的增长，衰老研究的社会影响变得更加重要。衰老正成为最复杂的生物学过程，尽管其中的一些因素不易控制，但是一些令人震惊的科学发现正在帮助我们欺骗时间。

罗杰·戈斯登
1999年8月5日

序　言

刚刚吃过火鸡和花色配菜,我便开始琢磨着该怎么来写这本书的序言。一想到母亲做的那油腻的布丁,我仍觉得很不舒服。我怀疑如果圣诞节频繁来临的话,我是否能活这么久。据我所知,她的秘方就是把凡是能看到的甜的、油腻的、含酒精的成分统统混在一起,然后尽可能长时间地酿制而使之成熟。

她儿子打算像他母亲酿酒那样写一本书。衰老这个题目就像布丁一样令人产生浓厚兴趣而又无法抗拒,尤其是当它把性掺入的时候。但是调味品太多或煮得太熟,都会糟蹋了它。大多数人喜欢科学的量正好合适,不至于被大量的事实塞满了嘴而不能下咽——对一名满怀希望打算写一些关于他喜欢的学科的科学家来说,这往往是一种危险。

这本书是写给每一位对身体的老化过程(科学家们则更愿意称之为"衰老"过程)感到好奇的人。在整个生物学界,像它一样复杂或比之更多样化的学科是很少见的,所以似乎我有足够的理由仅从我研究最多的那一方面,即生殖系统和绝经期着手。这就是关于这本书最初的一些想法。但在编写过程中,我逐渐涉及了其他一些学科。不依靠其他学科的知识,我是无法完成这本书的,因为衰老的诸多方面是不可分割的。因此我决定冒险走一条更宽阔但更艰难的路,希望能使读者对整体有所了解,而不至于只见树木不见森林。我是否做到了这一点,还要请读者评说。

在写作过程中,我尽力使这本书做到对任何仅有生物学或医学肤浅知识的人都简明易懂。同时我还希望对这门学科怀有浓厚兴趣,想了解一些新观念的人也能从中有所收获。我以那些在报界和在《新科学家》这类优秀周刊工作的最佳科学新闻工作者为我写作的榜样,像小学生那样从他们身上学习经验。按照他们的样子,我把"便于理解"而不是"充分理解"定为写作的目标。这不是一本随便翻翻的教科书,而是邀请读者从头到尾畅游的知识海洋。

写这本书就好像是在爬一座山,比我预期需要付出更多的努力。在上篇,我描述了一些概貌,即有待解决的问题及一般情况,解释什么是衰老,什么不是,哪些人会变老而哪些人会"长生不老"。必须承认,书中主要写了一些突出的问题,避免了一些专业性较强的细节。第五章是一个分水岭,它指出了衰老存在的根本原因。从这个高度,可以欣赏到机体老化的全景。运用进化理论,生物学家们一般都能合理回答关于"存在"现象的"为什么"问题,在衰老这个问题上也是如此。活细胞的衰老过程并不完全由物理规律所支配,而是受到塑造生命的原始力量的影响。其中隐含着变化的可能性。

此后,我开始了在生殖生物学和生殖医学领域的探索。这不是仅仅因为我对此非常熟悉,而是因为生殖器官是人体最早发生衰老的器官之一。性激素水平的改变,实际上对身体各个部分都会产生重要影响。性激素曾被认为是长生不老药,但现在人们已对激素及在激素替代疗法中它们的衍生物的作用产生了怀疑。我列举了相当多过去的误解,其中有一些已经被证实是相当错误的。

一些人也许会对他从这本书中读到的东西感到忧虑,因为这本书的主题涉及死亡的必然性。衰老被看成是一个令人不快的话题,如果我们有幸能活得足够长的话,我们都会受到它更有害的影响。遗憾的是,我们还战胜不了衰老,但是我们都在想方设法欺骗时间。用科学的眼光来看,前景并不像我们曾经认为的那样令人沮丧,延缓衰老并不是幻想。

很多人可能因为书中性的色彩而踌躇不前,但我并不想为此道歉。生殖和衰老就像硬币的两面,是不可分割的,而且书中并没有色情内容,只有事实真相和生物学理论。性和衰老太重要了,正像政治和宗教,但它们没有得到严肃认真的对待,所以在这本书中,我试图揭开笼罩在上面的神秘面纱,希望这些基本问题还没有被某些过度热情的科学家的滑稽理论或一些趣闻轶事所蒙蔽。

我的一些同事一定会对我写这本书的原因感到困惑不解。我毕竟可能或者应该把时间花在实验上,和我的学生们一起在实验室里。而亲朋好友无疑会开玩笑说这本书的出版标志着中年危机的高潮!我必须承认,这件工作只是个人的一项爱好。就此而言,它和其他许多实验没有什么不同。大多数科学家从事研究工作多半是为了满足自己的好奇心,而不是出自热切希望促进人类进步。

写这本书的部分原因是为了使自己得到满足。这项收集和整理大量各种来源的(不仅是来自科学的)信息的工作,一直在证实我对一些深奥的生物学问题的看法并帮助使之具体化。过去我们自信对自己的研究领域很了解,但是,当我不得不重新解释它且又不受传统的大学授课的约束时,我才发现一个专业工作者的观点会有许多局限。但最重要的是,作为一个年轻的大学生,我是多么幸运地在无意中发现了这门我将终生从事的学科。

如果这本书既不能引起人们的注意,也不能给人以启迪,那么我诚恳地接受所有的批评,因为我的观点并非无可挑剔。也许在整个科学界,唯一比性或衰老更能吸引人的题目是性和衰老。科学上不断有新的发现,而大众对科学的兴趣可以根据新闻媒体的水平来判断和推测。我希望能与读者分享我在写这本书过程中所感受到的挑战和快乐。如果我能成功解说我的学科并冲淡这方面的一些神秘色彩,而不破坏人们对自然界的好奇心,那么这次艰苦的写作就是有价值的。

罗杰·戈斯登
1995年7月

致 谢

大多数科学家和医生一般不会为普通读者写作,我也不例外。如果没有我妻子卡罗尔(Carole)的帮助,本书是不可能写成的。有些作者感谢他们伴侣的耐心和茶点,但是我欠她的远远不止这些。她不仅充当了我的第一个评论者和亲密战友,而且在初稿起草上给了我很大帮助,并做了大量编辑工作。即使在我陷入与其他工作的冲突时,她也始终促使这本书的写作保持一定的进度。很少有研究者能在他们退休或断气之前从事类似的写作工作,一个主要原因可能就是工作上的冲突。

我很高兴我的三位最亲密的顾问都是女士,这更多的是出于偶然而不是审慎选择的结果。一位是我的妻子,另外两位是我在潘·麦克米伦出版社的编辑莫利(Georgina Morley)和我的经纪人玛吉·皮尔斯坦(Maggie Pearlstine),如果没有玛吉对这本书的信心和对作者还这门学科公道的信任,这本书可能还在酝酿之中。只要有可能,她们三位都会随时协助我从妇女的角度来看衰老生物学,并提醒我可能出现的任何疏忽。同样,一位不知姓名的读者帮助我避免了赘述的倾向。但这位读者选择匿名,使我不能适当地向他表达我的谢意。本书写作接近尾声时,我的秘书英厄姆(Vivienne Ingham)就像对待办公室其他工作一样,为我的手稿提供了热情忠实的帮助。

科学从来就是不分国界的。在这个星球的一些遥远的地方,有两位同事,他们对我科学思想的影响比其他任何人都要多。没有人能够比芬奇(Caleb Finch,南加利福尼亚大学教授)教给我更多关于衰老本质的知识。法迪(Malcolm Faddy,澳大利亚昆士兰大学)的惊人智慧和对细节的锐利目光帮助我避开了许多陷阱。最重要的是他们那独具感染力的热情鼓励我在这条崎岖的道路上坚强地走下去。他们耐心、宽容地读完了全部手稿,并给予了中肯的评价,而现在书中存在的任何不妥之处都应当由我个人负责。

很遗憾,我不可能提到每位给过我帮助的人,所以我只能将曾经为我提供信息、给我鼓励的人列举如下:奥斯塔德(Steve Austad,爱达荷)、贝尔德(David Baird,爱丁堡)、博雷尔(Merriley Borrell,明尼阿波利斯)、康福特(Alex Comfort,克兰布鲁克,肯特)、德莱夫(James Drife,利兹)、爱德华兹(Robert Edwards,剑桥)、汉密尔顿(David Hamilton,前格拉斯哥)、霍布森(Bruce Hobson,爱丁堡)、约翰逊(Tom Johnson,科罗拉多)、柯克伍德(Tom Kirkwood,曼彻斯特)、梅辛杰(Andrew Messenger,设菲尔德)、莫里斯(Jane Morris,爱丁堡)、纳尔逊(James Nelson,圣·安东尼奥)、奥利弗(Roy Oliver,邓迪)、派克(Malcolm Pike,洛杉矶)、里夫利(Edwin Reavley,爱丁堡)、伦夫瑞(Marilyn Renfree,墨尔本)、鲁特福德(Anthony Rutherford,利兹)、肖特(Roger Short,墨尔本)、西尔伯(Sherman Silber,圣路易斯)、坦普尔-史密斯(Peter Temple-Smith,墨尔本)、温斯顿(Robert Winston,伦敦)。在此谨向各位表示深深的谢意。

那些对我要讲的故事作出杰出贡献的一流科学家和医生的名字遍布本书,以上列出的远远不是全部。我本想一一致谢,但由于篇幅有限,只好有选择地列出对我影响最大的一些人。

最后,我还要谢谢我的两个儿子——马特(Matt)和汤姆(Tom),他们耐心地忍受了其父全神贯注于写作和渐渐灰白的头发。在我离开人生舞台而本书也被长期遗忘之后,我希望他们仍然活跃在这个舞台上,去证明至少我的基因欺骗了时间。

导 言

在我儿子出生的爱丁堡皇家医院附近，矗立着一座象征母性的建筑物——辛普森纪念碑。辛普森（James Young Simpson），这位19世纪60年代的产科学教授，现在被认为是一位伟大的先驱。在他那个年代里，他掀起了一场辩论风暴。

每逢周六下午，朋友们定期在他皇后街的家里举行聚会，讨论一些医学问题，沉醉于"客厅科学"之中。一瓶氯仿在客厅各个角落传递，每人都吸一口，似乎在分享一只鼻烟盒。从片刻小睡中醒来之后，大家一致认为其结果是令人喜悦的。于是辛普森不久就将氯仿麻醉应用于医院产房。没想到这一充满同情的善良举动，激起了神学家和他的一些同事的极大愤怒。根据教义，他们控告他亵渎神灵，因为在宗教看来，作为对夏娃过失的惩罚，妇女们注定要饱尝分娩的痛苦。《化身博士》一书作者的故乡爱丁堡，向来就是一个精神分裂的地方，既是保守主义的堡垒，又是激进分子的温床。

我从来没有想象过自己会被塑造成一个危险的激进分子的角色，但无论最初是多么清白或秘密，科学研究都会将毫无戒备的研究人员从他的象牙塔扔入社会生活的洪流之中。1994年新年来临之际，报纸上就出现了一些关于我在爱丁堡大学试图为妇女重调生物钟的耸人听闻报道。《洛杉矶时报》报道，"胎儿卵细胞用于生殖引起轰动"。在苏格兰的家乡,《每日报道》称我是一位"从死者身上制造婴儿的医生"。据该报说,"科学怪人"弗兰肯斯坦医生(Dr. Frankenstein)还活着,并一直在爱丁堡工作!

一份公告引起了公众的极大兴趣。一位59岁英国妇女在接受了一位意大利捐赠者的卵细胞后生育了一对双胞胎。令反对者们安心的是,由于捐赠卵细胞的不足和这项治疗的高昂代价,上述晚育的例子只有很少能够实现。这种状况一直持续到卵巢移植的研究宣告出现为止。从年轻尸体或胎儿中移植年轻的卵巢能使老年妇女的卵巢恢复活力,使之又能有足够的卵细胞贮备并恢复月经,这使得妇女们能在她们选择的任何时期以传统的方式受孕,而不再需要一群医生和体外受精技术的帮助。

现在来预测移植的价值还为时过早,但这个观念在1994年提供了丰富的精神食粮。一些人想知道手术后妇女的正常经期是多久;如果存在年龄上限的话,母亲们的年龄上限应该设为多少;另一些人感到这又是一个自然过程受到干预的例子,用死人身上的组织进行治疗令人厌恶。许多人担心,年老的父母对孩子们的生长发育是否不利,这些问题甚至被提交到议会讨论。议会修订了禁止将胎儿卵细胞用于生育治疗的刑事审判法案。一位下院议员甚至指控我"盗窃子宫",将我与诺克斯(Robert Knox)进行令人不快的相提并论,这位古爱丁堡时代的医生曾经为了他的解剖课而从掘墓盗尸人手中购买了尸体。

我的另一个困难在于将性腺治疗当作治疗衰老的灵丹妙药的历史。"倒拨"生物钟是人们由来已久的愿望,器官产物长期以来一直被誉为是"长生不老药"的成分。自从第一批江湖郎中或庸医开业以来,认为人类长寿的秘密存在于性器官之中的观念一直很流行。在现代人的记忆中,卵巢以及更多情况下的睾丸,已被用于使男人和女人返老还童的手术。沃罗诺夫(Serge Voronoff)医生是在猴的腺体移植方面的先驱之一,声称它们是"前所未有的源泉"。他认为老年时的虚弱和疾病是随着性激素水平降低而出现的,而事实原本更为复杂。在20世纪30年代纯激素被利用之前,提高血液中激素水平的最好方法是从年轻的捐赠者身上移植器官。

一个奇怪的现象是,当我们还处于生命鼎盛时期时,经过一段短暂的花季之后,人的生育能力却开始逐渐减弱。性器官过早衰老,也许比机体其他任何器官都快。机体对激素的改变产生反馈,表现出它的不良作用,如绝经期综合征及各类疾病。性衰老导致整体衰老的古老神话中蕴含着真理的萌芽。不能生育的夫妇,患有乳房疾病的妇女,甚至秃头的男人,都是这一过程的牺牲品,命运过早衰落,确实令人难以接受。从生物学角度来看,这么早就使我们失去遗传我们基因的能力是不合情理的。

本书最初的目的是解释性器官退化的原因,并提出一些治疗性的建议。但是在早期阶段,零碎的解释很显然是不够的,我将不得不面对一幅更大的生命和衰老的画面。生殖不仅像呼吸、出汗一样只是机体的另一项功能,而且是生命延续的显而易见的根本原因。许多生物必须生存足够长时间以进行交配活动,否则物种就会逐渐灭绝。因此,每种动植物都有在特定时期内出现的青春期和衰老期。这整个过程被称为生活史。每种生活史都有其自身的逻辑,并且在进化过程中受到自然选择的塑造,如同身体的大小、羽毛的颜色及其他特征一样。

进化论对生物学家就像牛顿定律对物理学家,像是一棵悬挂着许多生命事实的大树。这又是和爱丁堡有关的另一场伟大辩论,年轻的达尔文(Charles Darwin)或许就是为了远离人类外科的恐怖和诺克斯的对手特提斯(Alexander Munro Tertius)枯燥的解剖课,才投入博物学家和剑桥神职人员的怀抱。达尔文的自然选择理论非常流行,以至于人们企图用它来解释每一种自然现象,而衰老只是最近才受到它的影响。

生物学家不再在衰老现象上屈从于物理学家,他们拒绝将衰老仅仅简单地看作是机体衰退或是生存的一个必然现象。衰老证明比想象的更有趣,更灵活,它的节奏和特点并不是固定不变的,而是由繁衍后代的冲动与保存自己的需要之间的进化张力来决定的,这一理论使我们想起了在性腺治疗背后的那个古老故事:生育和退化是同一枚硬币的正反两面。

英国人现在的寿命是维多利亚时代人的2倍。随着全世界大部分地区预期寿命的不断延长,衰老成为政治家和决策者争论的关键问题。当然,人口老龄化的转变与进化无关,和衰老过程本身的结果也没有关系。公共卫生措施和集体接种疫苗使全世界大部分地区免遭过去那些造成大批年轻人死亡的流行病的危害,所以全球不断向老龄化发展。现在,活到《圣经》规定的70或80岁已经作为一种权利被普遍接受了,但是寿命的最高值自古以来似乎一直没有改变过。

对儿童健康和生存的威胁主要来自外界,而对老年人来说,则主要来自内部的生物学原因,以及大多数医学研究的不成熟。心脏病、癌症、阿尔茨海默病、帕金森病、糖尿病和骨质疏松症很少发生在年轻人身上,而如果这些疾病能像天花一样得到根治,那么我们完全可以希望活得更长、更好些。诺贝尔奖得主彼得·梅达沃爵士(Sir Peter Medawar)指出:"**延长快乐健康的美好生活是医学的灵魂,从某种意义上说,这就是一切医学研究为之奋斗的最高成就,因为在医学上的所有进步都会提高预期寿命。**"他在写这些文字的时候,正在勇敢地面对脑卒中后遗症的挑战,而且可能已经发现了地位卑微的阿司匹林在避免另一起血小板危机中的作用。我们正在逐渐回击退化性疾病的猛烈进攻,但目前似乎还没有取得永久的胜利。

每个人都很愿意努力消除衰老的影响,但很少有人赞同将它根除掉,这是个奇怪的现象。因为衰老是大多数健康问题的基础,是享受人生的现代灾害。我们曾有过几个最令人困惑的发现,一个是在童年,我们发现自己所爱的人变得老弱,最后死去;另一个是在中年,从前人生命的终结中,我们意识到人的寿命比通常认为的更短暂。因而寿命仍被普遍认为由神决定。就像辛普森年代里分娩的痛苦一样,似乎不应该去干涉它。

进化论向这种观点提出了挑战,因为这种观点认为衰老是不邀自来、不可抗拒的,它并没有生物学上的目的。如果这种论点没能使读者相信我们能够(或许应该)考虑调整一下我们的生物根基的话,总会有其他论点能做到这一点,那种认为衰老仅仅是老年人的问题,我们"年轻"时可以放心地予以忽略的观点是一种谬误。衰老的早期效应并不仅仅体现在性和生殖问题上,因为一些生理的、习惯的、环境的因素,很多成年以后出现的疾病和残疾,在早年就已埋下了根基,而且大约10%严重的先天性遗传病有早衰的症状。衰老并不只是一道迟迟而上的不可口的晚餐,它从来没有远离过我们,应该引起我们大家的注意。

旁观者常常轻视对衰老的研究,原因之一是由于研究衰老的历程并不那么辉煌和令人难忘。其他学科没有被如此古怪的观点和治疗所包围,也没有像它那样被泼了这么多冷水。衰老科学被称为"老年学",从字面上理解就是研究老年人的学科。一位满头银发的科学家,徒劳地妄想阻止时光的流逝和岁月的磨损,这个形象看上去就像试图阻挡衰老的克努特(Canute)一样滑稽,对长生不老药的探求则是彻头彻尾的愚行。中世纪的金丹术士们是可以原谅的,因为他们无知。但在20世纪老年医学的成长初期,一些狡猾的方士吸引名人施行复壮疗法大大败坏了这门学科的名声,这是不可原谅的。为了重新获得逝去的青春的微弱希望,一些人不惜倾家荡产。这就扭曲了科学的纯洁目的,使之成为欺诈行为的巨大诱惑。无怪乎很多学生会被这潭浊水所迷惑,不敢投身于老年医学这门学科中来,而科学界的前辈们又怎么样呢?

现代老年学不得不克服重重怀疑和种种偏见才能在受人尊敬的科学界找到属于自己的位置，而且在某些方面，它仍然没有获得应有的资格。许多医生将衰老视为年老体衰加上疾病造成的结果，而另一些医生则在判断和对新进展的认识上更谨慎、更悲观。伦敦密德塞克斯医院的沃尔珀特(Lewis Wolpert)最近指出："没有多少科学家在从事衰老问题的研究，即使它的重要性不容置疑……问题在于现阶段进行这方面的研究太困难了，有才能的科学家们运用他们的技能选择合适的课题时，认识到了这一点。只有当用实验方法解决这个问题变得可行的时候，才会有更多的科学家进入这个领域。"考虑到他所在的发育生物学领域产生了巨大进展，他把老年医学当作一潭阴暗的死水也许是可以理解的。

还有一些人则将衰老的重要性和复杂性淡化了。我们的身体粗看似乎与汽车有许多相似之处，都是需要燃料才能工作的机器，并且都注定会过时。当我还是一个学生时，我很熟悉如何延长一辆老式摩托车或轿车的寿命，换一个引擎或齿轮箱就会使老爷车在一段时间内获得新生，但生锈会最终结束它的生命。我们现在已在身体需要的地方进行着类似的保养和维修工作。卫生习惯现在是日常的议程，而且除了脑以外几乎所有的主要器官都能通过移植而被取代以延长生命。同时，化妆品工业迎合了一些人的口味，他们为了使自己看起来或感觉上年轻一些，不惜花费与保持健康一样高的代价。

老年学的研究内容绝不是肤浅的，它不像传统医学研究那样把疾病作为研究重点。它所探求的是能否首先建立一个长寿的模型，而不是去处理一些机械故障和一个又一个零件的生锈问题。延缓衰老就是要维持青春期和生育期这些生命力旺盛的时期，推迟退化性疾病的出现。细胞的复杂性和声名狼藉的开端也许会使整个老年学事业陷入困境，但已经有研究者发现了延长某些动物寿命的方法，正在试图发现其中的机制,以及是否能在其他动物身上被重现。

在衰老过程的基本特点被弄清之前,整个进展将会十分缓慢。没有对基本原理的正确理解,我们就不可能目睹登月行动、核能利用,而任何对遗传病的征服都将是不可想象的。曾有人以略带夸张的口气说,有多少位老年学家,就有多少种关于衰老**如何**发生的理论。越来越多的学生,尤其在美国,目前选择老年学作为自己的职业,理论过多造成的混乱正在被观察和实验的利刃逐渐削减。但是对衰老**为何**存在的解释只有一种,这使得人们比以前乐观了许多,其中还包含着生物钟是否可能被控制的答案。

老年学研究的发展需要传播媒介的再次帮助,重大的突破也许行将发生。现在尚看不出理论上存在人类寿命的上限不能被提高至少一点点的理由,这可能使一些人感到困惑。梅达沃这样概括道:"如果有坚定、持久的信念,那么只要原则上可行,即不与基本物理规律相冲突,就没有什么是做不到的,这是科学的无上光荣,也是对科学的巨大威胁。"预测进展的步伐,对无论是喜欢还是惧怕它的人们来说,都是一件更复杂的事,因而不可能像英国的天气预报那样准确无误。

对延缓衰老的探索,似乎是这本书一首合适的、令人印象深刻的序曲。但进展总是在一些意外的方面被获得。生物学有将从一个物种中取得的经验教训用于另一个物种的传统。这个故事发生在澳大利亚的腹地,而不是在高技术实验室中由那些身穿白大褂谋求人类长寿基因的人们完成的。一种不出名的袋"鼠"比大多数实验室的实验更能说明,衰老并不是一成不变的,这意味着人也能欺骗时间。

上篇

时间的种子

第一章

疯狂的交配

……性和衰老死亡的共同起源以一种隐晦、原始的方式残留在我们的记忆之中,并将一直萦绕在我们的心头。

——弗雷泽(J. T. Fraser),

《时间——熟悉的陌客》

探寻袋䶄

澳大利亚的春天刚刚来临,当我在树木茂盛的大分水岭的山脚下,沿着那条泥泞的小路跋涉时,咆哮的急流使我不禁想起了苏格兰高地。但在那些潮湿的硬叶植物森林中的植被是完全不同的:大桫椤有7米高,深红色的红千层属植物生长在潮湿的溪谷旁,胶树高耸入云。在桉属植物柔软的植被底下,到处可见早些年死于衰老和雷击的树木。林业人员把它们叫作"牡鹿",因为它们伸出的光秃秃的大树枝看上去就像巨大的鹿角,其中的一些被林业人员立为野生生物保护区。由于昆虫和鸟类的侵袭,树干上密密麻麻布满了疤痕。那上面一些较大的洞里,也许就居住着我千方百计要寻找的动物。我知道在白天寻找这种动物肯定不会有结果:其中雌性只在夜幕降临时爬出洞穴寻找昆虫和食物，但不会有雄性和它们在一起。在8月这个疯狂交配的季节之后，其中成年雄性在野外几乎已经绝迹了。

我于1993年年底来到澳大利亚，和昆士兰大学的一位同事法迪（Malcolm Faddy）一起进行有关人类绝经期的研究。这期间，我得到一个等待已久的机会去观察在本土以外很难见到的一种动物的生活习性。这是一种棕色袋鼩，更确切地说是棕袋鼩（Antechinus stuartii），它以"性交至死的小活物"而闻名。因为在野外看到雄袋鼩几乎是不可能的，所以我和墨尔本莫纳什大学的彼得·坦普尔-史密斯（Peter Temple-Smith）取得了联系。他长年从事袋鼩研究，对这种动物生物学的了解程度无人出其右。

在科学工作中一件非常令人愉快的事，就是在两个素昧平生的人之间，由于一个共同的志趣而建立起融洽的关系。就拿我自己来说，仅仅在电话中提到袋鼩就使我得到了去彼得的实验室参观的盛情邀请。我一到那里，他就领着我上楼，从办公室进入动物房，虽然我的鼻子早已被那浓烈的动物异味引向了那里。

彼得在冬季动物繁殖期之前的那几个月里捕获了一些野生袋鼩，把它们单独关在笼子里。每只笼子里都装有一个饲料盆、一瓶饮用水和一个睡觉用的纸盒。当天的食谱是干猫食。每周有一次加餐，是一些被粉碎的新鲜动物肝脏，这与我们老家素食的野鼠完全不同，这些袋鼩非同寻常。

彼得试图引诱一只打着瞌睡的雄袋鼩从窝里出来，但这个小家伙比我们预料的更小心谨慎，只肯跑到靠近笼子的地板上。在几次冒失而徒劳的守门员式的突然伸手之后，这位高个子、长满胡子的生物学家只得求助于一种特制的套圈。这种折叠的三角形铝制品用来捕捉一些允许用于生态研究的动物。这些动物受到花生酱、燕麦和蜂蜜的强烈诱惑，这是它们所难以抵抗的。一旦这些丧失警惕的小家伙进入圈套，笼门就会猛地从后面关上。这种动物不会伤人,可以被称量、检测和标记。等到它们被释放时,有些袋鼩甚至还会喜欢上这个地方,一有机会就来享受一顿免费午餐。

我们没有用什么诱饵就抓到了"逃犯",它很想逃进那个阴暗而安全的避难所。彼得得意扬扬地把手伸进笼中,把那只局促不安的小动物拉了出来。小家伙很快咬了一下他的手指。如果这是一只真正的老鼠,其锐利的门牙会将手指咬出血来,但袋鼩只有很细小的牙齿用来捕食昆虫。通常它们会被当作有袋的老鼠,但是这种称呼并不确切,因为它们与啮齿目动物并没有很近的亲缘关系。它们是天生的食肉动物,所以最好叫它们袋鼩鼱。

袋鼩是袋鼩科的成员,相貌凶猛的塔斯马尼亚魔鬼——袋獾,是袋鼩科中最出名的一员。人们可以在新几内亚和澳大利亚南端之间广阔的栖息范围内发现袋鼩的踪迹。在交配季节,棕袋鼩的数量极多,以至

图1 雄袋鼩在交配季节迅速衰老,毛皮脱落,形容枯槁,原因在于它们仅仅对性感兴趣

于在某些地区被当成一种有害生物。朋友们抱怨这些小动物侵犯了他们的乡间邸宅,在外衣里筑巢,夜里在马口铁屋顶上喧闹不停。

彼得手中的这只小动物长着一条长长的光秃秃的尾巴,深褐色的毛,腹部呈现一种迷人的黄色。它比通常的老鼠大,有长长尖尖的嘴巴和凸出的大眼睛。更令人惊叹的是,这种动物的外生殖器顺序是颠倒的:两个睾丸在前,阴茎在后!这种排列是有袋动物所共有的特征,其优越性在袋鼠身上最明显,这使它们在穿越灌木时不至于擦伤它们娇贵的器官。

我以前听说过很多关于袋鼩的传闻,又远道而来亲眼看到它,所以当第一次见到这小家伙时,我显得非常兴奋,尤其当我想到这可能是世界上幸存下来的唯一成年雄袋鼩时,就更是兴奋不已。当它的同辈在8月的交配季节后纷纷死去时,它却因强迫独身而被挽留了下来。在生物学家的帮助下,它欺骗了时间!当袋鼩独特的生活史首次被发现时,科学界带着某些怀疑接受了它。没有其他的温血脊椎动物向人类展现了如此明显的生殖与死亡的关系,除了少数相近的物种外,再也没有比这更好的例子来体现编程性衰老过程。

将这只动物放回窝里后,我们检查了另一只笼子里的一只雌袋鼩。"她"显得比较小,不太会咬人,除了翻身时发现有8对乳头外,其余与雄性一模一样。但这种有袋类并没有真正的育儿袋。在它的哺乳期,会有一堆裸体小袋鼩摇摇欲坠地挂在它的身体上。和其他的有袋动物一样,新生的小袋鼩很小,体重只有0.5克。虽然它们还很幼弱,但其身体的前半部分功能和反射发育得很好,可以帮助它们爬到最近的乳头,并拼命抓住乳头。有时幼袋鼩多而乳头少,后来者就非常不幸了,没有一只母袋鼩会无私地为其他母袋鼩所生的幼崽哺乳。

所有袋鼩都在9月份的几天内相继出生,此时南半球春天来临,昆虫在经过一个冬天之后又慢慢多了起来。幼袋鼩在生下来后的头2个月挂在母亲身上,在此期间,母袋鼩也容易受到外界的伤害,所以它们仅在绝对必要时才出洞饮水觅食。到了11月底,幼袋鼩已发育得很好了,母袋鼩在外出觅食时,可放心地将它们留在洞内。这时幼袋鼩的体重已翻了10倍,几乎和母袋鼩一样重。在几周后它们断奶时,体重又增长了3倍。

与其他同样大小的动物相比,这种动物的子代依赖期要长得多。例如,大鼠和小鼠出生后1个月就可断奶,再1个月后即可繁育下一代,已成年的鼠可活2年以上。虽然袋鼩需长得多的时间才能到达青春期,但雄性的成年期极其短暂。

科克伯恩(Andrew Cockburn)是堪培拉澳大利亚国立大学的一名生态学家,主要从事袋鼩在自然环境中活动规律的研究。他捕捉了这种动物,并在其背上安装了微型无线电发射器。研究人员循着发射器的规律信号可以找到它们的栖息地。每个动物的信号频率不同,以便加以区别。离巢的年轻个体的活动可被追踪,直至它们死亡。

科克伯恩发现,雄袋鼩离开出生地后,会跑出一段距离加入另外的群体。随着夜晚逐渐变长,气温逐渐降低,20—30只袋鼩会紧紧地挤作一团,其优点显而易见。但是当冬天快结束的时候,生殖系统开始苏醒,性激素水平开始提高,这种亲密关系就随之破裂了。这时维持种族的生存,主要依靠难以满足的性欲和侵略行为而不是团体的合作精神。

对于栖居在赤道附近的动物来说,何时交配并不重要,因为那里食物丰度与气候和季节变化最小;而在高纬度地区,动物必须在食物最充足季节繁衍后代,以保证它们有最多的存活机会。妊娠期长的大动物往往在秋天交配,而妊娠期短的小动物则等到春天才交配。雌雄动物生殖能力的同步化至关重要,这也是生物钟如此重要的另一个原因。据我们所知,袋鼩和其他的动物一样,在脑内存在着计算昼夜长短的生物钟。

生物钟

在很多物种中,启动繁殖过程的是对白昼长短和季节变化的感知,虽然有些物种对月光有反应(可能更浪漫些)。气温也可以影响生育能力,但由于天气变化多端,所以对指示生育最佳时间的可信度就差些。有些生物钟的准确度令人吃惊。从空中观看大堡礁珊瑚虫的产卵过程,真是一派令人难忘的奇观——一片巨大、光滑的粉红色漂浮在海面。最大的一次产卵风暴,发生在仲夏第1个满月后的第5个晚上,数以百万计的珊瑚虫几乎同时产下无数针尖大小的卵。"把所有鸡蛋放在一个篮子里"的策略及一年一度大规模生育活动的危险性,其实比看上去的小。卵和幼虫的数目比可能被捕食者吞食的数量大得多,所以肯定会有一些能存活下来。对于人类来说这像是一种浪费,但对于它们来说,却是很有利的。

不是只有亚热带的物种才会"看日历"。我在爱丁堡的一位同事林肯(Gerald Lincoln)很幸运地能将实验室工作和野外考察结合起来,在远离苏格兰西海岸的罗姆小岛上研究赤鹿。他逐渐知道了它们的一些名字。其中一只被授予"亚里士多德"称号的牡鹿,每年都会在同一时间的前后1天内更换鹿角,这样已持续了10年。丢弃老的鹿角后,它就可以在第二年秋天动情期长出一对更大的鹿角。如同落叶一样,鹿角并不知道何时应该脱落。这个由产生到死亡的循环由体内激素水平的变化所控制。

珊瑚虫和鹿的寿命比袋鼩长得多,如果一次繁殖不成功,它们可以在来年再尝试,但袋鼩一生只有一次繁殖机会,所以这些动物每年动情期的具体时间非常关键。雌袋鼩的动情期彼此之间仅相差几天,信息素的释放可能对确保两性同步起到帮助作用,这些化学物质是天然的催欲剂。无论个体何时进入动情期,腺体都会分泌信息素来吸引异性。

松果体是大部分哺乳动物的生物钟,它对光敏感,位于大脑背面,在进化过程中起到了第三只眼的作用。但它的新角色现在是扮演生物钟管理员。[笛卡儿(Descartes)认为它是灵魂的家园,因为和大多数脑内其他结构不同,它是不成对的,而没有人有超过一个的灵魂!]

我们现在知道,大多数动物在睡眠时松果体分泌褪黑素,使生理活动与每日的运动、休息节律相协调。它在人身上会引起昏昏欲睡的感觉(提醒旅行者的机体,现在是墨尔本的晚上,即使事实上已是伦敦的早晨)。飞行时差反应也是由褪黑素释放重新调整的延迟造成的。在来自澳大利亚的航班飞抵的那个晚上服用5毫克纯褪黑素,可帮助消除时差造成的身体不适。不管褪黑素还有其他什么作用,它对动物的季节性繁殖非常重要,使交配双方处于同步。在希腊文中,"激素"这个词的意思是"使之兴奋",但并非所有的激素都是兴奋剂,褪黑素已证实就是一种"抑制剂",它使得位于大脑底部的脑垂体分泌的两种生育力激素释放减少。

褪黑素被分泌后,随着血液流动到达大脑底部的下丘脑及其下面的脑垂体。这个曾被认为是唯一黏液分泌腺的脑垂体,有非常重要的作用,一直被形容为激素分泌乐团的指挥。它分泌促黄体素(简称LH)和促卵泡素(简称FSH),这两者统称促性腺素,在两性中是相同的,因为它们对性腺——卵巢和睾丸——都有作用,刺激它们产生性激素以及卵或精子。主要的性激素在雌性中是雌激素,在雄性中是雄激素,睾酮是主要的雄激素。

黑夜越长,脑内分泌越多的褪黑素以抑制生育力。当澳大利亚冬天即将结束时,白天开始变得越来越长,褪黑素的分泌就渐少,袋鼩的性器官开始苏醒,青春期的早期信号开始出现。到7月底,雄袋鼩的性激素水平达到了高峰,使之从驯服的幼体转变为凶猛的成体,对交配抱有强烈的渴望。

交配中袋鼩的行为与动情期中的鹿相似,但它们头上没有武器可以用来攻击对手,而是通过牙齿来显示力量,征服雌性。搏斗的伤痕迟早会变得非常明显。它们看上去憔悴不堪,食欲下降。它们变得全身光秃秃的,并被撕破了耳朵,咬断了尾巴。

雌性在每轮求偶中也不是完好无损的。交配时,雄性会从后面抓住雌性的耳朵,或用爪子拉住雌性的皮毛。一旦就绪,雄性会一口气干上多达12小时,偶尔才停下来喘口气。在完成一次交配后,雄性马上会去寻找另一个交配对象,毫不顾忌其他雄性。一只被捕获的雄袋鼩曾连续与16只雌袋鼩交配,其中有2只交配过2次,而且每次都是全过程——直到雄袋鼩当场死亡。

袋鼩生命的最后几天中发生的这一幕引起了一些对其激素水平的夸大,其实在它血液中睾酮水平并不比其他成年哺乳动物(包括人)高,但其中有一个重要区别。在大多数物种中,可直接作用于细胞的游离的睾酮仅占循环总量的3%。大多数睾酮与血液中的蛋白质相结合,特别是与性激素结合球蛋白(简称SHBG)结合。这种蛋白由肝脏合成,起着行为监督人的作用,阻止过多激素分子进入细胞引起过度兴奋。这种安排确保了血液中有足够的睾酮贮存以备随时调用。袋鼩却不同寻常,因为它们血液中没有SHBG,所以雄袋鼩处于睾酮直接作用下,几乎达到中毒的程度。

在交配中,雄袋鼩几乎废寝忘食。它们专心致志,行为越来越疯狂,就好像要用尽所有的时间来交配似的。它们确实如此!经过几天的马拉松式交配后,它们开始在树顶上摇摇晃晃。迟早有一天,它们会倒头栽下,就像秋天的落叶一样,栽倒在森林的地面上。在2—3周的青春期里,每只雄袋鼩都有一段光辉的日子,随后雌袋鼩占据了所有的栖息地。

在配偶如此疯狂努力之后，我们希望每只雌袋鼩都能安然和真正受孕，但是这种动物还有一件更令人吃惊的事。许多雌袋鼩在交配时尚未排卵，所以在雄袋鼩死亡之前不可能受孕。这似乎是个不合理的安排，但雄袋鼩仍能安息，因为它们的精子被安全地贮存在雌袋鼩的输卵管中直到卵巢排卵。

雄性射精后，精子一般在雌性体内仅能存活几天。但是，在袋鼩体内，它们却能存活14天，为最终排卵提供了足够的余地。这比大多数物种的时间长，但离蝙蝠所保持的纪录还相差甚远：蝙蝠的精液在配偶体内可存留长达数月，度过整个冬眠期，甚至更久。为了打破纪录，人类已向前迈进了一大步，运用冷冻技术为不定期贮藏精子的可行性提供了理论依据。有些妇女甚至要求用亡夫的精子授精以传宗接代。

在这场类似俄罗斯轮盘赌的生殖中，虽然其最终结局出现较晚，延至枪撤了以后，但这些物种必须确保在游戏中获胜。它们采取了一项冒险策略，其所以成功是由于环境的稳定，以及对食物丰裕季节的预知。如果它们的生物钟被打乱或在8月发生一起环境灾难，那么全球袋鼩的数量将会急剧减少。

对这种冒险游戏策略的另一补偿，是袋鼩的生育力。为了保证生殖行为成功，雄性必须确保精子的质量，大多数精子是健康而充满活力的。坦普尔-史密斯发现，袋鼩精子的15%—100%能到达雌性输卵管远端的受精部位，而对兔子只有0.01%，在人类就更少了。无怪乎袋鼩的卵几乎都能受精，只有极少数在怀孕后期会丢失。由于它们的生殖如此高效，所以这种动物没有必要产生大量精子。雄袋鼩一个精子的功效，相当于其他同样大小动物1000个精子的作用。更令人惊奇的是，在第一次交配发生之前，雄袋鼩就不再产生新的精子了，它们使用已贮藏在输精管内的精子。根据其阴囊的颜色——性成熟雄袋鼩的阴囊完全变成了黑色——可以判断是否已经历了这一不可逆的过程。

精细胞由睾丸产生，就像血细胞由骨髓产生一样。一个干细胞不匀称地分裂成两个细胞，一个即精细胞，另一个为置换干细胞。这种方法就像依靠投资的利息生活一样，总是源源不断。人睾丸内和骨髓内的干细胞，使得人体内每天都有新鲜的精子和血细胞产生，直到晚年。但是在袋鼩，其睾丸内的干细胞在它们开始分裂后不久就逐渐死亡，使这种动物在每次交配中仅有极有限的成熟精子贮备用于分配。所以，雄袋鼩与它那不能添置卵细胞的配偶处在同样窘迫的境地之中。它们都必须节约使用各自的配子。

据我所知，没有其他的哺乳动物，其雄性会在交配前完全、永久地丧失产生新精子的能力。但对一只仅能再生存几周的动物来说，这是无所谓的。既然需要好几周的时间才能产生一个新的精子，那么在这上面花费更多的努力是毫无意义的。因此，这只由坦普尔-史密斯从一大堆雌袋鼩中拯救出来的雄袋鼩并没有"时刻准备着"，因为它已丧失了生育能力。即使活到下一个繁殖季节，它仍然不能繁育后代，因为它的精子已完全失效了。从许多方面来看，袋鼩注定是短命的。

激情的代价

为什么这些动物会为一种自然的、必要的行为付出如此沉重的代价呢？有的甚至被捕食者所吃掉，因为在性的激情中，它们放松了对饥饿的猫头鹰、狐狸、野猫的警惕性；还有的死于与对手的冲突。但并不是所有的死因都这么明显，有些死因需要我们用法医学手段才能发现。

尸体剖检证实这些尸体是消瘦、耗竭的。在皱缩的胃肠里，我们发现了仍在出血的溃疡及严重的寄生虫侵袭。大多数野生动物都被一些蠕虫、昆虫所寄生，这对在巢内过着群居生活的动物来说特别危险。经常梳理及警觉的免疫系统，通常能阻止大多数寄生虫对机体造成进一步的危害。但在袋鼩一生的最后几周里,寄生虫问题却迅速发展。有很多跳蚤,这相比较而言还是无害的。虱子的危害则大得多,因为它们侵犯了皮肤、眼睛,并传播巴贝虫属原虫,这是一种寄生于血细胞的微生物,就像蚊子把疟原虫传播给人类一样。肺线虫造成支气管阻塞,引起肺炎和呼吸困难。利氏特里杆菌感染肝脏,它因"嗜好"乳酪和甜饼而闻名。这种机体自我保护和防御功能的广泛崩溃,使人想起了人类的艾滋病,不同的是袋鼩的悲剧(如果可以这么说的话)是由激素而不是由病毒造成的。

一些生物学家认为这些动物死于迅速衰老,而另一些生物学家则认为它们受害于一种失控的紧张反应。在某种意义上,两者都是正确的,其分歧是人为造成的。南加利福尼亚大学著名的老年学家芬奇(Caleb Finch)认为,"老化"这个词,应该包括所有随着时间的流逝而死亡危险性增加的事物。它不包括所有年轻人患的流行病和在各年龄阶段发生频率相同的其他疾病,但包括经过一段时间后引起的细胞和器官损害的所有变化。不育就包括在内,因为它是一种个体遗传上的死亡,从而切断了对下一代产生的影响。

老化(ageing)的这种定义看起来就像是一盘大杂烩,但这样老化就不是一种特定的疾病。既然这个词一般常用来指时间的推移,不论物理变化发生与否,所以大多数老年学家倾向于使用"衰老"(senescence)这个词。不管怎么说,袋鼩经历了迅速的老化或衰老过程,而高度紧张被证实是这一过程的主要原因。紧张概念由麦吉尔大学的塞尔利(Hans Selye)首先提出并很快得到广泛使用。大多数人认为紧张是指当我们预期要做出超过自身能力之事时的反应。紧张不仅可能引起情感危机,如果持续下去,还可能导致疾病和折寿。

生理学家们总是相当谨慎使用这个概念,他们认为短时间的紧张是有益的体内变化,可以帮助机体度过危险。我们知道,紧张反应的发生是因为它涉及肾上腺。这些位于肾脏旁的指甲大小的腺体释放若干激素,其中最著名的是肾上腺素。它提高人体的警觉,使心跳加快,并保证重要器官的血糖供应。当需要对紧急情况如惊恐或避险作出反应时,这些都是有益的变化。

肾上腺有着与它大小不相称的重要性,其分泌的保盐所需激素的丧失很快被证实是致命的。1856年,一位法国教授布朗-塞加尔(Charles Édouard Brown-Séquard)——我在以后还会提到他——发现如果切除豚鼠的肾上腺它们很快便会死亡。由此证实了一位英国医生艾迪生(Thomas Addison)前一年发表的一篇报道,他发现死于"青铜色糖尿病"的病人总是有肾上腺的损伤。艾迪生病在那个时代常为结核的并发症,在它被确认之前许久,小说家简·奥斯汀(Jane Austen)在42岁时即死于该病。

当紧张持续存在时,肾上腺会释放出另一种称为皮质类固醇的激素,它们在化学结构上与性激素很相近。这种类固醇的合成品可作为治疗气喘和皮肤炎症反应的药物,在许多家庭的药橱里可以见到,并被贴上了提醒我们谨慎使用的标签。像肾上腺素一样,皮质类固醇帮助机体在面对危险时保护重要的机能。它使骨骼释放钙到需要的地方,使肌肉将蛋白质转化为葡萄糖以保证对负担过重的心、脑的供应。不足为奇的是,连续的激素刺激最终将导致问题的出现。骨骼变脆,肌肉消耗,糖尿病发展。机体因水钠潴留而肿胀,皮肤变薄。皱纹出现,头发脱落。更糟糕的是,皮质类固醇抑制了免疫系统,把原来用于对付寄生虫和肿瘤的那部分资源用去对付更紧急的生存威胁。雄袋鼩寿命较短,不必和肿瘤作斗争,但激素变化仍将它置于慢性自杀的过程中。

袋鼩的大脑释放化学信号给脑垂体,使其释放作用于肾上腺的促肾上腺皮质激素(简称ACTH),因而肾上腺就产生更多的皮质类固醇。这与库欣综合征相似,患这种综合征的病人从腺体瘤内产生过多的垂体激素或肾上腺激素。袋鼩的情况类似，在动情期其肾上腺满负荷地工作，甚至大剂量ACTH注射也不能引起更多类固醇的释放。在正常情况下，大脑中存在一种机制阻止机体变得过度兴奋。皮质类固醇水平的升高作用于脑内神经，抑制ACTH的释放，就像当达到设定温度时恒温器会自动关闭家庭取暖系统一样。但一只正处于动情期的雄袋鼩其脑内的激素控制机制老弱，不能察觉警告信号，所以脑垂体继续释放ACTH，雪上加霜，最终导致死亡。

大多数皮质类固醇与一种叫皮质类固醇结合球蛋白（简称CBG）的血清蛋白结合，这种蛋白抑制了它们的生物活性，但在动情期，它们却具有高度的活性。因SHBG极度缺乏，袋鼩的CBG水平在睾酮的影响下降至正常的20%，不再能提供充分的保护来对抗过度的激素刺激，从而造成对袋鼩的双重损害。从青春期开始的激素变化，导致了衰老和死亡的加速。

当动物在实验室中被迫独身后，其生存机会提高了，因为这阻止了同其他雄性的冲突。在性成熟开始前阉割雄性动物，使它们的寿命得到了极具戏剧性的延长。剥夺动物们的性激素及交配和争斗要求，它们的寿命可达原来的2倍——这原本只是雌性的特权。雄性是可被牺牲的，因为它们不抚育下一代。或许雄性不享有这种特权会更好，因为食物在早春仍很缺乏，而竞争也许会危害到哺乳的雌性。雄性也许会将它们体内的寄生虫带回巢穴，还可能把它们的侵略对象从竞争者转向雌性或幼体身上。

在大多数种群中，雌性是长寿的性别，但雌袋鼩的寿命为雄袋鼩的2—3倍却是相当例外的。雌袋鼩体内也有更"危险"的激素——睾酮，但浓度很低，并且大多数在体内转化为雌性性激素——雌激素。雌性很少有寄生虫，并且当雄性处于交配的疯狂中时，它们保持相对冷静，但它们却面临被另一种雄性黑宽足袋鼩（*Antechinus swainsonii*）所掠夺的危险。这一物种比棕袋鼩大得多,但因为它们仅在白天活动,所以冲突通常都可避免。然而在交配季节,它们彻夜不眠。除了偶尔因强迫交配而死亡,雌性在繁殖季节结束时一般都很健康,仅仅是丢失了几簇毛发和它们的"贞洁"。它们也许会活到第2年,其中的优秀者还能第二次生育。

性与死亡

无论动物的生活史多么迷人,我们总是更关注人类自身种属的性行为和预期寿命。我们可能会问,袋鼩是否能在我们自己的生物学方面给我们一些启示。袋鼩的生活史是体现性与死亡关系的一个极端例子,但如果我们视它们为"原始",那就错了。有袋动物是一个非常成功的群体,它们聪明地解决了在地球上极苛刻的环境中生存与繁殖所提出的挑战。更有趣的是,棕袋鼩的近亲采用了一种更为熟知的衰老得很慢的连续生殖的方式——我们自身种属与其他所有哺乳动物的生存方式。这种叫作"多产次"的方法被认为是哺乳动物祖传的方法,而袋鼩已背离了这种方法,进入了所谓的"一产次",意思是"一次性繁殖"。这种转变可能发生在近代进化史上,而一些关键基因的突变则充分保证了袋鼩从连续生育向大爆炸式繁殖的转变。

单从典型的哺乳动物来看,生与死的单产式方法看起来似乎有些奇怪,但是如果我们把生物网撒得更广一些,把无脊椎动物甚至植物也包括进来,那么多产式生殖未必是我们所设想的优势方法。一些成功存活下来的动植物都继承了与袋鼩一样的生存方式,而且在已被研究的每一个例子中,激素都被证实同时是繁殖和衰老的触发物。

一年生植物产生激素样物质,引起植物其余部分的衰老。以菜园为例,如果菠菜落花,那么它的其余部分就生存得更长,就像阉割后的袋鼩。在动物中,有两种头足纲软体动物——地中海章鱼和乌贼,它们在产卵之后不久就失重和死亡。从它们的视腺中释放出的一种激素使之变得厌食,由于它们的消化道退化了,所以根本不能进食。如果在成熟期开始之前将这种腺体切除,那么它们的寿命就可增加2—3倍,不仅吃得更好而且衰老也更慢。求爱的雄性舞蛛也会很快衰老。与流行的看法相反,它们通常并不是被更大、生存更久的雌蜘蛛所杀死,而是死于饥饿和衰老。雌性能活几十年并与年轻得多的雄性伙伴交配。

最为人们所熟知的大爆炸式繁殖和衰老的例子,是迁移中的鲑科鱼。太平洋鲑一般在大洋里生活4年左右,之后无论雌雄,都要回到它们出生地去产卵。这种溯源的坚定信念是充满传奇色彩的,但当它们在这平静的源头中产下卵子和精子后,雌鱼和雄鱼会很快翻转死去。产卵行为本身并不使它们精疲力竭,溯源路程中的河口才是它们一去不返的真正原因。它们一进入淡水就停止进食,衰老就开始了。但从生物学意义上说,它们的死亡并不意味着完全抛弃后代。它们腐烂的身体为纯净的河水提供了丰富的氮元素,使藻类生长繁盛,从而使幼鲑能以水藻为食。

在生命的最后日子里,太平洋鲑出现了皮质类固醇的过度分泌,导致大脑衰退。如果它们少疯狂些,也许对溯源的旅行会有进一步的考虑。这些激素也加剧了冠心病和其他内脏器官的异常。在生命的最后几小时中,鲑表面开始有真菌生长,这在平时它们是可以加以抑制的,这说明鲑的免疫系统已衰退了。它们也是紧张的受害者,和雄袋鼩一样,也可以通过阉割从早期死亡中被挽救出来,不过手术应在它们进入繁殖状态之前进行。

只有部分鲑家庭是严格一产次生殖的。虹鳟在产卵后并不死去,尽管在它的基因上仍然有着"死亡程序"。注射类固醇可加速它们的衰老,就像它们迁移的亲戚一样,这种注射会在几乎所有其他脊椎动物中带来相似的效应。所以一产次生殖和多产次生殖可能并不是完全不同的、有各自独立轨迹的两种生殖方式。虽然生活史由基因所决定,但衰老并非我们认为的那样是无情的过程,而激素在形成衰老和繁殖的生命规划过程中起了一定作用。

还没有人像鲑或袋鼩一样死于一产次生殖,但神话和迷信已使人们相信性对死亡的暗示。发生在1899年的一起事件,激起了法国公众对其性象征和政治意义同等程度的兴趣。第三共和国的第六届总统福尔(Félix Faure),他有一个嫁给一位著名画家的情妇。在他58岁时的某一天,他服用了斑蝥,一种从亮绿色甲虫中提取出的相当于春药的药粉。但一位大主教出人意料地来到了爱丽舍宫,药效在这位来访者离开时已消失殆尽。于是在回卧室之前,福尔又服了一剂。随后有记载的事件是,他突然发病了,在他的情妇被偷偷带走且他的"尊严"被重新恢复之后,他的家庭成员才被召至灵床前。第二天,法国报纸以特有的泰然、沉着报道了总统"死于执行公务中"的消息。将他的神秘死亡与著名的德雷福斯(Dreyfus)事件联系起来的一套阴谋理论出笼了,但公众猜测总统先生为他的激情付出了代价。

即使不加上对性关系安全性的不必要的担心,成年人也已有太多对健康的忧虑。验尸官们认为"在位死亡"并非罕见的临终情形;但是,年长伴侣中激情的危险远远不如古怪的、多彩的轶事更使我们相信。毕竟,几乎任何活动,从拎购物袋到用力大便,总是对年长者更危险。在生理学上,性交只带来一种温和的紧张,所以甚至对虚弱的体质来说,禁欲也是一种不必要的谨慎。

然而,作为两性生物的事实,即使不是衰老的实际原因,也会在很多方面影响我们长寿的机会。大多数物种的雌性活得比雄性长。阉人被认为活得和妇女一样长甚至更长。像心脏病、关节炎等常见病,发病率因性别而不同。被一些运动员和健身者滥用的促蛋白合成类固醇是有害的，这一证据加强了对性激素至少部分导致了以上差别的怀疑。而且，我们中的大多数人在生命的某一阶段都会患上涉及生殖系统的疾病，其中一些最严重的疾病影响了乳房和前列腺。我们已经看到了性激素启动了袋鼩体内自我破坏的遗传程序，我们最好考虑一下我们自己的性化学。

长期以来，性给生物学理论带来了一些病态的暗示。在世纪交替之际，出现了大量对衰老原因和起源的猜测。一些科学家开始将其视为生成复杂机体所付的代价。单细胞动物似乎能永久生存，而更高等形式的动物则展现了多种多样的生活史模式，每种模式的寿命都有固定的长度。性细胞被认为和原生动物分享了这种特权，不会发生随着时间的衰退，否则的话，婴儿生出来将与其母亲年龄一样。物种要生存，必须进行生殖，但产生精子和卵子的机体可以被抛弃，只要有利于充满活力的新个体。

这种旧观念很流行。国际时间研究会的创立者弗雷泽（J. T. Fraser）最近宣称："衰老所致的死亡是发生在生命开始后的进化发展，是有性生殖的必然结果。"我们将看到，严格地说来，这种观点是站不住脚的，但弗雷泽开了个重要的头。除非衰老仅仅是不可抗拒的物理规律的结果，进化论应该能为衰老的存在提供一个理性的解释，同样应该能解释有性生殖的特殊代价。袋鼩和太平洋鲑比近缘物种老得更快、死得更早的现象，一定存在有力的原因。在我们看来，对个体不利的因素必定对物种的长存有利。这是达尔文在他的自然选择理论中得出的明确结论，它使得他的朋友丁尼生（Alfred Tennyson）非常恐慌地写道：

上帝和自然在争吵吗？
自然是如此不幸的噩梦吗？
上帝似乎如此小心谨慎，
对单个生命却如此漫不经心。

与较早到达青春期、寿命较长的普通老鼠和鼩鼱相比，雄袋鼩的成年期相当短暂。在这些小动物们经历了好几代之后，类人猿和人才刚刚进入青春期。每个物种都有自己的事件时间表，只有当某一物种生存了上百万年后，它们各自的生活史才是成功的。每个物种都需要一种成功的基因鸡尾酒组合，以与它置身的环境相融合。地球上的生命史，已成为一个用于解决在敌对的变化环境中生存和繁殖问题的永恒的实验。在下一章中，我们将了解究竟动物和植物能活多长，在这方面，它们的变化与其身体大小和外貌的变化一样大。

第二章

狗的生命

便这样,我们一小时一小时地成熟又成熟,

然后又一小时一小时地腐烂又腐烂,

如此便是一生。

——杰开斯(Jaques),

出自莎士比亚(Shakespeare)的《如愿》

短暂的生命

以前夏天,我们一家总是和祖母一起愉快度过的,那时她住在怀特岛的海边。记忆中的童年时代的青山绿水和今天生活的繁忙节奏相比,显得那样永恒不变。空闲时,祖母总是坐在房间烟囱角处的一把软椅里做她的针线活。在她的世界里,看不出有什么变化;在我的记忆中,她的每一天都和前一天一样。

从童年进入到躁动不安的青春期后,我们拜访奶奶就更是妙不可言了。在那儿,我们回到了过去的好时光,不用留意时间,可以自得其乐地玩耍。奶奶能让我们产生一种持续感,她成了一个变化的世界里不变的标志。在我的眼里,她一直是那么一大把年纪。我想象不出她年轻时的模样,她长大成人的爱德华时代在我看来就如罗马人占领英国时一样久远。仅仅在她漫长生命岁月中的最后几年,每次看望她时,我才注意到了她的变化。

可她的那条爱尔兰小猎狗莱西就不同了。它是在我之后出生的,但到我10岁还穿短裤时,它已过了可以安全生育小狗的年龄了。它不再要求出去沿着沙滩溜达,也不再对叼回树枝或玩其他游戏感兴趣,只求让它在阳光下静静地打会儿盹。莱西像奶奶一样,正在变成一个老妇人。每次拜访,我都会注意到这条狗比前一年有很大的变化。直到有一年夏天,我惊恐地发现它的窝空了。在我不到16岁年龄还无勇气赴第一次约会时,这只可爱的小狗的寿命已到了尽头。

每当我想起这件悲伤往事时,我多少还是能从下面这个事实得到些宽慰:莱西毕竟比我在伦敦郊区家中养的那些宠物活得长些。我养的那些小鼠和兔子尽管得到了我所付出的全部关心和照料,仍然过了几年就自然死亡了。庭院深处的一小块墓地,埋葬着我童年时代饲养过的几代啮齿目动物。邻居们认为我对这些"害虫"太多愁善感了,因而很不以为然,而我的父母则宽慰我说宠物店还有好多小动物在等待着善良的主人。虽然如此,我仍然对它们的生命如此短暂感到困惑不解。为什么人能享受七八十年的生命,而小鼠仅能活两三年,兔子也不过多活几年呢?我常常问自己,是不是记录动物寿命的磁带是处在快进的状态下运行的呢?

我还记得年少时对有些人的解释很不满意,虽然他们是老师和其他一些被认为是见多识广的成年人。有个人告诉我:"动物比人低一等,当然老得快。"另一个人对这个问题不以为然:"上帝就是把它们造成那样子的!"于是我得出结论:这个问题的答案还是未知的,而且很有可能是不可知的。也许大部分年轻人曾经问过自己这些问题,而我从未停止问这样的问题,并很幸运地把探索这些问题作为自己的职业。

第二定律

当我开始探索时,还很少有生物学家认真研究过衰老问题。虽然人们普遍对衰老现象感到迷惑,但对于生命**为什么**会衰老这个实实在在的大问题却漠然置之,这使我感到很惊讶。不幸的是,这个领域现在仍然被无知和偏见所笼罩。更糟的是,一些科学家仍旧认为这个问题不值得认真对待,而且以为衰老不过是物理定律的自然结果而不予考虑。

怀疑论者通常会引用热力学第二定律,好像仅仅提一提这一大定律就足以平息争论。毫无疑问,这条定律是科学的基石之一。物理学家阿瑟·爱丁顿爵士(Sir Arthur Eddington)认为这是所有定律中最基本的定律,它预示了整个宇宙正在不可逆转地从它现在的状态向完全无序的状态"最大熵"演变。在大爆炸中诞生的宇宙,将会在"热寂"中熄灭。第二定律发生作用的证据随处可见而且无法逃避,从红巨星生成于垂死的恒星到庭园里堆肥中有机质的分解。这种宇宙论如此悲观,也许已使大批学生逃离了科学这显而易见的悲观内核而进入到人文学科的避难所里!第二定律告诉了我们时间之箭的指向并解释了为什么历史不能逆转。无生命物质的衰退似乎在有生命事物上得到了反映。中国有首古诗:"……,长江衮衮无暂休。人生既老不复少,……。"

但这里有一个悖论,每一个活的动物或植物似乎都嘲弄了第二定律。很明显,组织上的衰退并非始于生命的初始。大部分的生命从一个"简单"的卵开始,而后逐渐变大、变复杂直到它们成熟。最简单的动物和植物不断在体内无差错地进行自我复制,而其他类型的生命则是以一个受精卵细胞开始,而此受精卵受基因编码在体内产生多样性的细胞——肝细胞、脑细胞,等等。每个细胞都含有与其他细胞相同的基因,而基因携带有编码的信息,这些信息经译码后产生构成我们个体体质特征的多种蛋白质,但是每次只有几种基因起作用。这很像计算机运行储存在硬盘这巨大储存器上的一些程序,并不是细胞中的所有"基因记忆"同时被调用。从胚胎到复杂个体的形成是个成功的过程,在这个过程中个体的许多部分之间具有了功能的分化,这个过程是通过分化时仅仅选择相关的基因而完成的。

地球生命史的化石记录,是另一个与第二定律相矛盾的明显例证。在漫长的历史长河中,产生了越来越复杂的有机体,虽然它们中的大多数早已灭绝。于是,我们无论从原始生命,还是从现代一个物种的卵考察生命的起源,都会发现生命的组织结构随着时间推移而变得复杂和庞大起来。这又是如何完成的呢?难道生命违背了物理定律?是否有一种神秘的推动力,就像米开朗琪罗(Michelangelo)绘于西斯廷教堂的壁画那样,是上帝伸出的手指赋予了亚当生命?

首先让我声明,在生物学和物理学最根本层次上的不一致性是不可想象的,因为那将动摇整个生命科学的基础。另一位物理学家薛定谔(Erwin Schrödinger)写了一本著名的小册子《生命是什么?》,对这个难题给出了一个普遍接受的解释。他指出,只要**整个**宇宙的熵在增加,此处或彼处稍微多一些秩序是可以接受的。只要有足够的能量用以构成个体,并将其维持在有序的状态之中,生物界是没有熵即衰减的危险的。动物通过食物这种化学形式摄取能量,而绿色植物则通过利用太阳辐射进行光合作用这种形式来获取能量。

第二定律仅适用于无法从外界获得能量的封闭系统。封闭系统不能进行自我更新,活的细胞也不能在隔离状态中无限生存下去。即便是休眠孢子,在真空状态中最终也会解体。细胞是开放系统,它们需要从外界摄入能量和物质以维持生存。它们只能依赖周围环境生存,矛盾则在于它们必须保持变化以维持不变。理论上说这种状态可以永远持续下去,就像蒂沃利的埃斯特别墅那样,那儿的阶面式庭园的喷泉和溪流自从文艺复兴时期以来一直喷涌和流淌着。

躯体的某些部分根据需要比其他部分自我更新得快一些。肠上皮细胞在对食物进行消化和吸收的同时,会受到来自食物的化学侵害,所以它们每3天就要全部更新一次;非妊娠妇女在绝经以前子宫内膜每28天就更新一次;负责运输氧气和二氧化碳的血细胞每年要更新3次;即便看起来不变的骨骼,事实上也处在持续的变动之中。

大多数蛋白质都是短命的,但蛋白质中含量最丰富的一种——胶原蛋白,却是个例外。胶原蛋白中的小纤维经过几个月到几年的时间后会逐渐交联,所以它们被用作分子钟以测量生物时间。适度的交联对强度有好处,但是如果交联不受抑制地进行下去,柔性就会丧失,而这将是有害的。有人计算过,纤维的交联如果持续200年的话,袋鼠的尾巴会僵硬得无法使用。不用说,没有一种动物会活得那么长。

我们身体上只有一两个部分变化比较小,因而适用第二定律。我们牙齿的牙质层的蛋白质大部分在我们出生前就已形成,就像石炭纪时代形成的地表下的煤层一样,这可以通过牙齿的"碳半衰期"测得。蛋白质由像彩色串珠连接在一起的氨基酸构成。有些氨基酸能以两种方式中的任一种存在,这两种方式以其旋光方向不同来区别。细胞只能以左旋式,或者说"L"型制造蛋白质。这种方式会以很缓慢也很稳定的速率自发地向右旋式或者说"D"型转化。大部分蛋白质不会存在足够长时间以积累足够量的D型蛋白质,因而我们无法探测到;但在寿命很长的牙质内,L型和D型蛋白质数量之比可以让我们计算出牙齿的年龄,故也就计算出了牙齿主人的年龄。

牙齿提供了一个少有的由热力学驱动的身体内部衰老变化的例子,而这种改变的不利方面我们还不知道。牙齿会因细菌活动和由咀嚼造成的研磨而引起损耗,但这不是严格的生物学衰老。当孩子由于龋齿而牙齿损坏时,我们不认为牙齿"衰老了",因为这种损害是外界可防范性影响的产物。这种形式的损害能在我们一生中持续发生,真正衰老带来的改变则往往是以某种方式设定了的或是青春期后随着时间而积累的——尤其是在趋近生命终点的时候。如果硬要发表意见的话,大多数老年学家会说只有我们无法更换破旧的恒牙时,牙齿才衰老了。

我们中的大部分人将会比我们的牙齿活得长,但对一些动物来说,牙齿的损坏会引起很严重的问题,这将决定它们的寿命。一位颇具探索精神的牙医曾给羊装了假牙,但大部分动物不得不靠它们与生俱来的牙齿。对野兔和其他一些动物来说,门齿一般不会成为问题,因为门齿在它们一生中都不停地生长。但这个优点也有一个小小的危险,那就是如果一颗门齿坏了,对面的那颗就会长过来,从而影响进食,甚至可能穿进脑子。磨牙的工作寿命更是常常成为问题,因为它们像磨石那样工作而且永远无法更新。

大象每天要吃100多千克的粗植物类食物。每天24小时中12—18小时在干咀嚼这个重活,仅靠两侧一对长磨牙来完成。一副磨牙坏了以后,又会长出一对新的来代替。大部分象有6对磨牙,最后一对大约在它们60岁时才长出来。最后这对牙齿能维持多长时间,就决定了它们还能进食多长时间,因而也就决定了它们的寿命最高大约是70岁。少数象有第7对牙齿,这使得它们能够活得长久一些。选择牙齿来描述衰老过程也许看起来有些不寻常,那么我们来看看其他一些器官和动物的例子,很明显它们也通过其基本部分无法更新这种方式来设定衰老过程。

一些最好的例子可以在昆虫中找到。当毛虫变成了蝴蝶从蛹中飞出来时,它只有很少可以分裂的细胞。由于雨滴的敲打、鸟类的啄击以及碰到蜘蛛网时的挣脱,它失去了小腿、大触角和鳞片,于是就飞不起来了。这些组织都是不可替换的,它们的低蛋白食物虽然有些益处,但此时也无济于事。蜉蝣在孵化后就根本无法进食,因为它没有口,而它的消化道也发育不全以致无法利用食物。蜉蝣在婚飞期成群结队地飞过江面或湖面,很快耗尽储存在它们肥胖躯体里的所有能量,然后就跌回到它们几小时或几天前刚刚飞出的水里。它们的生活史就像雄袋鼩和太平洋鲑一样,仅仅为一个大爆炸式繁殖而设定,而毫不考虑个体的存活。

除了少数例外,选择这种一产次生活模式的动物和植物都体小而短命。它们的大部分时间都用在生长成熟并等待火一般的激情迸发的合适时刻,剩余的时间刚好够它们繁殖后代。只有一些种类的竹子的等待时间很漫长。一片竹子也许要等120年才开花,而后它们就枯萎而死了,有时这会造成熊猫的局部食物短缺。

大部分哺乳动物和所有鸟类则是多产次的,有多次繁殖的机会,绝大多数温血动物衰老过程要比那些典型的一产次生物慢得多,因而寿命也要长得多,即使它们每个个体的寿命也有很大差别。有些活不过一两年,有些则能活几十年。这很不容易解释。薛定谔并非最后一个探索生物领域的物理学家,但是到目前为止,所有企图仅仅停留在物理学原理上对衰老作出的解释都是令人沮丧的失败。从一个受精卵开始经过奇迹般的发育形成了一个新个体之后,机体为什么不能完成维持自己的更为简单的任务?如果细胞能够替换和修复自己的话,为什么不能永久进行下去?"我们先熟后烂",这远远不是一个不言自明的道理。

衰老动物寓言集

在某些方面,最长的寿命——或曰长寿——似乎是一个特别无用的信息。根据定义,它是群体中的个别现象,而不是大多数个体可以期望得到的。破纪录的是这样的个体:它躲过了由于事故和疾病引起的死亡而活得最长。科学则在于对整体进行归纳并集中研究典型情况。

即便如此，个别现象有时也有助于问题的解决。比方说，沙漠里的跳鼠面临着保存体内水分的问题，它通过形成一种很浓的尿来减少体内水分的散失。由于它的肾髓襻远比其他普通鼠长，我们很快就会得出结论：肾髓襻一定是所有哺乳动物肾内尿液浓缩的地方。比较生物学是动物学古老学科之一，我们将会看到它如何就衰老为什么会发生以及如何发生给我们提供一些启示。

估算寿命的原因之一在于，它是物种的一个明确的生物学特性，这个特性不管是在世界不同地区的群体中，还是在这个物种的不同世代中，都基本保持一致。这意味着它有遗传基础，在人类方面，则意味着它与我们这个物种的其他特性——身材大小、双足行走、多毛等——一样是遗传的。寿命是一个物种"存活力"的表现，这是我们估算它们的另一个重要原因。长寿物种的机体更经得起耗损和伤害，也更有可能成功地抑制癌细胞和寄生物。

老年学对于通才科学家很有吸引力，因为如果能发现一个极长寿或极短寿物种的话，就有可能给我们提供一种解剖、生理或行为的模式，这些模式要么是最耐久的，要么相反；这些自然模式还有可能引导我们进行实验室研究，甚至进而找到控制寿命的基因。

想搞清楚动物活多久其实比较困难，并不像看起来那样简单；而要弄清楚动物在最佳环境中寿命的极限，就更加困难了。从理论上讲，我们只需将一群个体一出生就在理想状态下饲养直至它们死亡；而实际上则有各种各样的困难，这不仅仅是时间和费用问题。一般研究经费资助期限是3—5年，而寿命较长的动物通常都会活过这个期限，甚至可能比研究者本人寿命还要长。而且正如任何一个饲养过宠物的人所知道的那样，饲养大型动物是很花钱的。

我们也许会想，数量最多的动物会给我们提供最可靠的数字，但这也错了。由于纯商业的原因，很少有家畜能够活得长，大量的家畜甚至在长大之前就被宰杀掉了。仅有少数宠物被养到自然死亡,而且这样的例子并不总是被可靠地记录下来。据我们所知,羊的寿命最长可达20年,而猪和牛则可达30年。

伴侣动物的特点就是我们能拥有它们的精确记录,这部分是因为养狗者俱乐部对纯种狗进行了生日和家族谱系的登记,国家马会也对纯种马做了类似的记录。这些资料含有大量潜在的信息,那些想把科学和赌马联系起来的老年学家对此很感兴趣。记录显示,猫能活28年,而人类的最好朋友狗则能活20年。有一匹马的记录是活了46年,而以前一匹叫比利的拉货马据说活到了60岁。我们也不是无端地说"驴子的岁月"(donkey's years,即"多年")的。

这些数据和那些动物的野生祖先究竟有什么关系一时还很难说清楚。驯养也许并没有使它们的寿命变长,因为为了需要繁殖动物,而让它们进行近亲交配,虽然可以使它们保持一些我们选择的特性,但这违反大自然严酷的自然选择法则,因而要付出代价。大部分基因是成对携带的,所以一个有害基因突变的影响会被健康的配偶所抵消。高度近亲交配的动物则不是这样,由于它们的基因每对都完全一样,所以遗传病就会产生。如果仅仅考虑狗的长寿的话,那么最好选择杂种狗。

为了估算野生动物的最长寿命,老年学家已不得不转向于捕获的野生动物和动物园里饲养的动物。遗憾的是,信息资料通常不足或者不可靠,因为要么出生日期没有记录,要么数量太少,要么就是由于不知道最佳饲养条件而引起动物生病。一些错误的看法也来自过于注重传闻消息的倾向。17世纪英国著名博物学家雷(John Ray)曾观察了一只笼养朱顶雀14年和一只黄雀20年,他这样写道:

> 所有的温血动物中鸟类活得最长。那些能够享受到自由的野生鸟类,生活在大自然中,吃它们自然而正常的食物,并能在获取食物过程中运动它们的身体,它们毫无疑问是要比

关在家中和笼子里的同类寿命长得多。

雷是个很细心的观察者,但他也只是部分正确。鸟类要比相同大小的其他哺乳动物活得长,但说它们在野生状态比人工喂养状态下活得长,则是个轻率的结论。雷持自然状态理想化观点,这使他很容易做出了随意的猜测,因而从一开始就困扰了老年学。比雷早一个世纪的培根(Francis Bacon)则有一个更加准确的想法:

> 谈及生命的长短问题,我们所能获得的资料很少,观察也很粗糙,而前人留下的说法又难以相信。驯化了的动物容易退化,这影响它们的生存;而野生的动物又面临各种自然环境的考验因而也不易存活。

野外的生活远不如雷想象的那样浪漫。这是一场对付饥饿、捕食者和寄生物的战斗,而这场战斗注定迟早要失败。甚至食物链顶层的捕食者也不敢怠慢。猎豹是捕食瞪羚的好手,瞪羚则极其敏捷,猎豹的身体略有一些障碍就能导致饿死。大部分野生动物年轻时就会死去,很少有个体能够活到很大年龄或衰老到可以躺在金色的阳光下晒太阳。

我们熟悉的庭园鸟类也是这样。大部分园丁偏爱旅鸫,因为它们唱歌的时间要比其他任何庭园鸟类都要长,而且经常跟在园艺铲后面不劳而食。我们也许愿意这样想:年复一年在我们庭园里的是同一只鸟,但这是不大可能的,因为大部分的野生小鸟很悲惨地短命。拉克(David Lack)在牛津地区将一些年幼的旅鸫戴上环,以便能知道它们到底能活多长时间。有一只鸟活了11年,但这只是一个例外,它们的平均寿命只有1年。我们在很大程度上没有意识到周围环境中时刻发生着"大屠杀"。

除非我们变得过分多愁善感,否则想一下下面的事将是很值得的:如果所有的旅鸫都活到了11岁,那我们对它们的看法就很有可能不那么美好了。它们数量的增长是惊人的,简单地计算一下,一个希区柯克式的恐怖故事即会展现在我们眼前。假设1对旅鸽在第1年里生出雄鸟5只,雌鸟5只。再假设以后的每年里亲代及其后代以同样的速度繁殖,这相当于500%的复利。如果它们都存活下来,那么这个群体的数量将会怎样增加呢?1对鸟5年后将会有近8000只鸟,再过5年将会有2400万只!对鼠类来说相应的数字将会更加惊人,因为它们的寿命虽然短,可1年的大部分时间里它们可以每5周生10只小鼠。笼养的啮齿类动物所以能成为宠物,就在于它们被单独饲养而无法进行繁殖,这本是违背它们的自然属性的。

只有在家养或捕获的状态下,一个物种才能获得有规律的饮食,免遭捕食者的捕食,才有可能活到它们的极限年龄。动物学家梅达沃简要总结了上述情况:"衰老是家养的人为结果,而这种结果只有通过实验使动物躲过它们的天然捕食者和日常的生存危险才能被发现和揭示。从这个意义上说,每种形式的死亡都和衰老引起的死亡同样'自然'。"我们自己的祖先肯定也是这样,很少有能活到老年的,外伤、寄生虫病和饥饿是死亡的常见原因,正如它们现在仍然是野生动物死亡的常见原因一样。能够获得生物学意义上的生命极限,是我们和我们选择加以保护少数的物种较为近代的发展结果。

长寿三要素

编录各种动物的最长寿命看起来似乎更像《吉尼斯世界纪录》编者的工作,但对于老年学来说这也是个必要的工作。很少有科学家像康福特(Alex Comfort)那样充满热情地从事这项工作,虽然他关于衰老方面的著作首先激起了我对老年学的兴趣,但他更以《性的乐趣》一书而闻名。这些年来,这位伦敦的老年学家收集了几百种物种寿命的记录,并成为最早弄懂这些资料意义的人之一。

一个明显的事实是,对于长寿来说体形大比较有利,这对于野生动物和驯化动物都适用。大象是活得最长的陆生动物,马次之,其后是大的养殖动物猫和狗,以及兔子、大鼠和小鼠,依此类推(见下表)。引用这些明确数值的麻烦在于它们迟早会被否定,随着收集到更多的资料,这些纪录有上升的趋势。正如任何一个狗迷所知,大驯犬、丹麦大狗、大警犬和德国牧羊狗仅能活10年左右,而较小的品种,比如哈巴狗,通常能活15年以上。但也没必要将体形影响寿命的理论颠倒过来,因为上述理论仅适用于物种而不适用于品种的比较。即便如此,这条规则也不是固定不变的。鲸是最大的动物,但它们长得很快而且也不像我们想

一些脊椎动物有记录的最长寿命

类群/种	最长寿命(年)	类群/种	最长寿命(年)
哺乳动物		袋鼩	2
灵长类		弗吉尼亚负鼠	3
猕猴	>35	鸟类	
黑猩猩	>50	欧洲旅鸫	11
人	120	鸽	16
食肉动物		普通褐雨燕	21
家狗	20	野鸽	30
家猫	28	银鸥	49
棕熊	37	鹱形目鸟类	45
大型驯养动物		瓦萨鹦鹉	54
羊	20	安第斯大秃鹫	75
猪	27	鹦鹉	>90
马	46	爬行动物	
印度象	>70	扬子鳄	52
啮齿类动物		加拉帕戈斯象龟	>175
家鼠	4	两栖动物	
黑鼠	5	普通欧洲蛙	>12
蝙蝠		普通蟾蜍	36
伏翼蝠	11	鱼类	
非洲狐蝠	22	虹鳟	5
小棕蝠	>32	鲈	25
有袋动物		太平洋岩鱼	120

象的那样活得很长。人的寿命超长,也是上述论点的一大缺陷。

自从1837年开始在英格兰和威尔士实施出生登记制度以来,我们对人类自身寿命的了解要比对其他物种寿命的了解多了许多。早些时候,人们很容易无所谓地将数字凑整来夸大自己的年龄,甚至还有比这更露骨的做假。据说,"过去许多老年人经常把他们的年龄之钟拨快,12个月里就能长10岁;80岁后,过一两年就成了100岁"。

我们每1万人中有1个能活到百岁以上,而人最长能活到约120岁。还没有发现其他温血动物活得更长。由于我们比羊重一些、比猪轻一些,按理应该活25年左右。我们的寿命都比按体重估算的寿命要长,而人类的近亲灵长类也有这个特点。在人工饲养条件下,猕猴能活30多年,而黑猩猩即使在野生条件下有时也活过40年。所以寿命不仅仅由体形大小所决定,我们必须将注意力投向其他方面。

所有灵长类动物都有一组很明显的特征,但没有其他特征比一个很大的脑更明显、更重要了。根据已故的萨克(George Sacher)的观点,与体重相比,脑重更能决定物种寿命的长短。这很有道理。因为大脑要花相当长的时间长成,如果不能活足够长时间的话,就无法得益于利用大脑灰质的优势,那么大脑富含的灰质也就没有意义了。更大的大脑也意味着能更细致地运用来自放大了的感觉器官的信息,其主人也就能更好地开发环境,更机智地战胜敌人。这些益处能延长平均生存期,但为什么这竟然会影响这个物种的最长寿命,就不是那么显而易见的了。简单地认为较大的大脑可以产生更多的具有兴奋作用的激素,这种观点已不再站得住脚,因为这种说法适用于任何器官,包括人那个即使没有它也可以生存的脾。大小可以用作预报因子,但大小本身并没有什么意义。

除了身体和脑子的大小这两个因素之外,还有第三个可以预估寿命的因素,而它是由于对蝙蝠的记录才引起我们注意的。蝙蝠这类动物看起来似乎不能给我们什么启示,但它们的飞行能力似乎弥补了个头小的不足。没有人知道在饲养情况下它们到底能活多少年,但在野生状态下对它们进行的环志实验给我们提供了一些惊人的记录。如果一个30岁的美国研究人员发现一只栖息在洞里的小褐蝠比他年纪还大,他的震惊不难想象。即便是在英国农村常见的小小伏翼蝠,也能活上11年,这是同它一样大小的啮齿类动物寿命的3倍。如果人们很早以前就知道蝙蝠长寿的奇迹,那么人们对这个饱受诬蔑的动物的迷信和恐惧无疑将更有理由,但它也许有朝一日会帮助我们消除一些传说。

鸟类和其他一些飞行类脊椎动物的长寿,似乎与它们的飞行能力是相伴而来的。黑鸟、雀科鸣鸟、椋鸟和旅鸫,都属于寿命在10—20年的动物,它们的寿命大约是相同大小的啮齿类动物的3倍。一只笼养苍头燕雀活了29年,野生家燕虽然每年都要艰辛地迁徙,但仍能活20多年。甚至"飞行"松鼠(其实是滑翔)与它地上的同类金花鼠相比,寿命也要有2倍长。无论以何种方式升到空中,这都能给它们提供一个逃避捕食者的极好办法,而且能够得到在地上行走动物所得不到的食物。它还有一个好处,就是能有一个更健壮的体格。

并不是说鸟类不遵循身体大小这条经验法则。鸽子、鸭子和鸲通常要比较小的庭园鸟活得长,而较小的庭园鸟又要比只能活8年的蜂鸟活得长。和蜂鸟相对的大型鸟类中,鹦鹉的寿命很惊人。如果你选择鹦鹉作宠物(请别这么做),也许你就有了终身伴侣。最大的猛禽也同样长寿,大秃鹫可以活到70多岁。

许多海鸟的生存能力极强,人们对于它们知道的就不多了。英国海岸边常见的银鸥和鹱形目鸟类可以活40年或更长。乔治·邓尼特(George Dunnet)于20世纪50年代开始了他的鸟类学生涯,自那时以来,他一直在苏格兰以北的奥克尼岛上研究暴风鹱,这些鸟中有一些到

80年代末还栖息在这个岛上,并且活力不衰。更值得注意的是,这些鸟过了40年,外表也未改变(哎!老乔治就不能这么说了)。这些鸟儿衰老得如此缓慢,甚至让人感到它们是否会衰老。我们的海岸并未充斥着这些鸟,因为它们至少要到10岁才选择伴侣,而后慢速繁殖。

图2 邓尼特,阿伯丁大学鸟类学家,现已退休。他在奥克尼岛的恩哈洛对鹱形目鸟进行了半个世纪的研究。左图:1950年他与一只系环的鸟;右图:1976年他与同一只鸟。有别于邓尼特的是,这只鸟几乎没有显示任何衰老的迹象

许多猎鸟并不能活到我们根据它们的体形大小推断的那么长。大部分雉鸡、营冢鸟和孔雀,即使在猎区以外也只能活10年左右。日本鹑只能活它们一半那么长。鸵鸟和鸸鹋本应该是鸟类中寿命最长的,可是它们已丧失了其祖先曾有的飞行能力,牺牲了这种能力而换取了善跑的能力。它们活40年也许看起来较长,但这并不比鸥的寿限长,而且更比鹦鹉的寿限短多了。这些区别暗示了脆弱性在寿命进化中所扮演的角色,但这是另一章所要讨论的问题。

上述对动物界的简单考察,说明了寿命模式不论是在野生状态下还是在饲养状态下都不那么简单。得出的主要结论就是,体形大、脑子

大和能飞对长寿有益。生物学目前还未将这三要素成功地综合起来，原因在于任何10千克以上的生物不能仅靠肌肉的能量离开地面这一物理极限。另外，不知为何原因，人们一直认为我们这些有羽毛的朋友只是"鸟脑袋"（笨蛋）。唯一头脑发达且能飞的灵长类动物仅存在于希腊神话中，而且遭受了不幸。

这一考察中令人吃惊的是，生物进化树上有特定的分支，处在该分支上的物种却和寿命几乎无关。没有明显迹象表明随着生物的进化，物种体能耐力在增强。进化过程中新的组织结构的产生，比如脊椎和胎盘的产生，并非意味着生物在潜在存活力上有一个很大的飞跃。据我们所知，温血动物也许自从它们出现在地球上的时候寿命就是现在这样子。特殊的基因构成和生理状况，比它们在普通的物种序位中所处的"地位"更起决定作用。

原则上，没有什么理由认为寿命只能变长而不能变短。如果袋鼩能帮助个体繁殖出更健康的后代，那么它的寿命向变短进化也是一个可接受的代价。除了少数例外，哺乳动物不像鸟类那么特别长寿。哺乳动物数量的一半由啮齿动物及其亲系组成，它们的寿命都很短。我们的祖先是爬行动物；再往前是鱼类，而它们现在的后代都由于体形原因比哺乳动物活得长。虽然可能只是痴心妄想，但加拉帕戈斯群岛确实有可能还有达尔文1835年乘坐"贝格尔"号进行他的传奇性航行考察时就曾碰到过的巨龟在游荡。冷血动物和植物界都显示出，进化过程对所进化出来的复杂生命形式的长寿并没有什么推动。

当难以搞到数据时，保持记录的严格标准而不轻信怪异的记录或者"渔夫的故事"是很重要的。某些爬行类动物和鱼的骨骼、贝壳和鳞片上有生长轮，这和树干上的年轮很相似，是高纬度地区由于季节不同而造成生长速度不同所留下的不可磨灭的时间流逝痕迹。鱼的最长寿命根据环境的不同而差别甚大，有的鱼成长快而死亡早；而其他的鱼则相反。比如虹鳟能活5年，鲈能活25年，而鲟和太平洋岩鱼则能活100年以上。

简单生物寿命的差别也甚大，它们中的一些有着惊人的纪录。1862年以前的一段时间，有人曾在苏格兰的艾伦海岸外捕到一些海葵，后来的一些年里这些海葵被依次转到各种主人手里，最后被放到了爱丁堡大学动物学系的一个水柜里。这些海葵比最初捕获它们的人活得还长，而且一直保持着活力，直到第二次世界大战期间的一个假期有人忘记了给它们供食，它们才死去。

简单的身体结构的好处在于体内存在不大特化的细胞，而身体某处受损之后，可以较容易地通过这些细胞再生。触手和卵壳，适当地方，甚至口和肠都可以被替换。这就是为什么巨蛤可以活到200岁，而巨枪乌贼可以长到很大，虽然现在还无人知道它们到底要花多长时间才能长到那么大。相反那些小体型的无脊椎动物的寿命纪录也不短，舞蛛在人工饲养的情况下可活几十年，而有些甲虫也可活9年。连"低下"的蚯蚓也能活6年，是食肉性鼩鼱寿命的3倍。事实上饮食的偏好对我们关心的存活力几乎不起作用。

老年学家喜欢奇特的东西，而老鼠身上绦虫的寿命就令人难忘。如果我们以为这种寄生虫和它的宿主寿命一样，那么，我们就错了——它们比宿主活得还长。当一条绦虫的宿主老了的时候，有人以手术形式将它移植到另一个宿主身上。按这个方法实验下去，这条绦虫竟然比好几个宿主加起来的寿命还要长，最终活了14年。做这个实验的人是个老派的寄生虫学家，而传统观念认为，一项实验如未在人的身上进行，则不算完成。于是经移植后，老鼠的绦虫在这个寄生虫学家的消化道里只活了2个月，这说明了要么这种绦虫不是在哪儿都可以寄生，要么就是这种绦虫还没有学会如何抵抗人体免疫系统。

我们已看到对无脊椎动物的衰老过程进行概括是很难的，还有些值得注意的事必须说说。大部分无脊椎动物受天气和季节影响,所以它们的寿命并不像温血动物那么固定。在寒冷天气里,生命过程变缓,相应的生长和衰老过程就慢了下来。昆虫生活史的某些阶段要比其他阶段灵活得多。第一批蛱蝶在仲夏前达到成熟后即死亡了;但最后一批蛱蝶却能以蛹或成虫的形式在蛰伏状态下过冬。多变的生活史有助于使繁殖成功的可能性达到最大,在这方面没有什么比美洲蝉更不同寻常的了。它们以吸汁蛹的形式躲在地下可达15年之久,最后以成虫形式来到地面,在1个月内它们的生命就结束了。不论它们在地下苦苦等待了多久,其衰老倒计时直到他们露面后才开始。在哺乳动物界,这种可变性的例子要少一些,也不那么显著。有些鹿、海豹和獾在子宫内生成胚胎后,这些胚胎处于休眠状态可达1年,直到它们的母体生理状况发出有利时机的信号后,它们才会植入。时间在子宫里似乎可以停止不动。

最长的寿命纪录是植物而不是动物保持的。树木不仅在形体上而且在存活力上使我们相形见绌。英国乡村的一些老截头栎树和紫杉一定目睹过它们时代的一些历史事件,其中一些则在树木还受尊崇的时候已伫立在那里了。早期的基督教传教士也许有意把教堂建在被异教徒尊崇的古树林中。在苏格兰福特格尔的教堂庭院里的一株紫杉,也许已和教堂一样古老了,但并不像传说中的那样有几千年历史。更可以肯定的是,在汉普郡西尔伯恩的怀特(Gilbert White)教士的教堂庭院里的一株紫杉,在1990年1月被一阵狂风连根拔起时,已有1400年的历史了。在人们试图恢复这棵约8米高的大树失败后,村里的一位最老的居民——91岁高龄的阿特金森(Trudy Atkinson)小姐把树的一根枝条植种入土,希望树和教堂都能再存在1000年。正在出芽的一根截头枝条,也曾在一个少有的欢愉时刻启发了《圣经·约伯记》的作者:"树若被砍下,还可指望发芽,嫩枝生长不息。其根虽然衰老在地里,干也死在土中……"

古树现在依然让人敬畏。莫尔(John Muir)这位苏格兰出生的美国国家森林公园系统的建筑师,是西方国家第一个认识到保护古树重要性的人之一。巨杉是陆地上最大的生物之一。有些高度超过90米,而其他的一些虽然没有那么高,但树干直径可达9米。它们是这个世界上最古老的生物,活了2000年以上了,这并不令人惊讶。在莫尔看来,它们强大的生命力正是与它们雄伟的外观相对应。巨杉使他陷入了沉思:

> 它们如此苍老,几千棵巨杉仍坚强地活着;当哥伦布从西班牙扬帆远航时,它们已经度过了数十个世纪;当那颗星指引着迦勒底人来到还是婴儿的救世主的摇篮旁时,它们还处在充满活力的幼年或中年。就人类而言,无论昨天、今天还是将来它们都一样,象征着永恒。

大多数人同意,大树能让我们意识到我们自己的位置。

现时代,很少有什么是永恒的了。那些上千年才长成的参天大树曾经抵御过无数次森林火灾,但一把链锯30分钟内就可将其锯倒,然后将其迅速变成了普通家具和火柴。随着森林遭砍伐而日益缩小,我们也在目睹一些地球上最珍贵的生物的迅速灭绝。这个问题很严重,因为最老的一些植物往往能结出大量的种子,因而有很大的基因价值。

巨杉可能是最高大的幸存者,但它们不是寿命最长的针叶树。这个科的另一种植物针锥松,生长在加利福尼亚州内华达山岭,它们只有15米高,但这种生长缓慢的树木有一些是当亚伯拉罕(Abraham)离开吾珥古城时就已伫立在那里了。有些树人们估计有5000多岁了,现在仍然在生长。更重要的是,它们一直到生命的尽头仍然大量结籽。

我们得从山岭上下来,到西南部的索诺兰沙漠,寻找一些更加古老的植物。路上，我们会看到巨大的树形仙人掌，它们大约有15米高，以"举手"的姿势伫立在那儿，象征了一个逝去的牛仔时代。这些仙人掌给人留下了深刻的印象，但即使它们长到几百岁的时候，与不大讨人喜欢的采石场相比，它们依然是小伙子。

我们也许很容易小看这些长在沙漠上的矮小灌木墨西哥三齿拉瑞阿。当它们的中心已经死亡时，它们的外围仍然继续生长，直径逐渐达到6米左右。如果沙漠恶劣的气候没有毁掉它们的话，这种灌木好像能够永久地活下去，或者根据保守的估计，至少能活10 000年。

如果说这是最古老的植物的话，那就得承认通常的个体概念已经延伸了。在最后一个冰川纪后，冰川向高纬度地区退去时，一些墨西哥三齿拉瑞阿已经生根了，而且从未停止过有性繁殖的基因更新。除了影响一些细胞的突变的可能性外，每一株植物在它的长期生涯中基因基本保持一致，因而是一个克隆体。

许多植物天生就是以这种方式繁殖的，而其他一些植物在不得已时也能以此方式繁殖。在旧金山以北约32千米的莫尔园林里有一些突出的例子。从巨杉基部新长出来的部分由于树冠的阴影而被剥夺了继续生长的权利。但是，当主干死去并倒下后，一圈"新的"树木就竞相向上生长，一个劲地争取其生存空间。这种来自同棵树木的不断克隆可以持续上千年。它们都是老树的一部分，这几乎接近生物的永生不朽。园艺家利用树木的切片进行繁殖可以避免授粉给基因纯度上带来的破坏性影响，这也是发挥这些树木可以克隆的优势。有记录显示，一些苹果树和葡萄藤通过嫁接的办法可以连续繁殖800年以上。一些栽培植物（比如香蕉）已自然采用无性繁殖，它们已根本失去了进行有性繁殖的能力。

但并不一定只有植物才能进行无性繁殖。一个在中学实验室罐子里培养的水螅，可以不断地从老的"根状茎"里出芽。珊瑚由同样一组成员组成，而一个珊瑚礁则可由一个单一的不断集群的珊瑚虫构成，最终可达几百岁。单细胞动物和植物也以这种方式繁殖,虽然它们中的一些得到过与一个性伴侣"私通"的好处。

一些年前,关于原生动物是否能永生不死,有过一场激烈的争论。一种微小的拖鞋状的纤毛虫,绰号草履虫属"玛土撒拉",据说在培养物中分裂了上千次。从实际目的来说,这可以算是永生了。但后来人们发现这种生物偷偷摸摸地沉溺于性,于是那个旧争论又再次加剧。当这种生物被局限在合适的介质里时,它们会滑向衰落。

多次研究后发现,对高等动物来说能导致基因毁灭的独身生活,对一些微生物来说则不仅是可能的而且是正常的。每个细胞分裂成两个相同的个体,两个个体之间没有差别,因而无法分辨出母体和分裂形成的子体。在适宜的条件下,这个过程可以没有明显限度地进行下去。对这些生物来说,母体和子体的生存是一回事。我们通常的个体同一性和延续后代概念在无性生殖中已没有意义。于是,我们可以得到不同寻常的结论:克隆的细胞可以相互分离而且相隔甚远,所以"身体"可以同时存在于一个以上的大陆。

细菌是否也像高等生物那样衰老,这个问题引起了另一场争论。我们经常发现细菌依然活在古代人的遗物里,在猛犸的消化道里,甚至在煤沉积物里。不幸的是,这些细胞究竟有多古老常常很难弄清,因为不容易排除样本二次污染的可能性。但细菌无疑可以活很久,尤其作为孢子存在时。当它们处于恶劣环境下时,也许会失去分裂能力,但这更可能是一种适应反应而不是真正的衰老。据我们所知,有些细胞的原生质可以无限存活下去。

生活史的进化

生命的模式和寿命的长度如此繁多很让我们困惑,但现在我们可以辨别清晰一些了。大部分物种呈现下列三种衰老模式中的一种。在某些情况下(袋鼩是一个好例子),衰老在一次繁殖爆发后立刻开始。我们对此虽然知之不详,但这几乎是所有动物的规则。第二种情况,是以逐渐衰老和有多次繁殖机会为特点。这两种衰老模式在性质上差别不大,在程度上则差别大一些,因为差别基本上只在于衰老的速度有多快和繁殖是否是其主要原因。第三种衰老模式存在于一些最大的和最小的生物中,不过很明显在高等动物中没有。个体在这种情况下可以无限长地存活下去,即使有衰老变化也是察觉不到的。这种模式是自然谱系的极端,在这个自然谱系里几乎每一种可能的生命模式都有一种或另一种物种作代表。

原生质没有寿命上限,有的读者也许会对这个结论感到奇怪。人们仍然普遍认为衰老和死亡是"自然法则",但生物已进化到机智的地步,有些细胞已能避免衰老这个定律。另外,我们应该研究细胞的生物原理,而不是从外界因素来寻找有的生物比其他生物更为脆弱的答案。所有动物和植物都暴露在宇宙辐射和各种有害化学物质之中,但在这相同的环境里它们的寿命却差别极大。如果生命的活力和长短是天生的,那么衰老必定有其遗传基础。如果确实与基因有关的话,那么在这个现象背后必然有进化的基本原理。

对衰老起源的深入探索,正在引起生物学认识的巨大转变。加利福尼亚州科学家芬奇对从根本上动摇那些老观念作出了巨大的贡献,没有人在这方面比他做得更多了。好像解决衰老问题和逆转其不利影响这些具有挑战性的工作还不够似的,他还拉小提琴,花时间从事于重振老式阿巴拉契亚音乐的工作。他的巨著《衰老、寿命和基因组》是多年积累的大量资料的结晶。随着知识的增长,也许连最有能力的幻想家也无法再次从事这种令人畏缩的工作了。芬奇的结论是,寿命不止进化了一次,而是进化了多次。过去人们公认的观点是,"衰老……是有性生殖的必然结果"。最新的研究表明,我们必须放弃这种观点,即当原始细胞发现了性以后,衰老就像来自天空的一道闪电进入了生活史。比较生物学的证据驳斥了这种观点。正如一些虽然无性但依然衰老的有机体,也驳斥了这种观点。

根据芬奇的观点,"生物进化引起的改变(在寿命短的生物中)……可能产生关系相近的物种……新物种寿命长而衰老不显著"。没有一种物种的寿命是永远固定的,而且在自然选择的压力下,寿命极限可能会被根本取消。如果这种观点适用于所有动物,那么也一定适用于它们的细胞构成,因为细胞构成在生活史和寿命方面与生物体本身一样多种多样。随着时间的推移,几乎任何事情都是可能的。细胞的短寿程序或细胞繁殖能力的丧失,不会永远束缚生物种类。经过许多代的进化,对细胞寿命程序的修改会缩短或延长寿命,细胞甚至可以脱离死亡的循环圈。这解释了一个生命之谜。古老的鲨和鳐家族必须勉强使用胚胎期就形成的卵繁殖后代,这是因为在胚胎期之后它们的细胞丧失了繁殖能力。当高等的硬骨鱼和两栖动物在地球上出现以后,同样的细胞学会了如何自我更新,但非常奇怪的是,当鸟和哺乳动物登台时,这个特点又消失了。

我们不能肯定这就是进化的事件历程,但单细胞类型的明显差异显示了进化如何轻易控制生命过程。我们也能想象出支配生活史的杠杆(也许是基因或激素的影响)如何用来进一步延长寿命。这绝不是无根据的猜测,因为许多用来做实验的生物种类的最长寿命已经能够被延长。在研究机构中,严谨乐观的气氛是最重要的。但是,不管理论研究多么令人兴奋,实验结果多么显著,我们最感兴趣的还是与人类命运有关的老年医学的内核。尽管科学家对研究充满热情,但是对我们自身衰老的态度几乎没发生什么变化,偏见、迷信和无知依然根深蒂固。

第三章

威廉老爹

小伙子说:"威廉爸爸你老了。"

——卡罗尔(Lewis Carroll)

成见与理解

人人都想长寿,没人愿意变老。在我们生活的这个时代,年轻是被褒奖的并且意味着貌美。我们可以把年长者看作是德高望重的人,因为我们都渴望这样,但又对与之俱来的每况愈下的健康状况和社会地位感到恐惧。大多数人对衰老满怀悲观,认为它是一种生物学上的背离。正当我们步入壮年,抚养大了孩子,有空享受半生辛劳所换来的物质回报的时候(如果幸运的话),却瞥见时光老人正在恭候我们。就算我们自己的后半生仍健康富有,但我们仍然无法逃脱别人感受衰老所带给我们的影响。多数人害怕的不是岁月本身,而是光阴向人们所支取的代价。容颜不再和无法自立,尤为让人心寒。莎士比亚将人生描绘成七个戏剧性阶段,第七个即最后一个就是"二度婴孩时代,无意识,没有牙齿,看不见,食不知味,一无所有"。

许多人觉得以老人身份出现很不自在,而另一些人则有意无意地显出高高在上的姿态。格里尔(Germaine Greer)声称惧怕老人们的"虚无恐惧",并抱怨老妇人因缺乏性吸引所遭受的双重耻辱。我们崇尚青春美貌和活力,甚至愿意停留于某一富有魅力、受人景仰的年龄。正如王尔德(Oscar Wilde)虚构的布莱克内尔女士所描述的:"伦敦社会满是那些女人,年龄极高却自以为保持35岁。达布莱顿女士……自从好多年前过40岁以后,还一直保持着35岁的样子。"

每个时代都有其理想的年龄。英国现在理想的年龄,可能要比100年前小一些。不过,世界上许多地方,年长者仍受人敬重。传统社会中,男人渴望着被纳入一种受人尊敬的"长者"的圈子。长寿象征着良好而谨慎的生活,因而受上帝赞许。年长者因足智多谋而备受尊重,紧要关头为人出谋划策。但如今科技发展突飞猛进,使他们的优势地位下降了,反而是那些科技素养最优的年轻人在飞速变化的世界中立于不败之地。

被遗忘的昔日劳苦功高的老人们,如今总被当作社会的包袱。或许只有活到无可争议的100岁,他们才有望享受姗姗来迟的地位转变。这些老年统治者要么凭运气,要么靠谨慎,或两者兼之,才操胜券。但是由于百岁老人变得日益常见,这一线希望似乎也消失了。就整个人口状况而言,人类寿命在增长,20世纪初的高出生率一直在这一年龄段群体中持续。过去30年里,百岁老人的数目增加了6倍。生育高峰这一代人仍然有权达到庄严的百岁,但获得皇家电报贺卡的殊荣就免不了要消失了。

虽然年长者不再能理所当然地受到年轻人的尊敬,但是我们仍然仰慕那些愈老弥坚的品格:勇气可嘉的老寡妇从泳池最高板一跃而下;老科学家拒绝从实验室退休。他们给予我们一种信念,就算快到人生尽头,我们仍可以充满生机活力。最重要的是,我们热爱老人们极好的幽默感。如果我们不能够笑着承受我们不能改变的事实,我们最终就根本不能同死亡妥协。牛津数学家卡罗尔在《艾丽斯漫游奇境记》中这样写道：

> 小伙子说："威廉爸爸你老了，
> 你的头发白又白；
> 还要不断拿大顶，
> 偌大年纪岂能耐？"
> 爸爸答道："年轻时节我寻思，
> 倒立会把脑弄坏；
> 现在反正没脑子，
> 玩了又玩也不碍。"

卡罗尔绝妙地指出了那位"老顽童"老时所冒的风险与他年轻时的风险相比，统计学上已变得不那么严重了。这不过是因为，预计的生命年限每时每刻都在削减。为健康的缘故戒除小小的嗜好，如抽烟、喝酒等，在我们老时也变得不那么重要了，因为来日无多了。这是数学上的而不是生物学上的原因，因为岁月的流逝最终超出了其他一切风险。正如经济学家凯恩斯（John Maynard Keynes）所言："我们最终都难逃一死。"

与盛行的悲观论调相反，有些人认为衰老过程中也有优势而鼓励我们期待变老。俗话说"老当益壮"，就进一步说服了我们。我们理应尽可能体面地屈从于无情岁月，那些拒绝按陈规被动接受其命运的人则容易被侧目以视。"老则老矣"观点在社会上的广为流行，影响着老人们对自己的看法。许多英国老人的期望极低，这个不太光彩的事实应当引起我们的关注。

有些人把古代视为繁荣和长寿的黄金时代。确实，在欧洲直到中世纪环境才开始恶化，城镇拥挤，瘟疫流行，但甚至古人也大都年轻时夭折。人的化石罕见并且难以破译，不过至少可以说，古人平均只活到20岁。预期寿命在史前相当长一段时间内保持在同一个水平——从几百万年前四足南猿时代到1万年前的新石器时代皆然。如今仅存的若干狩猎采集部落平均活到五六十岁,比他们的祖先好得多了。这一增长是惊人的,它显示了部落在与外界接触中所受到的深远影响。

过去人类粗野的生活方式,并不能保护人类免遭残疾型疾病的侵扰。现今伊拉克境内仙尼达山洞内残存的3万多年前的尼安德特人骨中,已发现显示有关节炎和其他退行性疾病的迹象。历史记录表明,将希伯来人逐至红海的法老拉美西斯二世(Ramses II),死前曾备受循环系统疾病的折磨,就像现代人一样,尽管(或许正是因为)他拥有王室的生活方式。过去(就算是有钱有势人)的生活,绝不是健康长寿的田园诗。

对英国人而言,这很可能是第一个能指望活着看到他们的孙儿一代长大的世纪。过去也有一些命大的人可以活到老年,但这些人是例外。一个世纪以前,每100个新生男孩中,仅有50个可活到44岁以上。他们的姐妹们只不过再多活一二年。那些活到40岁的人可能还有20年或更多的时光,因为年轻时成功地击退了传染病,他们已获得了对付未来疾病侵袭的部分免疫力。即使这样,4个婴儿中也只有1个能活到今天的退休年龄。他们的重孙们现正在较为健康的环境中成长,出生时的预期寿命就有七八十岁。如果有那么一个长寿的黄金时代的话,我们目前正尽情享受着它。

人们过去常常在今天所认为的"老"之前许久就被认为是"老"了。直到20世纪初,无论江湖郎中还是正规医生都接受将50岁的"年轻"患者作为"返童驻颜"术的对象。在简·奥斯汀和艾略特(George Eliot)小说角色中,这个年纪已被认为是很老了。艾比(Bath Abbey)站在小说虚构人物家园不远的地方,看见墙上石匾里有这些人物的同时代真实生活的人们的名字、年龄和安葬日期。我们看到死亡年龄的多样性,不过平均寿命只有50岁,而那些躺在不知名坟墓中的穷人们的寿命无疑要短些。

许多夭折的人往往年轻而无后。由于当时环境不卫生导致流行病横行,儿童死亡率很高。百日咳、猩红热和白喉,成为年轻家庭的灾祸。结核病是成人的首要致死原因。饥饿加剧了病情。对这些难题没有什么有效的解答,那些只靠良好护理和祈祷的病人也没什么生还希望。在中世纪,钱币一面上刻有病态的形象,提醒人们生存只是机遇游戏,如今在世界某些角落仍是这样。在维多利亚时代,健康状况和预期寿命逐渐得到了改善。但直到20世纪60年代,英国妇女才有对半的希望活到《圣经》里所说的七十古稀之年。我们可以预计,预期寿命还会增加一点,除非有什么环境灾难或新的大规模流行病。

要确定一个物种的寿命上限是非常困难的,特别是其大部分个体死亡具有偶然性的物种。对长寿树(如巨杉和狐尾松)来说尤其如此,因为它们大部分死于幼树期。在每一个年龄段,疾病都以或多或少同样的力度施加到少数的幸存者。我们找不到见于哺乳动物中死亡及衰败的稳定积累,因此,这些物种的寿命仍不为人们所知。我们甚至不能说它们是否有一个固定的寿限。

俄国著名免疫学家梅契尼科夫(Elie Metchnikoff)20世纪初住在巴黎。像当时其他许多一流生物学家一样,他对衰老过程颇感兴趣。他有一种理解,即认为生命中每一年的死亡风险值完全一样,并提出人类寿命可超过200岁。这一观点与他另一理论"酸奶可以延年益寿"同样过于乐观。然而,他的猜想并非完全不合情理。鉴于当时大部分死亡来自随机性感染,以及《圣经》里对祖先寿命的记录,他的猜想尚可接受。但是统计学家不久就指出了他的错误,因为每过一定年龄,就越来越难活过下一年。

人类寿命的延长大部分归功于出生死亡率和婴儿死亡率的降低。医学专家们无疑会把功劳都归于自己,不过尖锐的反驳正来自他们的一名同行麦基翁(Thomas McKeown),这位伯明翰公共卫生教授对人们视药物为英雄的传统信仰持怀疑态度。他收集的证据表明,寿命延长的主要动力来自社会变革。维多利亚时代末,大量资金用于公共设施,致力于安全卫生的公用给排水系统。同时,大众生活水平的提高有助于人们享受更好的饮食和居住条件。而且,虽然避孕套、中断性交和禁欲是避孕的仅有手段,但家庭规模在减小,这样就可以使收入的更多部分分摊到每个家庭成员头上。

像许多为理想而奋斗的人士一样,麦基翁夸大了他的事例以证明其观点。大众接种疫苗的引进和新药的发明无疑是有益的,尽管同时许多接触性传染病的毒性意外地开始减弱。

生命表

关于对人类寿命的精确预算,没有什么职业的人能比保险精算师更有浓厚兴趣了。据1996年的数据,一位30岁男人若想保15年10万英镑的人寿保险,就得每周付3英镑钱。若他嗜好某种危险运动或吸烟,则每周须付近4英镑。30岁不抽烟的妇女由于预计可活得长些,则每周付不到2英镑。到了50岁的话,同样保15年,男人须每周付16英镑(按当时汇率)或26英镑(吸烟者)。到了70岁,保险费将极高,因为极有可能此人在85岁之前死亡。

当保险公司雇佣精算师预测保险到期之前某人的死亡概率时,政府部门的其他统计员却在设想未来人口的规模和年龄构成。他们都使用生命表以完成工作,尽管死亡表也是一种同样精确的表示方法。

下页显示了一张简化的苏格兰人口生命表。它从10万名男性或女性出生开始,逐年预计存活数,直至他们全部死亡。从诸多方面而言,出生时的预期寿命要比以后各年的预测数据更有意义,因为它是某一国家健康状况的良好标志。这一寿命是原初婴儿群体中一半仍存活时的年龄,不管存活者身体是否良好。这些苏格兰的数据中,出生时预

苏格兰地区人口生命表（1988年）

起始总数10万人口逐年后存活人数和各年份预期寿命

年龄	男		女	
	人数	预期寿命	人数	预期寿命
0	100 000	70.5	100 000	76.7
1	99 050	70.2	99 320	76.2
2	98 980	69.2	99 280	75.3
3	98 940	68.2	99 250	74.3
4	98 890	67.3	99 230	73.3
5	98 850	66.3	99 210	72.3
10	98 740	61.4	99 140	67.4
15	98 610	56.4	99 070	62.4
20	98 160	51.7	98 940	57.5
25	97 620	47.0	98 790	52.6
30	97 090	42.2	98 490	47.7
35	96 430	37.5	98 270	42.8
40	95 560	32.8	97 740	38.1
45	94 150	28.2	96 910	33.4
50	91 760	23.9	95 470	28.8
55	87 840	19.9	93 270	24.4
60	81 550	16.2	89 430	20.4
65	72 110	13.0	83 260	16.7
70	59 240	10.3	74 430	13.4
75	44 070	8.0	62 750	10.4
80	28 090	6.1	47 750	7.9
85	14 020	4.6	30 790	5.9

期寿命男人为70岁，女人则近77岁。这些数据比一个世纪以前提高了60%以上，而且还在缓慢升高。

如果苏格兰在国际团体中的地位能再高一些，或者假如提高更多一点，这将会成为庆贺因素之一。不过苏格兰的地位就如其在1994年世界杯中的位置差不多。一个国家的健康水平并不能被历史进程中某个无可变更的规律所维持，它经常是有可能下跌的。高的预期寿命依赖于社会繁荣和生活水平的提高，但全民健康的提高则要求财富的社会共享。即便在爱丁堡这样的城市也有社会财富匮乏的人群区，其中冠状动脉心脏病发病率比其他区域高出6倍。生命表的统计校正，会掩盖社会阶层之间的巨大差异。

不同年龄的预期寿命（年）

年份	性别	出生时	15 岁时	45 岁时	65 岁时
1888	男	43.9	43.9	22.6	10.8
1888	女	46.3	45.6	24.6	11.9
1988	男	70.5	56.4	28.2	13.0
1988	女	76.7	62.4	33.4	16.7

苏格兰的数字比英格兰和威尔士稍低一些，而后两者过去20年在世界上的排名从第12位跌至第17位。日本在排名表上位居第一与其经济成功不无相关。相反，尼日利亚某村庄的预期寿命只有43岁，所有孩子中将近1/4会在他们50岁之前死去。生活于尼日利亚城镇的居民收入较高，生活水平也好些，平均寿命是50岁。总体的预期寿命既受社会财富差别影响，也受国民生产总值或其他宏观经济指标所影响。所以美国由于贫富差距极大而在排名表上屈居第15位。社会财富分配最为平均的那些国家如爱尔兰、瑞士和瑞典，似乎都名列前茅。

但是由于我们距离生物学上的生存极限越来越近，所以生活水平提高所带来的回报日渐趋微。20世纪以来，婴儿在预期寿命上已多争取了25岁，年轻人多争取了15岁，45岁者多了6岁，65岁者多了2岁。与难以驾驭的生老病死进程本身相比，社会以及医学与传染性疾病的斗争显得相对容易一些。在已老的人们的寿命数值能在本质上提高之前，我们只有等待革命性的生物技术的干预了，因为就算一种疾病（如心脏病）不找上门来的话，其他疾病（像癌症或脑卒中）也会来逞凶的。

死亡斜率

所有的生命表都蕴藏着一种普遍的数学规律，那就是过了某个年龄，就越发难以活到下一个年龄段。该方程式由19世纪初一位爱丁堡精算师冈珀茨（Benjamin Gompertz）所建立，所画出的图线相应地称为"死亡力斜率"。生物学家也采用冈珀茨方程，因为它适于描述动物和人类的生长率及衰老率。它已成为老年学中的"$E=mc^2$"。

冈珀茨有一个重大发现：在成人生活过程中死于自然原因的概率每8年翻一番。更有趣的是，据我们所知，对全球所有不同人种的种群而言，这一数字都是恒定的，至少从能获得可靠数据的维多利亚时代开始就没有变动过。这一指数方程是反映人种的普遍性质之一。它也是我们继承和遗传给后代的东西。死亡力斜率显示了生命随成长而变得脆弱，我们曾觉得安全的活动（从爬楼梯到做体操）变得越来越不安全了。

就本人而言，在46岁的死亡概率是38岁死亡概率的2倍。当我或如果我活到54岁时，死亡概率又翻了一番。这种加倍按每8年1次持续，直至无人能幸存的那一年龄为止。这只是理论上而言，但如果它真是严格正确的话，则世界长寿纪录要比它低得多了，而极少一部分人的遗传，也挫败了数学上的精确性。

由于老人也还有精力，所以用死亡而不是用生命活力来衡量衰老过程看来有悖常情甚至不合时宜。关键在于，研究人员得探寻一种更好的衡量标准。此外，死亡是生命活力的反面，是老年学中相当于相片底片的代名词。死亡率至少有一种无可置疑的优势即无含糊性，所以我觉得用它没什么不好。

死亡斜率在生物学中是一种非常有用的工具，可以用它来比较不同物种的衰老速率，还可以用它来证实一种实验手段是否确实延缓了衰老过程。那些终日奔波劳苦的小动物，其死亡斜率大于那些寿命长些的动物。老鼠的死亡斜率表明其每80天可能死亡概率加倍，果蝇则为8天。我们人是8年翻一番，算是幸运的。海鸟、蝙蝠和爬行动物的斜率要平缓一些，所以其衰老速率比起大小相当的啮齿类、兔类家族成员来说要慢些。龟兔赛跑的寓言在老年学中再正确不过了。

因为人比其他哺乳动物活得都长，所以预计我们的斜率是最有利的。但是，洛杉矶的芬奇及其同事们的研究表明，我们并不像我们所认为的那样具有优势。他们发现，一些长寿物种的斜率如不是比我们的好，至少也是相差无几。这一表观矛盾揭示了仅仅依赖于长寿纪录来比较衰老速率是不适宜的。蝙蝠和猴子与我们一样，死亡斜率很平缓，但它们都不能活到人最长寿命的1/3—1/2，无论它们在野生状况还是人工囚禁的"理想"状态都是这样。

寿命的最大上限由衰老斜率所限制，因为其斜率表明死亡的概率变得越来越确定。不过生物经常死于纯粹的意外现象（例如森林火灾或洪水），或者死于体内的寄生虫，或者死于外界捕食者的攻击。这些风险中的有些与年龄有关，不过大都没有老少差别。蝙蝠和猴子的寿命比其死亡斜率所预示的要短，可能这是由于它们一生中的危险和不幸较多。如果未来卫生事业的发展使得减缓这一死亡驱动力成为可能，那么我们灵长类的其他伙伴及其他物种就能和人一样成为长寿明星。

图形和生命表并非人人都喜爱，所以一位老一辈有创意的英国统计学家授权一位画家以图画表现冈珀茨方程式。皮尔逊（Karl Pearson）称这幅画为《生命之桥》，这是一件有些郁暗但十分打动人心的作品。画中描绘着人们正在过桥，途中经历许多危险。最初一个新生婴儿，面临着被从其祖先遗骨上纷纷落下的骷髅所击中的危险。这形象描绘了婴儿出生前遗传病所带给他们的伤害。长大的孩子们毫无痛苦地大步过桥时却遇到了新的危险：一伙狙击手占据前方位置乱射他们。武器都是潜在致命的，随着在桥上行进的过程，它们变得越来越精锐。起初是弓箭，而后是马克沁机枪（一种水冷却机枪），接着是老式大口径短枪，最后瞄准过桥人的是一把代表了皮尔逊时代命中率最高的枪：温切斯特连发步枪。即使侥幸没被打倒的人也难逃厄运，因为桥并没有连接彼岸，所以最终所有人都坠入阴间。显然，这是一座有去无回的桥！

图3 《生命之桥》于20世纪初受一位统计学家之托完成,它描绘了随着我们的成长,死亡的机会不断上升

皮尔逊的意图冷酷又简单:人生日益变得风险重重。如果事实并非如此,而是始终保持我们在年轻时所受的较低死亡风险,则我们还能多活好几个世纪,生命之桥的跨距也会更大,但它仍通不到彼岸(无论彼岸是什么,在哪里)。即便是巨杉和狐尾松,虽然长青不老,也并非永生不朽。它们的死亡风险极低,但因为不会是零,所以这些"寿星们"也不会永生。

有些人仍在滔滔不绝地争辩衰老的定义。这不奇怪,因为这个过程极其神秘。一个长期的误解就是混淆衰老和停止生长,因为我们生下来后生长速度就减缓了。法国小说家法朗士(Anatole France)带着这种情绪说道:"我们出生时就已经老了。"其意思是,从出生之日起我们就开始衰老。这话极为通俗,而且从某种意义上讲,是不证自明的,因为我们的开始即我们的结束。20世纪初哈佛大学的一位教授迈诺特（Charles Minot）通过测量组织器官的生长速率得出结论：随着组织生长和损伤修复能力的逐步下降，衰老便"丑恶地"抬头了。近年来，迈诺特理论尽管富含哲理，但已不再纳入老年学的主流了，因为它无法预测生命后期退行性疾病的发生。生命过程中人体发生了诸多变化，但除非它们是有害的，否则称不上衰老。用生物学用语来说，衰老通常被作为一种不适应状态。所以，胚胎中神经、肌肉和卵细胞的消失使胚胎不够资格出生，因为这些组织都是为器官行使正常功能所必需的。为坚固胶原纤维而进行的首次交联，也出于同一道理。

死亡斜率极有意义的是，直至青春期后我们才开始爬上衰老斜坡。当然，有的儿童也会死，但儿童死亡风险自它们从婴儿至青春期少年不再增加。反过来也讲得通，因为出生前危险性很大。青春期标志着一个相对安全时期的结束，尔后开始了一个经历衰老向着天堂的攀爬。老实说，衰老是成人的既定事实，而对孩子来说，衰老是胡扯。

冈珀茨死亡斜率是成人自然死亡原因的总和。它一旦开始，衰老的步伐就日益加快，既不跳跃也不停止，也不会减慢。这似乎违反直觉，我们有时会注意到一些人不是很常见地遭遇突然变化。有些人可能比别人爬的斜率更为陡峭，在同一年龄则更显"老"。不过除非有一个可行的测量个体生物学年龄的标志，否则我们也不能确定是否如此。

人们对人生"阶段"的划分无休止地争论着，因为人们都想标识人生重大事件。7个阶段比较流行，因为7是素数，而且《圣经》中多有先例。7乘7的积也被认为极有意义，而49岁时绝经期的到来似乎证明了这一迷信。但是生物学从来不迷信魔法数字，而认为人生只有两个阶段——幼年期和成人期。正因为如此，我们不鼓励设置退休时间。仅凭年龄划分阶段的习俗非常武断，它忽视了人们各以不同的速率发育和退化。直至最近，高级法院法官和牧师还被授予终身任职，而针对固定的教授退休年龄被取消,美国学术界也正在掀起一场反对行动。衰老的政治意义要比其生物学意义不稳定得多。

绝经期是人生阶段第三段的候选者,尽管它对衰老斜率的影响比不上老年妇女面临的其他问题。当然并不是说绝经期或生殖问题不重要,性器官和其他器官一样(如果不更多地)受制于衰老,而且其分泌的激素对女性而言有助于增加存活优势。

性别差异

尽管有怀孕和生育的危险,但是妇女们仍然在生存比赛中领先于她们的配偶。性别是比种族差别或社会差别更好的预期寿命预报器,当然没有寿命本身准确。一个流传甚广的误解我们可以放心地抛置一边:那就是男性不比女性老得快。18世纪时一个机敏的医生曾接近了真理,他这样写道:"人的生命对男性来说要比女性更脆弱。"出于一些相同的原因,男人在各个年龄段更有不测风云,甚至这也包括在他们出生之前。在这以后,他们的死亡斜率和最高寿限与妇女的完全一致。英国之前的最高年龄纪录中112位是妇女,111位是男人。直到1994年,世界寿命最高纪录还由一位日本男子保持,他于1986年去世,享年120岁零237天。但这一纪录于1995年被阿尔勒的卡尔门特(Mme Jeanne Calment)给打破了;精神矍铄的她还记得一个世纪以前当凡·高(Van Gogh)住在附近时她卖过铅笔给他。

只有在世界上最贫困的地区和北美的哈特莱特社区(那儿禁止计划生育),我们才会找到20世纪的妇女普遍比其丈夫死亡早的迹象。随着妇女健康状况变好,同时能对自己的生育进行更好的控制,她们寿命的增长速度已逐渐超过男性。100年前,妇女有望活到50岁,这比她们的男性同胞要长2—3岁。二战前,妇女平均寿命增长了很多,平均已达60

岁,而那时男性平均寿命则整整落后了5岁。从那时起,性别差异就变得越来越大,虽然有些国家也呈现出男性正在逐渐赶上来的迹象。

对于男女之间的寿命差异有很多种解释。性别差别存在于饮食和吸烟习惯,还在于男性没有采用更健康的生活习惯。与年轻女性相比,年轻男性更易遭受意外伤害、谋杀和自杀。男性甚至看起来好像更易遭受天谴!据美国国家气象局报道,1990年遭雷击死亡的男性有67人,而女性仅有7人。但这是否仅仅意味着男性花费在高尔夫球场上的时间要多些,他们没有说。

男性不仅容易死于事故,也容易死于心脏病突发、肺癌和肠癌,以及其他许多疾病。在马萨诸塞州弗莱明翰进行的长期研究表明,年龄在35岁到65岁间,男性遭遇心脏病发作的比例是女性的10倍,在此以后的年龄段里差别逐渐缩小并消失。女性受她们的雌激素保护,而这一优势在绝经期之后就基本消失了。

由于心脏病在传统农业和狩猎社会里比较稀少,看起来男性选择的生活方式和他们的生理特点一样将他们置于危险之中。没有什么比基督复临安息日教派更能说明这个结论了,因为这个教派的男女几乎都一样长寿。可以推测这是因为他们谨慎的生活习惯,包括禁烟、禁酒和禁咖啡,而不是因为他们的末世论,才使他们得以长寿!在别处性别差异越大,改进的机会就越大。

男性很明显比女性有更强的体力,但男性的生理耐性则较小。达尔文是个慢性忧郁症患者,他很清楚他所属的那个性别的弱点,并得出这样的结论:男性寿命较短是"一个仅由性别决定的自然而固有的特点"。最近,康福特证实,"在已研究过的大部分的物种中,雄性寿命较短"。关于其原因,这些年来有过很多争论,很多人怀疑这一现象是否对物种有好处。

最有说服力的理论就是,睾酮因其是一种"危险的激素",故会缩短雄性的寿命,袋鼩的滑稽动作似乎证实了这一点。但这个理论却无法解释为什么仓鼠的性别差异正相反,也无法解释为什么许多雄性蠕虫、甲壳纲动物、昆虫和蜘蛛并不以睾酮作为性激素但寿命仍然较短。

另一种理论则设想女性的优势在于拥有两条X染色体,即那个在每个细胞核里包含有基因的小型香肠状结构。男性只有一条X染色体和一条小得多的Y染色体,这条Y染色体决定了男性性别但携带了很少其他的基因。女性可以利用两条X染色体的任一基因而不需要Y染色体。毫无疑问,只有一组染色体使男性有更大的危险,尤其因为X染色体上的基因大部分都是细胞基本功能活动所必需的而不是纯粹用于性发育的。女性细胞内同时发生影响一个基因两个副本的突变概率极低,但对男性来说如果发生突变,则没有备用副本。男性因而更易患"性连锁"疾病,包括许多常见的遗传病,比如肌肉营养障碍和血细胞的血红蛋白缺陷。但这只是些特殊情况,这种理论既没有解释男性为什么更容易患许多其他疾病,也没有解释鸟类寿命问题:雄鸟含有相当于哺乳动物的两条X染色体的一对染色体,但即使有这种优势的雄鸟通常也不比雌鸟活得长。

有一种流行观点明显地基于循环论证,即寿命差异是进化用以削减男性出生率过剩的。在英国,而且在其他地方也一样,出生100个女孩,就会出生大约103个男孩。到35岁即育龄的中点时,数量就相等了。到80岁时,女性是男性数目的2倍,而孀居的概率则比统计学家的数字还要高,因为传统上女性一般嫁给比自己年纪大、地位高的男性,而很少想到遥远的将来。因而许多女性不得不面对这样的未来:独身或与其他寡妇为伴在家度过晚年。到那时,一个健康地活下来的独身男性,或许可以在他的一生中第一次得以挑剔地权衡他的未来了!

一个更有说服力的理论是,雄性在两性之中更可被牺牲。如果雄性在生殖结果上所做的贡献较小,那么这个理论是成立的,进化选择的微妙影响对雄性将不会太严格,因而雄性在生理上也将比它的配偶弱一些。我们将会看到,这个理论也许有效,但它还必须解释一些家庭分工。雄性的作用经常远远超过交配行为,许多长寿鸟(如信天翁和天鹅)是单配的,并且分担抚养后代的工作。有时常规的角色也由于神秘的原因而逆转。雌瓣蹼鹬从冰岛飞往南方而留下雄鸟孵化小鸟,雄海马携带它们的孩子而"怀孕"。探究这些雄性动物是否因为承担了这些责任而寿命长些,将会十分有趣。

疾病和残疾

医学和其他职业一样都有这样一个毛病:对老年人以恩人自居,并将他们送到专门机构治疗。有些老年病人也许大小便失禁并发痴呆,但这些令人羞躁的疾病也会在人们40多岁时发生。医生善于诊察疾病,但是他们无法治疗衰老带来的一些潜在问题。有些医生认为衰老是由于以前的伤病引起的身体衰退;更有甚者甚至认为衰老应当被看作是另外一种疾病。如果真是这样的话,那么年轻医生至少可以通过一门关于诊断的考试,那就是我们都患有一种不治之症而其死亡率是100%!

这种悲观情绪在本科医学教育中表现出来,是因为几乎没有老年学方面的教育。老年病学这门医学分支也相应地被认为是医学中的"灰姑娘"。某种意义上说,这是一门伪专业,因为它的病人群体是按照时间而不是按照生物学标准定义的。衰老本身并不是一种疾病,对病人照顾的性质也不应根据病人病历卡的出生日期来决定。有趣的是,动物老年病学方面的教科书是没有的,如果可以不予计较的话,兽医职业似乎是忽视了年龄的差别。然而兽医的大部分时间,正如医生的大部分时间一样,都花在了照料老年的有病动物身上,而兽医则以正常疗程处理这些动物。也许这种治疗方案恰恰对动物有益。

衰老带来的变化本身并不是致命的，但这些变化却让身体更容易受到感染、伤害和功能失调。衰老引起的诸多疾病并不属于单一而纯粹的类型。这些疾病中的一些是普遍的、发展的、不可逆转的，动脉硬化、关节磨损和肺气肿就属于这一类型。其他疾病则后来更常见，虽然实际上并不普遍，这包括癌症和高血压。也有一些疾病和反应可以发生在任何年纪，但后果在老年要严重得多，骨折、肺炎和流感就是其中的主要例子。

老年人也许在经年累月被病毒或寄生物侵染后已经建立起一个"免疫智慧"，但这在免疫系统变弱后就不能再保护他们了。比如，带状疱疹会引起急性神经痛，这对老年人来说是一个灾难。它由一种复发型的病毒所致，这种病毒可以从童年时代引起症状较轻的水痘后潜伏几十年。肺炎对老年人来说更加严重，因为这种疾病在老年人年轻时可以使他病倒而现在则可能使他一去不归。这种病以前常被视作"老人的朋友"，因为它能加速慢死，但现在可以治疗了，而我们能死于其他疾病。重要之处在于，人们不是死于衰老**本身**，死亡斜率反映的是所有致命疾病的总和。

由于法律要求医生在所有死亡证明上记录死因，我们也许会以为我们可以对老人都因什么原因而死知之甚多，但事情远非如此。人们很少进行尸体解剖来验证死因，即使进行了尸体解剖其结果也经常与临床诊断不相符合。经常存在一种以上的疾病，而且很难说哪种疾病是致死的主要原因。当无法确定时，很有可能记录"动脉粥样硬化"；如果，老人在临终之日有呼吸问题，则常记录"肺炎"。虽然无人死于纯粹的岁月重负，但是有些病理学家建议在死亡证明的死因上加一个新类型——"衰老"，这并不使人惊讶。

即使没有放弃的态度，社会也不会因此容忍对年轻人做出这样的死亡证明。对夭亡我们要求详尽的解释。也许除非有欺诈,否则我们不会在意老年人死亡的不确定性,因为从某种意义上说"自然"死因是一种任意的。他或她很有可能患有数种疾病。

这可以由生活中的任何真实事例说明。现在举一个任选的例子,有一个102岁的老年男子得过一次流感后因腿上的坏疽而死亡。尸体解剖显示了他腿上有意料中的血栓形成,但进行更彻底的剖检后,发现了许多其他问题。大血管变窄了许多,结肠内有个肿瘤,甲状腺内还有"小结",前列腺肿大。这些混杂的疾病最终都将会是致命的,但虽然有这么多病累积了数月甚至多年,他死前几天还说他感觉良好。他这样说反映了我们变老以后对"感觉良好"的期待是变化很大的了。

残疾是衰老的迹象,同时也是明确的疾病信号,这几乎同样让人感到害怕。拄着手杖的驼背老男人、一个女人被关节炎损坏的骨节粗大的手指,这都是影响全身每一个角落的进程的结果,而这种进程有可能在30岁就开始了。感官的退化和瘫痪一样(甚至更严重),都影响我们生活的质量。视力、听觉和味觉的丧失虽然不是致命的情况,但是这样当然更容易受到偶发事件的伤害,从而增加了死亡斜率。

人到中年时,眼睛已失去了众多的调节功能,以至于我们为了阅读不得不戴上眼镜。在这种远视或者说老花眼情况下,眼球晶状体变大,弹性变差,不再能有效地"挤压"以折光,进而对近处物体聚焦。书籍和报纸不得不放到一臂远的地方才能看清楚。这个缺陷严格地说不是病理性改变;它发生在健康的眼睛里,迟早要影响每个人。部分原因在于眼球晶状体洋葱似的生长,从这方面说,这是生物学上的"设计错误",因而像绝经一样"自然"。

"听力障碍"是老年的另一个问题,并且是一个恰当的表达方式,因为聋是被人们远远低估了的一种缺陷。儿童时代我们能听到20—20 000赫兹的声音,虽然这么广的波段和一些动物的听力波段相比尚显得狭窄。

从耳鼓传输振动的听小骨的硬化,连同充水的内耳(耳蜗)毛细胞的丧失,是对高频声音不敏感的原因。像许多衰老引起的变化一样,听力丧失开始是注意不到的,除非当你试图在乡间听蝙蝠叫。但是当听力降低到说话都有困难时,你就会产生一种深刻的隔离感。不幸的是,年轻人常常不是给予同情,而当家里的老人拒绝承认自己聋时,这种缺陷就成了家庭笑话。

听力丧失也许并不像我们想象的那样不可避免。对苏丹一个与世隔绝的畜牧部落马班人的听觉研究显示,他们在所有频率上的听力丧失只有西方人的1/4。由于他们很少听到大的声响,一个很有趣的可能就是我们四周的嘈杂环境加快了我们听力的丧失。也许我们只能容忍这么多"噪声",而当噪声真的达到我们的忍受极限时,我们的听力就会逐步变弱。如果真是这样的话,这就是个支持开展消除噪声活动的有力论点。噪声对听力的影响不太可能得到很好解释,因为马班人也没有许多困扰西方人的其他问题,比如动脉疾病和高血压,它们也和耳聋紧密相关。

嗅觉是一种不太被重视的感觉,因而它的丧失除了对品食家之外一般被认为无伤大雅。那么,我们的鼻子能嗅出1万种不同气味,负责嗅觉的基因数目是最大的,这难道不是很神奇的吗?这也许是进化遗留下的结果,那时能辨别什么可食和什么有毒,区分野兽的气味和猎物的气味,都和生存密切相关。不论我们继承了多么好的鼻子,它的敏锐嗅觉也会被衰老所钝化。费城一项研究显示,50%的人到70岁时就完全丧失了嗅觉,其中男性比女性早,吸烟者比其他人早得多。我们应该保存嗅觉,即使不是为了美学原因,也是为了安全原因。鼻子使我们能得到煤气泄漏的预先警报,因而在许多场合救过人们的命。

所以,衰老不仅仅是许多危险的疾病抬头。在昆虫、蠕虫和软体动物中,我们发现了衰老的迹象,但没有在温血动物中所遇到的癌症和其他主要疾病的迹象。衰老也许会导致这样或那样的缺陷,但不一定会带来疾病:衰老带来的差别常常是生理或组织结构的不同程度的改变,尽管这些改变会导致不利后果。我们不能肯定古人是否活得长到足以受这些改变的影响,但感官的退化会逐渐使个体从他们的环境中分离出来,因而使他们变得更加脆弱。无论从何种角度而言,衰老都不能被认为是有益的,而用生物学语言来说它肯定是"不良适应"。

虽然我们不能停止我们的生物钟,但我们可以通过自己的行为来重新安排部分时间表。新英格兰研究所所长杰特(Alan Jette)曾宣称:"我们不相信残疾是衰老过程的必然结果,仅由生物学上的损失和限制决定。相反它受许多因素(物理的、认知的和社会的)影响,这些因素中的一些可以改变。"许多被认为是衰老带来的变化,其实根本就不是由衰老引起的。其他的一些变化,如果我们更为关心自己的健康,则会推迟出现。肖克(Nathan Shock)60多年前在巴尔的摩进行的研究工作证明了这一点,而且有助于解释不同素质的老年人之间的差异为何越来越大。在这项变得极为著名的对美国人的长期研究中,他征集了社区生活的各个年龄段的男性和女性来进行生理和心理的健康状况的常规测试。这项研究表明,肌肉力量在中年以前是在不知不觉中衰减的,除非按运动员测试或生理实验室标准。但通过一个经常锻炼项目,进一步的衰减几乎完全被停止了。肌肉拉伸和神经活动虽然不能增加个体肌纤维的数量,但可以维持单个肌纤维的大小。增氧锻炼可以阻止肺活量的衰减,但每次吸气量低仍然是早死的先兆。最令人鼓舞的发现是,即使不强健的六七十岁的老人,也可以通过适当的锻炼改进他们的肺活量并降低血液中胆固醇的含量。我们不知道这条原则能在生理学其他领域推广到多远。一些人无疑乐意相信锻炼会保持性活力和智力活力,但锻炼不能延迟所有的残疾。比方说,锻炼眼睛来推迟远视仅仅是一厢情愿,因为这个问题是眼球晶状体预定的生长结果而不是肌肉的变弱。

许多常常被认为是"纯粹衰老"的变化,也根本不是那么回事。人们常说"我们和我们的动脉一样老",但即使血管的阻塞也不像想象的那样不可避免。实验室老鼠和兔子即使被喂食了富含胆固醇的食物,也极不容易形成动脉粥样硬化,而且在整个人类中西方人更容易患这种疾病。确实有许多令人鼓舞的迹象表明,心脏病在美国和一些欧洲国家正在减少(可悲的是在苏格兰基本没有减少)。降低饮食中的脂肪,戒烟和加强锻炼,无疑都有助于健康,虽然健康的生活方式不能解释一切。人们认为心脏病的种子在我们年轻时甚至出生前就已种下,只不过吸烟和不良饮食促使其生长而已。

大约60年前,加利福尼亚大学伯克利分校一位医学物理学家琼斯(Hardin Jones)推断,一个人生物学上的衰老是由早年生活的患病经历决定的。他还发现,预期寿命的延长反映了过去一个世纪的婴儿死亡率的持续降低。琼斯比较了瑞典几代人的死亡斜率,因为那儿的统计数字几乎比任何其他地方的都要系统完整。他惊讶地发现,虽然后代人的生活条件越来越好,这些斜率仍旧相互平行,这意味着人们仍以同样的速率衰老。差别在于最近几代人的斜率直到较晚的年纪才会有一个向上攀升,这意味着在相同的年纪现代人比前代人在生物学上年轻。

看来衰老过程一旦开始就会遵循一个严格的时间表,这个时间表不能被生活环境所改变。世界各地的人都在按同样的速率衰老。琼斯估计,在一个给定的时序年龄,20世纪40年代出生的一代要比一个世纪前出生的一代年轻5—10岁,因而相对来说不易受老年时的疾病和残疾的袭击。早年生活经历要比后来生活艰难对人的影响更大。虽然一个健康的童年不会放慢衰老钟,但它确实能重新设置寿命开始嘀嘀嗒嗒过去的时间。

不幸的是,琼斯的理论不易检验,因为年轻时处于贫穷和不健康的生活环境的人很有可能一生都是这样。他的解释也和这样的证据相矛盾：一些晚年比较严重的疾病，比如说乳腺癌，更易发生在那些较为富裕的群体中。因而琼斯的理论一直被科研人员所忽视，直到最近才以英国流行病学家的研究成果的新形式重新被提了出来。

在赫特福德和兰卡郡，从20世纪初就开始记录新生儿的体重。位于南汉普顿的医学研究学会流行病中心的巴克（David Barker）和他的同事们参考了医史记录，想了解人们的出生体重是否与他们65年后的健康状况有关。他们发现，那些出生时体重不到3千克的人患心脏病、脑卒中和糖尿病的概率，是出生时体重在4.5千克以上的人的10倍。即使考虑到了吸烟、饮酒和社会状况，这些差别依然存在。童年时代生活环境良好有助于长寿，琼斯的这一预言因而也适合于子宫环境，因为那儿的条件影响出生体重。动物的营养状况其实也反映了早期健康状况的重要性，而在证据如此明显的情况下，我们竟花了这么长时间重新发现这一点，这真是很有讽刺意味。综观20世纪，动物也确实因为饲养业的发展而受益匪浅。

人类的健康和寿命能进一步提高多少，依赖于社会经济和政治。征服老年疾病的努力中，健康促进者和医学研究人员正积极致力于后天条件。人类脆弱的首要原因在于衰老本身，而那似乎是遗传上不可改变的。如果能够使衰老斜率小一些，那么那些老年病就会出现得晚些，而那些百岁老人就能好好地打网球，甚至可以为慈善募捐而跑马拉松了。这不全是幻想。改变大鼠和小鼠的死亡斜率是可能的，通过饮食方法延缓衰老过程本身是可能的，推迟疾病的发作是可能的。但这对人类来说也许不是一个成功的方法，原因我以后再论述，所以目前我们只能希望尽量潇洒而又健康地衰老。

衰老之谜

新生儿除了在深爱他们的父母眼里以外,在其他人看来都大同小异,但后来随着他们逐渐长大,他们之间会越来越不同。每个个体按不同速率发育,女孩比男孩先进入青春期,而有的女孩要比其他女孩更早一些。虽然这些差别通常不会大到4—5年,但绝经期却能在40—60岁任何一年出现,而且有时会出现得更早。小时候看起来一模一样的人,到他们70岁时年纪上看起来会有10—20岁的差别。这还不仅仅是一个外貌上的差别,有些70岁老人的体格和活力就像50岁的人,而其他一些人则可以描述成"快到90岁的70岁老人"。为什么时序年龄相同的人却有不同的生物年龄,这个问题并不总是容易解释。遗传学与此相关。孪生子的寿命就像高度近亲繁殖的动物一样,要比毫无联系的个体的寿命更接近。即便如此,显著的差别依然存在。每个人都有自己独特的生活方式因素史,这包括住、食、生殖和职业,所有这一切都会影响健康和生存。

遗传病的测试变得越来越容易了,但当我们研究衰老时,生物学上的秘密仍难以揭开。老年学家梦想有一种"生物标志",它能够测量生物年龄并能比时间年龄更准确地预测寿命。正如鱼骨和树干里的生长轮能够让人较好地估计生长季节的数量和质量,生物标志将告诉人们个体在死亡斜率上走了多远。

找到生物标志最理想的地方就是体表,因为那儿人们很容易监测。可以按下述方法测量指甲的生长:在近表皮处划一条沟,然后在随后几个月中测量指甲长出了多少。一个美国医生在成年生活的35年里连续测量他指甲的生长。指甲开始时按每天0.1毫米的速度生长,但随着年龄的增长逐渐慢了下来。头发由相同的蛋白质构成,而且随着年龄增长会变得稀少和灰白，在有些人的头上情况更是如此。不幸的是，这两种生物标志都没有比日历给出更好的生物年龄的信息。他们都与潜在的衰老原因相距甚远而无法使用，而且它们远非普遍。事实上，头发变灰白因人种不同而差距甚大，而指甲的生长据我们所知也可能如此。

激素水平、免疫反应、血压和肺活量，都曾被考虑用作生物标志。组织内的"衰老色素"和作为糖尿病特征的蛋白质的非酶性糖增加（"糖化"），也曾被考虑用作生物标志。它们中的许多随着衰老而变化，而有些则对诊断疾病有重要作用，但它们没有一个能准确测量潜在的衰老过程。这是因为老年学家对好的生物标志提出了很多要求。一个好的生物标志必须带有普遍性，可以在不伤害被试者的情况下反复测量，还必须测量基本衰老过程而不是疾病的效果。最后，所有的种族在所有的年龄段都能利用这个生物标志。但是寻找一个理想的生物标志，正在变成另一个令人失望的寻找圣杯活动。

也许有人会说，生物标志的迹象不明显反而更好。如果有一个生物标志的话，雇主和保险公司也许会用它的信息来对付我们。但是缺乏一个好的生物标志，成了科学进步的障碍。没有它，我们就不能准确判定被试者处于衰老曲线的哪个位置上，也无法估算以延长寿命为目的的治疗效果。我们只能拭目以待被试组里的成员还能活多久，这对人类来说是一件冗长的事。

衰老依旧是个谜。我们周围到处都能看到它的迹象：生育能力丧失、体能衰弱、残疾和疾病。这个过程即使不是普遍的，也是广泛的、内在的，而且是受环境影响的、不可动摇的。但在不同的器官、个体和种族间，又是以不同速度进行的。研究人员在凯斯特勒（Arthur Koestler）勾画的原则"科学是一门可以解决问题的艺术"的基础上，谨慎地一个一个处理疾病和残疾的问题。处理衰老的外在结果，远比处理其根本原因要容易。同样，我们能够理解如何运用文字处理机而幸运地不必知道这后面的计算机软、硬件的奥秘。

埃尔加(Edward Elgar)从未在他的朋友和家人挽歌式的音乐背景中揭示《谜》主题的含义。他写道:"它的暗淡的倾诉就那样放着不必去猜了。"它背后的主题,是否像某些人想的那样是"死亡",这已离开本题,听者的感受不依赖于确切知道这位作曲家脑子里想的是什么。衰老之谜就在于,它在我们每个人身上都表现出来了,但其潜在本质仍然是个谜。

第四章

编程性衰老

> 对于生物寿命，基因可能是直接的决定因素，也可能是对其设定的间接约束。
>
> ——芬奇

生命之火

维多利亚时代精力充沛的画家、社会主义者莫里斯（William Morris）死于1896年，终年62岁。当被问及死因时，他的医生简单地答复说他"死于成为莫里斯"。像许多过去和现在的医生一样，这位医生认为除了疾病之外，衰老是死亡的原因，如果莫里斯对生活持一种更为懒散的态度，他可能会活得更长。

有一种在直觉上颇具吸引力的观点认为，那些选择在快车道上生活的人一定会为该选择付出代价。这种观点调和了我们的自然公正感，鼓励了我们能控制生物命运的渺茫希望。如果像经济捐赠那样，赋予每个人一定数额的"生命力"，人们将决定怎样及何时使用或投资于它。

20世纪初，上述观点为一个重要的衰老理论奠定了基础。"生命速度"理论是一个抱负非凡的尝试，它试图解决为什么动物具有固定寿命这一重大问题。该理论的主要倡导者是德国的鲁布纳（Max Rubner）和美国的珀尔（Raymond Pearl），他们认为，动物与生俱来获取能量的能力是有限的，当逐渐接近这种能力最终限度时，它们耗尽了所有能量而死去。动物的生活节奏越快，生命之烛就越早地开始摇曳并最终熄灭。

能量是生物化学的基础。我们做每一件事，从踢足球到构思下一句话该怎么说，无不需要能量。我们进食脂肪、碳水化合物和蛋白质以及其他西方食谱上丰富的食品来获得能量。经过肠道中的消化，类似葡萄糖样的小分子被带入细胞内。经进一步分解后的产物进入成百上千的细胞内的小小发电站——线粒体，在线粒体内，氧化反应最终生成水、二氧化碳及大量以三磷酸腺苷（ATP）形式储存的化学能。每个葡萄糖分子生成38个ATP分子，若分解过程完全，所有的能量都被释放，因而，氧化过程是一种有效的产能方式。有些生物如酿造啤酒用的酵母，它们已经适应了缺氧状态下的发酵过程。因为糖只被分解成酒精，该过程中产生的能量仅为氧化过程产能的5%。然而，效率并不是一切！

基础代谢率（BMR）是维持我们包括心脏跳动、肾脏滤过、大脑放电等生命活动最低的能量需求。在处于静息状态下的人体，它相当于每分钟约200毫升的氧耗量。从功率输出来看，这大约相当于一个80瓦的家用电灯泡。换言之，对于你聚会中的每12个人，你可以关掉约1000瓦的暖气以求节约，直至开始跳舞。在运动过程中，代谢率可升至BMR的10—20倍，这取决于人的年龄和健康状况。在运动过程中会产生更多的热量。

对于任何一种动物，我们可以通过测量其氧耗量或者以热量形式散发的能量，来获得基础代谢率的基线。假如生命速度理论成立，BMR就是一个物种"生命速度"的量规。显然，大动物比小动物需要更多的能量以维持其生命，这就是为什么大象比小鼠需要消耗数量更多的食物。然而，更值得注意的是，当我们对每克体重释放的能量进行对比时会发现，小鼠表现出更高的能量释放。就每克体重的热量而言，小鼠的能量消耗是大象的20倍。似乎小动物的生命火炉燃烧得更亮、更旺。

适用于最大动物和最小动物的规律，同样适用于大多数大小介于两者之间的动物。事实上，物种体重的大小与每克体重产生的能量之间呈反比关系。我们可用"克体重"为单位来研究"细胞"，因为动物的区别在于细胞的数量而非细胞的大小。如果绘制一幅图，这种反比关系就更令人信服了。20世纪40年代，美国生理学家克雷伯（Kleiber）发现了这种关系并称其为"克雷伯法则"。它似乎是证明生命速度理论的关键所在，然而它却引出了大量延续至今的争议。

从体重小的物种到体重大的物种，其BMR的下降斜率显示小鼠和它的亲戚们对能量的利用率比大的物种低得多。小鼠所以必须添加"煤块"于代谢的火炉，主要是为了产生能量以保持温暖，因为小体重动物相对体重而言有较大的体表面积，这样身体散热快而更容易感到寒冷。在不损害维持机体重要活动能力的情况下，大动物比较节省地使用能量，它们仍然具有应付额外能量需求的能力。

进食中的厚皮动物的心脏每2秒钟跳动1次，或者说1分钟跳动30次，并发出沉重的响声；而小鼠的心脏每分钟快速跳动300次。前者能活到70岁，而后者的寿命不超过3年。若以整数计算，两者在一生中的心跳总数均为10亿—20亿次。心脏并不是唯一看起来有固定工作限度的器官。大象的呼吸比小鼠慢得多，但是两者一生中呼吸的次数却大致相同，约为2亿次。即使在静息状态，小鼠也像超负荷的行政长官一样过着快节奏的生活，从两端燃烧着生命之烛。然而这是它们天生的生活方式，有代表意义的小鼠体内应激激素的水平是正常的。事实上，它们很好适应了这种紧张的生存方式，如果人为地降低其代谢，它们反而会很快死亡。

无论动物的体重还是寿命如何，其能力都集中聚在一定的界限内。适用于人体心肺的规律，同样适用于BMR。鲁布纳曾计算过，动物在其一生中平均每克体重约消耗800千焦的能量。他认为这个数字对所有动物都相同，但实际对人类而言，该数值接近3200。

哺乳动物和鸟类在其一生中BMR大致相同，因为它们有一个生物恒温器来保证无论在怎样的天气下都能保持温暖。如果体温降至正常情况以下，动物便会很快失去意识并死亡，除非它们是能适应蛰伏或冬眠的物种，这些物种能自动利用体内的棕脂组织"电热毯"来重新温暖自己。对于冷血动物而言，如爬行动物、两栖动物和鱼类，生活的节奏主要受周围温度的影响，如果天气变冷，其代谢变慢以致它们行动迟缓。但如果在温暖的阳光下，它们生物化学的火焰将灼灼闪耀，机体功能快速运转。它们的生活是生命速度方面的天然的实验。

与生活在世界上寒冷地区的生物相比，那些栖居在温暖气候中的生物吃得多、生长快、成熟早，匆匆了却一生。一般来说，寿命最长的鱼类可能生活在冰封的极地海中，或者是同样寒冷的深海里。由于客观原因，人们很少对鱼类进行详细缜密的研究，然而有一种在美国颇受人喜爱的观赏鱼——大眼鲻，是一个例外。它的生命因生活的纬度和气候不同而缩短或延长。在美国南部，它仅存活2—3年，然而在寒冷的加拿大湖中，它能存活10—25年。南方大眼鲻的整个生活史集中在短暂时间内，不过在提前衰老之前，它们能获得与长寿的北方同伴一样的产卵能力。把北方的鱼移居到南方或把南方的鱼移居到北方，这能否改变它们的命运仍是一个尚无定论的问题。曾经有人假设：种系之间的差异由环境而非遗传所造成。如果这是正确的，它将有助于完全解决生命速度是衰老速度的决定因素这一问题。

上述理论迎合了我们关于自然界在根本上是简单和谐的并容易为人所了解的心愿，因而颇具诱惑力。然而我们所观察的生命世界的每一事物都有其缘由，所以大自然远非简单。在生物界丰富的多样性和复杂性面前，衰老严格地由生物化学的限度体系所预先注定的理论不能令人信服。

生命速度理论出现了越来越多的缺陷,它本身也已开始衰老。首先面临的是一个理论上的困难,即**为什么**会有一个固定的能量限度。生物已能战胜各种挑战而定居于地球上几乎每个想象得到的地方,为什么生物寿命的进化却应被能量预算而终止呢?人们已知有些生物和细胞能存活成百甚至上千年,这更使该理论面临的困难复杂化。正如我们前面所看到的,对于生命不存在不容改变的限度。

对于蝙蝠无法用很简单的理论进行解释,同样解释生命速度理论和体重规则也并非轻而易举。蝙蝠的BMR较高,估计它们的寿命应比现实寿命短,当然在冬季的冬眠能力似乎可以帮助弄清楚它们长寿的原因。在食物匮乏的冬季,它们把自身体温降至洞穴或屋顶栖所中的温度,以此降低其代谢。但是,当生活在地下的鼠类仓促奔向生命的终极点时,安睡着的蝙蝠们是否梦到了像加拿大大眼鲥一样延伸它们的生命呢?除非有人能证明热带的蝙蝠不冬眠,但寿命与其他蝙蝠一样长,不然这种观点是颇有道理的。

蝙蝠并非唯一的离经叛道者。克雷伯法则来自对家养哺乳动物的细心观察,这些动物的体温大约为37℃。那么,其他动物的情况如何呢?似乎体温高的生物应该活得短,而体温低的生物应该活得长。但事实上,这种推测是不成立的。

有袋动物的体温比"标准"哺乳动物稍低,因而其BMR稍低,但是大多数有袋动物生命短暂。澳大利亚袋鼩作为例子可能太古怪了,但即使是弗吉尼亚负鼠也仅存活3年。另一方面,鸟类的体温比哺乳动物高,其生命本应比后者短暂,而事实上,与同体形的哺乳动物相比,鸟类的寿命要长得多。

连实验研究也不支持该理论。英国遗传学家史密斯(John Maynard Smith)发现,提高果蝇的体温会加速其死亡,这正如生命速度理论所预测的。但是,如果恢复其体温,它们的寿命也会恢复到原来的水平,就好像它们从未被升温过，或者不需要"赔偿"一笔代谢债。升温增加了一般性事故的风险，并非加速了衰老。

扁虫像肝蛭一样，是简单的分节生物，当它们被分割成碎片后，每一碎片都将长成为一条新的扁虫。如果它们有固定的能量配额，那么每一部分都会把来自父母生活史中的死亡的影响传递给下"一代"，使其寿命比父母短暂。事实上，它们的寿命没有差异。同样，我们的生殖细胞并没有把父母的代谢时间代价传给我们的孩子，不然他们的寿命会比我们短暂。

老年医学领域中一个最令人瞩目的发现，是低热量饮食能延长鼠类健康的生命。把动物的饮食从自助餐厅式的任意进食转变为隔日禁食，能使衰老的梯度变得平坦，而且能使寿命显著延长30%。这并不是一个孤立的现象，因为饮食控制对于线虫、蝇类以及许多其他动物都有同样的效果。根据生命速度理论，我们猜测这种饮食降低了BMR，然而研究表明其BMR并没有显著改变。

从这些相互抵触的事实中，我们究竟能得出什么结论呢？尽管该理论有合理之处，但是代谢率并不足以解释生物寿命问题，目前也无证据提示同一物种内活动量多的成员比其他伙伴活得短。事实上莫里斯作为维多利亚时代的人，已算活得很长了。但是科学具有推动历史车轮的令人不安的习惯。正当看起来可以把生命速度理论放心地埋葬的时候，它却像长生鸟一样，又重新从其灰烬中升腾而起。新理论并非旧观点的再生，而是一个崭新的产物。

自由基

在子宫内生长发育的人类胚胎，生活在一个相对低氧的环境中。从第一次呼吸开始，新出世的婴儿就不得不应付空气中潜在有害的氧浓度。我们周围充满了有关氧化反应的证据：煤炭燃烧、金属腐蚀以及脂肪腐败。当氧气在地球大气层中首先出现的时候，原始生命面临着同样的挑战。

原始细菌样生物利用含硫化合物及其他化合物产生能量，正如它们现在生存于间歇泉及沼泽地一样。有些在代谢过程中能生成副产物氧气。由于几乎没有竞争，这些生物大量繁殖，以致氧气浓度逐渐上升，起初极慢，以后加快。一定数量的这种气体开始在空气中出现，一直达到我们今天空气中20%的水平。因为其他一些生物的脂肪易被氧化，所以这对于它们并非好消息。这些生物必须作出勇敢的尝试，以适应在新环境中生存。解决方法之一，就是在生化方面把氧气与碳和氢原子结合起来构成二氧化碳和水等毒性小的物质。这不仅有助于它们对付氧气，而且作为副产物生成的能量也可以用于生长和繁殖。

在这个勇敢斗争故事的某个阶段，一些用氧细菌感染了比较质朴的细胞，就像未被邀请的客人利用了主人的保护或其储藏的食物。作为它们讨价还价的一个结果，拜访者清除了宿主细胞内的氧，继续产生了两者共享的能量。由于这种安排对双方都有好处，因此就持续下来。在每个生物的每个细胞内，从酵母到人类，细胞质（也就是围绕在细胞核周围的活性物质）当中都有这些改装过的细菌，也称为线粒体。就像入侵英国的北欧海盗一样，这些细胞侵略者逐渐与主人和谐共存，而且最后即使它们想要离开这里重新过自由自在的生活也已经不可能了。线粒体与其宿主保持亲密合作，作为能量供应站满足细胞大部分的能量需求。如今我们知道，在动植物的进化过程中，这个历史性的结合是一个关键性事件。

一个世纪以前，当细胞庇护着共生细菌这一故事首次被提出时，它难以被接受。我们无法肯定20亿年前发生的事情，但是线粒体的祖先是自由活动的生物这一理论现在几乎变成了信条。曾经是不受邀请的客人,已变成细胞内最重要的部分。有线粒体的情况下,细胞利用等量碳水化合物产生的能量约为无线粒体时的20倍。

这看起来似乎是一个完美的安排,但是从氧化代谢中获益仍然存在着一个障碍。线粒体内氧化过程中释放的电子会附着于原子,产生一种称为"自由基"的不稳定并具有高反应性的化学物质,它能启动损伤性的连锁反应,导致分子受损。这就像孩子们在操场上玩的捉人游戏一样,被推选为"捉人者"的孩子必须通过接触另一个伙伴把这个标记传递下去,当最慢的孩子被捉住,游戏就结束了,因为他不能捉住任何人了。

这个游戏与发生在细胞内的反应有类似的残酷之处,无拘无束的电子反应可以终结于细胞内的不同结构,甚至可以终结于细胞核内携带基因的染色体上。有人计算过,人的每个细胞每隔几秒就会受到"氧化侵袭"。这是为了产生能量以维持生存而付出的代价。除此之外,电离辐射以及化学复合物如杀虫剂、化疗药物等,都加重了人体自由基的负担。尽管这对个体而言是坏消息,但自由基也确实有一些美德。白细胞利用自由基杀死入侵的细菌,由自由基引起的突变有助于加速进化。

虽然线粒体不再能够独立生存,但它们仍然对自身的命运有控制能力,并且能与细胞的其他部分无关地分裂。它们含有染色体样的环状结构,其中的基因携带着产生13种蛋白质的密码。这些染色体样的环也参与能量产生,但不幸的是,与细胞核的基因相比,它们更容易受到损害。首先,线粒体基因更接近自由基的源泉,而且不像核基因,它们缺乏保护基因的组蛋白。最令人惊讶的是,线粒体基因不像核基因那样具有有效修复突变的方法。而且,作为单纯的无性繁殖者,线粒体不能使用有性繁殖来恢复自己的元气。这些不利之处的综合结果,就是线粒体累积变异的能力较细胞核快16倍。由于有其他许多线粒体作为补充,这些变异显得无关紧要,然而随着变异线粒体数目渐增,会达到潜在有害的水平,以致损伤细胞产生能量的能力。在我们的动脉变得狭窄及两肺变得虚弱之前的年龄,当进行大运动量的锻炼时,我们也会气喘吁吁,这就可能与我们受损的线粒体有关。如果存在线粒体移植物,该有多好!

自由基被怀疑能使许多疾病加重,有时刺激疾病暴发。肿瘤、关节炎、白内障,仅是横在它们门前的退行性难题中的几个例子。主要靠氧气产生能量的细胞,比其他细胞更先受到自由基的影响。脑组织仅占人体重的2%,但其耗氧量却占耗氧总量的20%,并且与人体衰老的许多问题有关。心脏与骨骼肌也是氧气的主要消费者,它们能解释在运动员顶峰状态中的早期滑落。即使使用肉眼,我们也能在这些组织上看到自由基作用过的痕迹。脂肪和蛋白质氧化的最终产物聚集成棕黄的色素,称为脂褐质或老年斑。由于脑组织和肌肉细胞都无法将其清除,于是这些色素逐渐堆积。它的颜色是人体衰老的很好生物标记,当然其本身可能无害。

自由基对于小而活跃的短寿命动物的影响,比大的运动缓慢的长寿动物的影响更为严重。小鼠一生中患癌的危险性与人类一样,尽管我们的寿命比小鼠长30倍并且细胞数是其3000倍。假定肿瘤开始于一个变异细胞,平均每个小鼠细胞生癌的危险性是人体细胞的10万倍,这正是我们可以预测的,因为其每克组织的BMR及线粒体的数量和活性更高。在这些小动物的细胞内蛋白质分解和更新的速度很快,这是它们解决累积损害的一种方式。尽管如此,对于小动物的高危险性的解释似乎并非如此简单。鸟类和蝙蝠的能量消耗较高,因此可以设想它们有大量的自由基,但它们却长寿。事实上,细胞并不完全听从自由基的摆布,在进化过程中,它们具备了一些聪慧基因,这使得细胞能清除自由基或把自由基转化为无害物质。

基因是编码遗传信息的片段,呈线性排列于染色体上许多长长的

DNA分子上。许多年前,克里克(Francis Crick)、沃森(James Watson)和布伦纳(Sydney Brenner)破译了遗传密码。现在我们的一个艰巨任务,就是阅读每个人细胞内大约7万个基因上的信息。这是生物学界的宏伟计划,被称为"人类基因组计划"。然而据说DNA上的遗传密码相对而言是简单的,而后的一系列过程却是高度复杂的。阐明基因的行为是对21世纪生物学的一个巨大挑战,而衰老现象最终必定在此水平上得到阐释。

基因是遗传物质,它们处于细胞内信息金字塔的顶端,犹如公司的总经理。从细胞核内的办公室处(除少数在线粒体内),它们通过中介物(信使RNA分子)向细胞质内的车间工人传达指令。有些核内基因承担了管理任务,把指示传达给另外的经理,以控制指令的输出。

接着在细胞质内,蛋白质和脂类开始合成并分布。无论是卵、精子、脑细胞或肝细胞,细胞合成的蛋白质是决定细胞特性的最重要因素。所有的细胞都携带着同样的基因,但并非所有的基因都能得到表达。谨慎的管理使得每个细胞在大量的蛋白质及其他分子中只表达适量的水平。并非所有的DNA密码同时活动,否则就会乱作一团。一个典型的细胞包含大约1万种不同类型的蛋白质,而神经细胞内蛋白质的种类就更多了,每一种都各尽其责。有些蛋白质形成细胞结构的支架,有些形成膜上的通道,另外一部分则作为激素的信使,还有更多的蛋白质是属于加速生化反应的酶。

每种酶参与一个特定的化学反应。其中一种称为超氧化物歧化酶(简称SOD),能把名叫超氧化物的自由基转化为氧气和过氧化氢。SOD大量存在于极需要它的线粒体中。超氧化物并不是活性最强、最有害的自由基,它能自动衰变。更严重的问题在于超氧化物与过氧化氢合成的高反应性的羟基,这是氧化损伤的主要物质。因此,单靠SOD不足以保护细胞免受自由基的损伤。此外,过氧化氢本身具有危险的反应活性，因此存在着另外一种基因编码的酶，即过氧化氢酶(简称CAT)，它能捕获过氧化氢分子并迅速将其转化为氧气和水，在细胞内被有效利用。

如果SOD和CAT是生命的重要保护者，那么我们可以推测在长寿的物种中这些酶的含量较高，事实也确实如此。在同一机体的不同类型细胞中，这些酶的数量是有差异的。这种差异有助于解释为什么不同的物种和器官抵抗自由基损伤的能力会不尽相同。人体细胞具有几乎最高浓度的SOD和CAT，尽管尚未达到最理想的状况。从理论上讲，我们体内的这些酶越多，就会活得更健康更长寿。但是如果没有相应数量的CAT，仅有SOD增多，也是有弊无益的。原因在于，生成的过量的过氧化氢会转化为有害的羟基。

目前在实验室里我们可以通过基因转移实验来验证这个推测，尽管这个试验不是在人体内进行的。在实验室动物的身上我们可以转移进新的基因或去除已有的基因，现在这是一种研究基因作用的常规方法。弱小的果蝇是遗传学家最青睐的研究对象，因为它易于在实验室中大量培养并已记录了无数的变异体。之前，在达拉斯的一个科研小组把SOD和CAT的基因转移到果蝇体内，期望能产生更多的酶并延长其寿命。单独加进SOD基因无济于事，而当加入两种基因的时候，果蝇的寿命能比通常的10周延长30%。它们还表现得更强壮、更健康。在另一个实验室，变异的果蝇完全缺乏SOD。它们在幼虫阶段正常发育，但作为成虫仅活10天。它们对于除草剂非常敏感，而除草剂能生成自由基。

以上结果显示了保护机体免受自由基损伤的重要性。但是，一个问题的解决往往又会引出许多新的问题，因而提供研究经费者时常会对科学的延伸过程感到失望。存在这样一个问题：如果SOD和CAT的基因如此有利于健康或用一个过时的词说"优生的"，那么为什么在果蝇体内没有达到最大数量呢？另外，人的该类基因为什么会远远超过其他动物呢？在这个问题上我们不能过多驻足于这些疑点，重要的是我们注意到不存在单一的基因或基因家族可以充当"长生不老药"，我们也不期望能发现它。生命有时候可以被延长，但只能延长有限程度。有证据表明，许多基因能从正反两方面来影响寿命。

有关正面作用的基因，生物学采用一种"双重保险"方法。意思是说，人体是根据需求超功能设计的，例如当人刚出生或对抗疾病的时候。我们了解得越多，就越会发现在最主要的机制不能运转时有许多替代机制。免受自由基损伤的保护作用，部分来自规定饮食。这种保护措施依赖于食物的数量和质量，这是一个有相当风险的保护因素，因为它是不确定的。另一方面，该因素允许特权者和谨慎者调节有关长寿和健康的机会。

实验研究人员已发现，抗氧化剂能延长蝇类和鼠类的寿命。小鼠的寿命较原来延长 1/3 并活得健康，肿瘤减少而且脑内的老年斑减少。反对者可能会说，这种益处仅仅是由于实验动物削减了标准饮食，而且整个物种的**最长**寿命显然并没有改变。增强的饮食仅允许更多的小鼠获得由基因分配给它们的更多的生命时间而已。

在人类膳食中有 3 种抗氧化维生素。"维生素"其实是一个不恰当的命名，因为尽管维生素确实很重要，它们却属于一个化学上具有多样性的家族，根本不是"胺类"。缺乏维生素的症状类似于营养不良，而每一种维生素缺乏有其特异的表现：维生素 A 缺乏导致夜盲症，维生素 B 缺乏引起脚气病，维生素 C 缺乏产生坏血病，而维生素 D 缺乏引起佝偻病。那么，维生素 E 能预防哪种疾病的发生呢？

维生素 E 在小麦中含量尤其丰富，具有抗氧化的功能。在自由基对细胞的重要结构造成损伤之前，维生素 E 能将其清除，而且对于保护细胞膜尤为有效。大鼠身体中维生素 E 缺乏最明显的表现，是造成一些物质的堆积,这些物质被怀疑就是肌肉和子宫中的老年斑。这种与生殖器官的联系,使维生素 E 被誉为生殖维生素,而现在,它已赢得了"抗衰老"维生素的名声,尽管维生素 E 急性缺乏的病例极为罕见。

维生素 C 由于其抗氧化作用也已成为一种风行的饮食辅助物。当服用大于预防坏血病的大剂量时,据认为维生素 C 有广泛的保护作用,从感冒到癌症。斯坦福大学化学家、两次诺贝尔奖获得者鲍林(Linus Pauling)是维生素 C 的主要倡导者,直到 1994 年以 93 岁高龄去世之前,他一直每天服用好几克维生素 C。

除维生素 C 和维生素 E 之外,还有第三个抗氧化剂——维生素 A(在绿色植物中以 β 胡萝卜素的形式存在)。制造商们把三者组合在一起,给了一个动听的缩略语 ACE。β 胡萝卜素也被誉为有益物质,然而曾在芬兰对 3 万人进行的研究表明,尽管服用其几年时间,仍无肯定的显著益处。抗氧化剂无疑对保护细胞很重要,但是人类疾病与衰老的生物学远比我们想象的要复杂得多,我们都应该停止寄希望于任何被称为灵丹妙药的东西。令人惊讶的是,虽然还没有令人信服的充足证据,但是人们对大剂量维生素的狂热仍长盛不衰。大多数维生素皆排入尿液之中,因此我们只能肯定地说这种狂热制造出了世界上最昂贵的尿液。

维生素片有时是必要的,但它们会使营养受到轻视,对于有足够新鲜蔬菜和水果的平衡饮食,维生素片的价值是很低的。饮食能够解释一些主要疾病在世界范围内的差异,而且我们能通过对比获得很多东西。但是,现在我们必须转向遗传学,以解释为什么全球人类寿命的上限如此恒定。

儿子是老子的翻版吗?

有大量报道讲述了生活在格鲁吉亚及安第斯山脉的一些偏僻村庄

中的许多男性百岁老人，上一代老年学家全心关注于此类报道。这些村民声称当地的酸乳和清新的空气是他们长寿的秘诀，但决定性因素是环境还是基因呢？在对此进行研究的学者中，有一位居住于伦敦的俄国侨民梅德韦杰夫（Zhores Medvedev）。因为那些村民没有官方的出生日期记录，他遇到的最大难题便是证实这些老人的年龄。在研究了当地人口的年龄分布后，村民们的声称显得有些可疑。在正常群体中，若以10岁为年龄段，把刚出世的婴儿到100岁的年龄段人口堆积起来，应该呈现出一个匀称的数字金字塔，当然这得排除由于流行病、迁移或战争毁掉一代人的情况。但在格鲁吉亚群体中，老年男性远多于女性，并且这种差异明显超过了在低年龄段人口的男女差异。

那些个别的寿星几乎吸引了我们全部的精力，使得科学几乎受到了欺骗。最著名的骗局是关于"最长寿的英国人"巴尔（Thomas Parr），据说他于1635年去世时是152岁，葬于威斯敏斯特教堂。巴尔虽老态龙钟，但并非真的那么老，而且肯定不糊涂。他欺骗那些富有的赞助者帮助他移居至伦敦，在那里他像来自外星球的动物一样被展出。他在首都过着舒适的生活，与他的新朋旧友吃喝玩乐，却保守着他的秘密，也就是他是否确切知道他的生日。

关于巴尔的长寿有多种解释。有人猜想是否他受益于适宜的生活习惯及田园诗般的乡间生活。一种观点认为，简单的饮食和田园生活使他保持了健康，他的死亡是因为被带入大都市污染的空气和诱人的物质享受之中。他死后引起了公众的好奇，因为根据古代知识，未经不道德地或不节制地使用的健康生殖器是长寿的好兆头。事后，查尔斯一世国王（King Charles Ⅰ）的御医哈维（William Harvey）奉命做了尸检，之后他发表了一篇长长的报告：

> 巴尔的生殖器官是健康的，阴茎既没回缩也没有瘦削，阴囊也不像老年人中常见的那样严重浸润，睾丸大而完好，因此

关于他的众多报道似乎是可信的。也就是说,在他度过了百岁之后,他因为不能克制的罪名做了公开忏悔,他在120岁时娶了一个寡妇,她承认他像其他丈夫对待妻子一样与她过性生活;12年前他开始停止频繁与她性交。死因似乎与改变了自然的生活习惯相当有关,而其中最主要的改变是空气……因此,对于一个习惯了单一饮食而且天性纯朴的人来说,一旦到了一张丰盛的餐桌前,会受引诱而暴饮暴食,从而引起器官功能的紊乱……毫无疑问,灵魂会不满足这样的樊笼而飞离而去。

老年学家们的经历使其讨厌关于个别寿星的报道。据我们所知,在给予相同的饮食、住房和卫生服务的条件下,没有一个人或孤立群体的寿命会比其他的更长。这并不否认遗传对于个体寿命的重要性,因其有助于解释一些人类变异。有关19世纪牧师及其家庭的记录首先提醒我们,在继承财产的同时,我们也继承了潜在的长寿。就像父母的身高能预示我们的身高一样,寿命也是如此,或许稍差一些。如果他们高寿,我们也极有可能如此,而一系列优良基因是我们传给后代最宝贵的礼物。世界上最长寿的女人卡门(Jeanne Calment)有一个很好的遗传优势,她的父母分别活到86岁和93岁。自然界的试验偶尔也让我们看到衰老遗传的重要性。当一个早期人胚分裂,同一家庭中成长的同卵双胞胎寿命差别平均在3年以内,而相同条件下的非同卵双胞胎寿命差别约为6年。

在7000个美国家庭中进行的基因对寿命影响的研究显示,那些父母活过81岁的人比父母未超过60岁的人,平均多活6年的时间。上下代之间的年龄联系,主要与相似的经济和社会环境及共享的基因有关。但是那项研究表明,基因因素似乎占主要地位。出生于爱丁堡的电话发明者贝尔(Alexander Graham Bell)曾经涉足这个问题,他推测寿命仅由父母遗传。然而美国的调查表明,母亲的年龄似乎与后代联系更加紧密，很难说这个结论对或错，然而探讨线粒体基因在其中的作用很有意义，因为它是由母亲遗传的。

无论与基因的关系如何，父母和祖父母的寿命仅是我们寿命的粗略指向。首先，在居住条件及医疗服务之间的代沟比以往增大。此外，在我们形成胚胎前，父亲的精子和母亲的卵都经历了重组。我们并不是老子的翻版。无论喜欢与否，我们无法改变自己的基因污点，而且在基因疗法能去除所有的缺陷之前，这些基因将永远如此。

实验室动物为探讨基因问题提供了很好的条件。我们可以控制它们整个生活中的饮食和环境，通过近交调整其基因库的规模。使至少连续20代兄妹鼠建立乱伦关系后，其后代的基因多少有点变化，然而近交品系中的成员其寿命仍有差异，尽管它们比最初的祖先联系更为紧密。有人计算过，寿命的25%由基因所决定，剩下75%由生活方式和环境所决定。

随着每个品系越来越纯，不同品系的寿命相差越来越远，就像纯种狗一样。这是由于短寿命品系对于致命性疾病的敏感性提高，啮齿类动物的疾病如乳癌、垂体肿瘤、肾脏病等发病较早。长寿品系基因缺陷少，并且具有增强对疾病抵抗力的基因。这种情况可能也存在于人类。有些家族吹嘘有良好的基因库并记录了家谱，他们发生心脏病的频率较低。

近交可能会为纯种爱好者和研究者提供有希望的特性，但它同时使隐藏的基因缺陷表现出来。已知有些基因是"显性基因"，只要有一个就能充分发挥其作用。如果这个基因是有害基因，一旦它开始表达，就会导致疾病或死亡。另一方面，对于"隐性"基因，需要一对相同染色体（除了性染色体）才能得到表达。

作为一个对獾充满兴趣的初级博物学者，我曾获得这方面的知识。好奇心驱使我在伦敦郊区看到了一只像鬼一样从黑色树丛中出现的"雪球"——白化病獾。它是三窝獾中唯一的变异，而其父母却是正常的。"雪球"后来与一只正常的雌獾结为夫妻,令我失望的是,它们的后代竟然是正常的。隐性基因变得沉默了。后来,另一只白化病獾作为交通事故受害者出现了,它使公众感到迷惑,因为没有人能想象出一只没有斑纹的獾。

如果白化病患者避免过度暴露于阳光下,白化病基因对人类是无害突变。由于在人类进化过程中已选择了有利于健康的基因而淘汰了有缺陷的基因,因此,大多数突变是有害的。尽管如此,我们每个人仍然携带着少数有害基因。我们大多数人并不了解这些基因,因为正常基因对于另一条染色体起到了优势性的影响,而且只有1%的儿童生来就有明显的遗传病。如果我们的伴侣携带着同样的有害基因,那么我们的孩子不仅有可能继承这些基因而且也可能患该疾病。囊性纤维化基因的携带率是1/20,父母双方都是携带者的概率是1/400。根据孟德尔遗传定律,其后代中有1/4或者说人群中有1/1600的概率会携带该突变基因,这使得它成为最严重的先天遗传病。

隐性基因通常在那些鼓励家族通婚的群体中会表现出来,这个问题对于饲养纯种动物的人来说更为显而易见。他们必须无情筛选出带有有害基因的个体并将其淘汰。尽管如此,基因多样性的丢失会削减寿命和生育力。这种生命力的衰退能通过杂交繁殖来逆转,当不同种系的狗或小鼠进行婚配后,其混血后代则表现得更健康,生育力更强,其寿命比父母都要长。如果仅由少数几个基因决定寿命的长度,那么恢复正常寿命至多是偶然的。这个证据表明存在许多影响寿命的基因,虽然我们目前还不能准确地给它们定位。

受损的基因

我们对于那些能加速死亡基因的了解,远多于对那些能延年益寿基因的了解。新的突变总是以低频率不断出现,而大多数突变并非我们所希望的。在细胞分裂或暴露于有害物质或辐射时,时常会自动出现错误。偶尔发生错误是难免的,每次细胞分裂时会复制成千上万的基因,这个过程并不易出现错误。甚至当核内出错时,仍有一种校对机制会对差错进行检查并对细胞内唯一能修补的分子——DNA——进行修补,但是仍然会有一些差错漏网。

普通体细胞内发生的偶发突变对人体一般不会造成什么后果,除非它影响了控制生长的结构和导致肿瘤。发生于卵或精子的突变就不同了,这种突变的后果会传递给后代的每一个细胞。有些后果严重致使胚胎过早死亡,甚至母亲还不知道她怀孕过。另一些后果则等到后来才会表现出来,除非作为单个隐性基因隐匿起来。

有的基因具有很明确的作用。最常见的两个例子是,囊性纤维化基因影响肺内黏液的清除,镰状细胞贫血基因改变了红细胞内的血红蛋白。另一些编码蛋白的基因存在于多种细胞内,具有广泛的作用。由这些"多效"基因所导致的症状和体征是一组有特点的组合,被称为综合征,早老就是这样一种综合征,它会给不幸的患者带来严重的后果。

设想一个小孩在10岁时就已头发灰白而稀少,皮肤起皱纹,不到20岁的时候,心脏和其他内脏器官就迅速退化,当然大脑和智商幸运地未受影响。他,少数情况下她,若患有早老症,将不会活过20岁,而患有那些发病较晚的类型(沃纳综合征)的患者,能活到50—60岁,此时他们会出现同样的症状并死于心脏病。由于这两种综合征由同一基因显性突变所引起,一个基因就足以导致这种全面受损的疾病。幸运的是,这种早期衰老的综合征极其罕见。

人加速衰老,并不是由于成人阶段截短而使生活史压缩。似乎这种状态就像我们宠物的快进生活方式,青春期相应提前,其特征与正常衰老一致,但事实并非如此。西雅图华盛顿大学的马丁(George Martin)

认为，早老综合征的表现仅有一半与正常衰老的表现相似，这种患者极少患有糖尿病和严重的记忆力丧失。

有的医生因一些以其姓氏命名的新疾病而流芳百世，尽管这是一种值得怀疑的赞誉方式。19世纪60年代，当时还是青年的亨廷顿（George Huntington）伴随他的父亲在纽约长岛例行家族活动。一天，他们偶然遇到"母女两人，她们身材很高，几乎面如死灰，弓着身体，不停地扭摆，并做着各种鬼脸"。当亨廷顿从医时，这次经历促使他去研究该病的遗传情况，后来这种情形以亨廷顿病而为人们熟知。(1996年)英国有3000人受该病的折磨，全世界约有10万人。一个被人们熟知的受害者是美国流行歌手戈斯瑞（Woody Guthrie），在其短暂一生中的后15年，他丧失了生活自理能力。神经系统早老的症状出现在35—45岁，并能迅速发展到致命的地步。病人出现糖尿病、脆骨病以及记忆力丧失，行动不平稳，这赋予该病另外一个来自希腊语"舞蹈"的名字"chorea"（亨廷顿舞蹈症），因此，与该病有关的基因也是多效基因。经过长期不懈的研究，这个基因已被认定，使得该病的早期诊断和治疗有了希望。该基因有一个重复的主要片段，继承的片段越多，发病的时间就越早。

阿尔茨海默病已广为人知，无须多作介绍了。据称30%—50%的人到85岁时会受此病影响，仅在美国受害人口就达200万，人人都有患该病的危险性，包括前总统。其悲剧在于它对记忆力、智力、人格及躯体功能控制力的毁灭性影响，最终使病人完全失去生活能力而需要昼夜看护。该病的根源似乎在于神经纤维的缠结和淀粉状蛋白"斑"，后者是脑组织内正常的蛋白质，但在患者体内产生过多。

阿尔茨海默病不以突变基因遗传，这否定了那种曾盛行一时的假说：年龄的改变是某些物质生成不足或蛋白质错误编码的后果。老年人体内与青年人体内的大多数激素和酶的活性几乎一样，因此人们推测随着时光的流逝，基因仍保持着无瑕的状态。有的基因变得更为活跃而有的活性减弱,而许多基因仍像以前一样工作。因此不存在什么统一的模式,老年人基因行为的变化与在胚胎发育过程中所看到的变化相比是极微细而不明显的。然而,还是有一些我们都能看到的变化。

40岁的时候,角蛋白基因的活性既有增高也有减弱,这个基因决定了人体不同部位,尤其是男性的毛发。眉弓、鼻子及身体其他表面的毛发长得长而厚密,而头皮上的头发越来越稀少。有些中东男性在30岁时从耳朵边缘长出引人注目的毛,这种**具毛耳廓**基因很少见,因为我们对于较晚发挥作用的基因所知甚少,并且该基因与男性有关,这就更令人感兴趣了。其他细胞活性的变化能改变皮肤的厚度、柔软度及色素形成。眼内的退行性变化影响了晶状体内的晶状体蛋白质,最终可导致白内障。

这些事例皆不支持老年学的一个陈词滥调,即假定突变随着年龄的增长而累积。这种"体细胞突变"理论把衰老现象完全归根于机遇。从我们的饮食到呼吸的空气,无一不沐浴在背景辐射及大量潜在有害的化学物质中,我们无法摆脱这些给我们遗传物质的健全所造成的威胁。但是,尽管付出了很多努力,有关"体细胞突变"后果的证据仍然微乎其微,除了作为偶发肿瘤的原因。或许这不应使我们感到惊讶,因为该理论需2个突变基因,这在统计学上是不大可能的。如果该理论是正确的,那么有3组基因的果蝇应比正常有2组者寿命长,而有2组基因的瘿蜂应比仅有1组者长寿。事实上,这些昆虫的寿命与基因组数无任何关系。

在细胞分裂过程中,当染色体进行配对及分离时,无疑会频频出错。几乎每一个苏格兰少男少女都知道,在跳"脱衣柳树舞"时极易与舞伴分散,最终出现在错误的队伍上。当同样的情况出现在细胞内,这种差错很难加以矫正。两个新细胞中的一个将获得一条额外的染色体及其上面携带的成千上万的基因,另一个细胞却失去了这些基因,最终两者都可能"自食其果"。

正常人细胞内有46条染色体，但是随着我们逐渐变老，一些有47条或45条染色体的细胞会逐渐增多。这对于生殖细胞是一个特别严重的问题，因为一条染色体的不平衡会遗传给胚胎的每一个细胞。如果存在一条多余的21号染色体，婴儿会患唐氏综合征，这在高龄母亲的婴儿中尤为多见。除所有已知缺陷外，几乎所有患者在50岁时都会患阿尔茨海默病，可能是因为21号染色体携带着淀粉状蛋白基因。大约每700次分娩中会发生1例唐氏综合征，而它也是早老症的主要原因。

细胞的永生

有的细胞如此定向于一项特定的工作，以至于丧失了为更新自身而必需的增殖能力。例如，坐骨神经细胞就很难进行分裂，因为它的细长的纤维沿腿部延伸半米长。同样，由于缺乏细胞核，红细胞也很难繁殖后代。我们将在第九章看到，卵细胞只有在受精成为胚胎后才能繁殖，这使得绝经不可避免。大量细胞损失会给将来带来麻烦，如果这些发生在神经细胞，即使是在仅有简单大脑的动物身上，也会导致广泛而严重的后果。携带着**漂亮**和**笨伯**突变的果蝇神经细胞很少，并且会过早地死亡。带**笨伯**基因的果蝇可能并不像其名字提示的那样愚笨，因为它们能通过超常规的频繁交配来弥补这种不利。

人脑如此巨大，几个细胞的丢失微不足道，而这也是很自然的事情。我们难以数清一个器官内细胞的数目，可能会达到万亿（10^{12}）个。取样法往往没有考虑随着年龄的增长脑组织的萎缩。改进后的方法显示我们的大脑半球、小脑和海马都会丢失细胞，但这种情况并不出现在脑的所有结构。常常为人们所引用的每天丢失10万个脑细胞的估计是胡说八道。脑细胞丢失的方式在不同物种间有差异，这种损伤并不固定发生于某种类型的细胞或某个部位。这可能为乐观主义提供了一个希望，将来可能会找到一种方法来防止这种衰退，但是目前神经病学家们正设法解决下面的问题：为什么有些人比别人更容易出现记忆的丢失和残缺。不考虑遗传病，有的人天生细胞数目就较多，这为以后抗衰老提供了一个优势，并能推迟记忆丢失和残缺发生。几个死后尸检的例子表明，有些人脑内具有阿尔茨海默病样改变，而生前他们并没有受到早老缺陷的折磨。他们显然具有储备更多神经细胞的优势以对付这种改变。

大多数神经细胞能生存终生，但是血液、皮肤、肠道及其他任何暴露于物理或化学危险因素的部位的细胞寿命短暂，由干细胞迅速更新，后者相当于植物根内的生长区或形成层。每个干细胞分裂为两个不同的子细胞，其中一个去补充丢失的细胞，而另一个却保留干细胞的状态。这种措施保证对干细胞的需求持续多久，它们就能生存多久，以补充在正常耗损中损失的工作细胞。值得注意的是，皮肤和骨髓中的干细胞(仅此两种)直到生命的终点也不会耗尽，它们仍可为年轻的个体提供有效的移植物。但是，如果它们的生命会超过其主人，它们有可能会永生吗？

卡雷尔(Alexis Carrel)是一位法国侨民，20世纪20年代至30年代曾在纽约的洛克菲勒研究所工作，他认为以上猜测的答案是肯定的。他从鸡胚中获取成纤维细胞，将其放在培养皿中进行培养，营养基用鸡胚提取液制备。当细胞长满了盘底，他就把培养物一分为二，允许细胞继续生长直到再一次长满了盘底，这时再次将其一分为二。他的技术员在整整30年间一直重复这一过程，在此期间这些细胞分裂了成千上万次，远远超过了在一只鸡身上发生的情况。卡雷尔很谨慎地说："下面的情况是必然的，即成纤维细胞能无限增殖，而且体外的成纤维细胞不再像生活于体内器官中的细胞那样，受到时间的影响。"这引出了一种观点,即细胞不存在一个内禀衰老程序,其衰老仅是由于来自生活经历的继发影响,如饮食、激素及外界物质。直到1960年,卡罗尔的错误才变得显而易见。显然,通过制备培养基的筛,新鲜细胞一直被加入培养皿中,这使得这项漫长的工作成为一出闹剧,使老年学误入歧途。

当时在费城威斯达研究所工作的一位细胞生物学家海弗利克(Leonard Hayflick)纠正了这项记录,他应被誉为衰老细胞生物学之父。他使用人的成纤维细胞仔细重复了卡雷尔的实验,发现这些细胞在培养基中仅能分裂1年,共约50次。这是一个确定的上限,改善培养的环境也是如此。尽管分裂的次数超过了在人体一生中的分裂,"海弗利克极限"仍成为重要的生物学壁垒。根据成人和儿童的年龄不同,取自其体内的成纤维细胞仅能分裂10—20次,而取自早老患者的成纤维细胞分裂的次数更少。新生动物的此种"极限"取决于物种的最长寿命:巨型陆龟的成纤维细胞能分裂150次,而小鼠的成纤维细胞仅能分裂10次。海弗利克肯定地推论:细胞有某种内禀程序,尽管它对于衰老的全部意义尚有争议。

每个细胞类型有其根据细胞存在理由而设定的内禀生物钟。脑、心和卵细胞的严格的分裂限额在早期就已用尽,而骨髓、皮肤和精子的干细胞为满足机体的需要却频频分裂。对每一个细胞而言,漫长的生命或巨大的增殖力不一定是一个适宜的目标。如果有助于帮助机体生存及产生后代,有的细胞最好停止分裂甚至自杀。有时其中的原因很清楚,就像红细胞缺乏细胞核,对单一细胞适用的道理也适用于整个器官。没有什么器官比胎盘老化得更快,因为在子宫的九月怀胎之后,它的存在已没有意义了。

细胞计算时间的方法之一,是逐渐剪去染色体两端的帽子或端粒。起初端粒的丢失无关紧要,因为它们不编码蛋白质,但是当染色体因多次分裂受到损害,基因会暴露于损伤而细胞的生命力会受到影响。肿瘤细胞和生成精子的干细胞都具有一种特殊的酶，叫端粒酶，它能把剪下的帽子重新放到染色体上，有助于抵挡因生长带来的致命性影响。

当"海弗利克极限"的束带放松，细胞能快速增殖而忽略社群规范。癌的抗社群性如果招致机体死亡，那么也成为自身毁灭的根源。但是如果把癌细胞转移至培养皿中，它几乎能无限制地自由分裂。自从20世纪50年代从一位很早去世的癌症患者海伦·拉克（Helen Lake）身上获得海拉细胞株以后，人们一直对其培养，导致该种癌细胞永生的基因变化并不具有显性性状，因为把它与正常细胞混合在一起能产生致死产物。当一个细胞内发生了冲突，健康和服从会统治疾病和混乱。

不受控制的生长带来的潜在危害，或许是细胞内存在海弗利克极限的原因之一。自然选择或许偏爱那种限制生长的机制的进化，这样，当癌细胞分裂一定次数之后就能立即有效地制止其继续生长。遗憾的是，这是一个不完善的机制，往往不能制止机体内恶性肿瘤的生长和扩散。

关于设定每个细胞类型分裂限额的基因的性质和数目，我们知之甚少。显然有不止一个基因，而且如果对于单一的细胞是这样，那么所有动物的生存也并非由单一的基因所决定。假设以上所述是事实，那么一个"永生的"突变型至今应已出现。芬奇认为："没有证据表明存在着单个基因或基因群能特异地决定一个物种的成熟阶段的生命期限。"任何人都不应屏住呼吸等待"人类基因组计划"带来一个简单答案。等到读懂所有的基因，关于衰老的生物学，我们可能仍不明白，因为更大的复杂性并不在于DNA密码，而在于蛋白质在细胞内的行为如何，细胞之间如何通过激素和其他信号进行交流。

即使是关系最密切的物种之间其寿命的长短也相差甚远，这依那些被选择发挥作用的基因而定。假如生活史能像录像带一样倒回，我们可能会发现生命的过程和结局会有所不同。群居昆虫的世界向我们很好地展示了这一点。尽管蜜蜂的不同等级之间有相同的基因组，但它们的寿命却差别很大。在夏季,雌工蜂的存活期为6周,冬季稍长一些,在它们销声匿迹之前,总要完成大约800千米的飞翔路程。居住在蜂巢里的蜂后产卵期约为6年或更长,但是,一旦其婚飞开始,将存储的精液耗尽,工蜂就会犯下弑君之罪。它们寿命的差异,是由幼虫期的饮食所造成的。任何一只普通的幼蜂用王浆喂养后都会成为蜂后,但是对于一只发育成熟的工蜂来说,偷食这种帝王饮食并不能帮助它活得更长。

王浆的特性非常迷人,而且更为精彩的是基因程序的可变性,它能根据蜂群的需求使每个个体呈现不同的外观、行为及寿命。我们的研究所面临的更大的挑战,并不是去发现能延长寿命的新的饮食或激素,而是去探索这些程序如何运行以及在衰老过程中有何干预措施。

老年学家无法认定究竟有多少基因参与了衰老过程。对那些具有编程寿命的一年生植物、动物(如袋鼩)、某些昆虫,该类基因估计为几十个,而对人类,可多达成百上千个。然而,并非所有基因都像SOD那样有助于延年益寿,之前的研究确证了"死亡基因"这一古老的概念。

死亡基因

当我们还在母亲子宫内的时候,细胞死亡就开始对我们进行塑造。在我们的脑、肌肉、卵巢及其他部位形成的细胞远远超过那些在工作生涯中首先需要的器官。连我们的手最初也像难看的桨,在手指被塑造成形之前,部分细胞必须死亡。所有这些变化皆由细胞死亡程序所决定,如果没有该程序,我们肯定就一直是一堆无形的组织而已。

细胞并不是随意作出对命运的选择,而是在严格的群体控制之下有一个自杀公约。伦敦的拉夫(Martin Raff)认为,死亡是每个细胞的缺省程序。来自相邻细胞的激素和信号能制止细胞启动某些基因,而这些基因会使酶把DNA切成无用的片段并把它们杀死。他非常自信,曾许诺如果有人推翻他的理论,就奖给他1000英镑。如果他是正确的,那么自杀基因都是危险行李,因为在为我们的身体塑造做了大量工作之后,它们依然能发挥作用。为什么细胞会利用这样一个机会来恳求灾难降临呢?

爱丁堡的病理学家怀利(Andrew Wyllie)在其诊断工作中,在显微镜下研究了成千上万的肿瘤标本。肿瘤中央的细胞死亡并不少见,但是有一天他注意到一些细胞不明原因地死亡,这些细胞营养物质充足而且不存在免疫细胞。怀利怀疑这些癌细胞的表观自杀由基因程序所致。这个过程由一位希腊教授命名为"编程性细胞死亡",原意是秋叶飘落由植物激素的季节性改变所编定程序。

死亡基因总的说来对我们是有益的,因为与其冒险毁掉整个机体,不如采取手段清除劣种细胞。当细胞受到病毒的侵袭,明智的做法是启动死亡基因将其清除,这样会防止感染扩散。同样的原理也适用于肿瘤细胞。最重要的细胞卫士之一是 $p53$,由其发现者邓迪大学的莱恩(David Lane)命名,它就像基因警察一样,只有当麻烦来临的时候,才会变得活跃起来。在癌细胞或细胞受到辐射之后,常会出现DNA受损或突变,这时 $p53$ 就启动,以帮助修复损伤或杀死受损细胞。如果在小鼠体内利用基因寻靶技术使 $p53$ 失活,这些小鼠对辐射的抵抗力增强,但是在青春期之后,它们会很快死于自发产生的癌细胞。不幸的是,我们自身的细胞并非设计得完美无缺, $p53$ 常会发生突变,因而对肿瘤细胞不受控制的扩散无能为力。这种情况常见于肠癌、乳腺癌和肺癌。如果能用基因治疗矫正死亡程序,我们就能有效地杀灭肿瘤,而且没有化疗和放疗那些可怕的不良反应。

以上所述为编程性细胞死亡描绘了一幅美好的图画,但这不是全部真相,因为在其他物种中已发现了其他一些有不同作用的死亡基因。

科罗拉多大学的一位遗传学家约翰逊(Tom Johnson)发现了一个作用相反的基因,它能加速衰老。名为 *C. elegans* 的线虫突变型衰老的速度是正常速度的1/2,最终其生命会达正常的2倍。他命名该基因为衰老1号,以期待能发现其他的"衰老"基因,而事实也是如此。大多数突变是有害的,至多是中性的,因此,该基因能延长寿命就很值得注意,这也提示正常的衰老1号基因肯定对控制寿命的长短发挥着作用。

这是第一个被确认的"衰老基因",而且尽管线虫与人的关系很遥远,但我们最好还是注意它们的遗传特性,因为在高级动物体内,已多次发现与其类似的参与生活史中的关键阶段的基因。时至今日,那些被证实在遥远的进化阶段极重要的基因仍在发挥着作用。鼠和人的许多基因都相似,而有些基因与无脊椎动物共有。尼采(Friedrich Nietzsche)在《查拉图斯特拉如是说》中的话,在生物学上得以实现:"你们从虫走向了人,而你们大部分仍属于虫。"对于这句话的含义我们尚需拭目以待,但是这个发现为探索衰老基因开辟了新的途径,并将产生新的问题。

固有的基因能截短寿命,基因也不能完全保护我们免遭自由基及其他有害物质的损伤,这使我们对于进化选择优化生存和生育能力的乐观理论的信心出现了动摇。起先看上去很奇特的东西,经过细致考察结果证明更为有理。长寿的突变线虫的生育力,仅仅是正常同伴的1/5。当生育与寿命发生冲突时,好像生育力会击败寿命。这个令人关注的结论为解开衰老之谜提供了线索,并已成为现代生物学理论的一块奠基石。

第五章

大交易

凡非必要,无需杂陈。

——奥卡姆(William of Occam)

自然选择的衰落

达尔文太专心致志于其他问题的研究,而忽视了衰老的起源问题,但是这个问题却困扰着在1858年与他联名发表创立进化论著名文章的那位合作者。华莱士(Alfred Russel Wallace)对形而上学怀有浓厚的兴趣,他曾经涉足于唯灵论。他一直在思考,为什么有些明显不受欢迎的东西,比如衰老,会在如此多的生物中存在。既然它对个体来说很不利,那么会不会对整个物种在生物学上有利呢?衰老似乎难以捉摸,它不遵守进化游戏的规则。有着最长寿命的个体会名列前茅,因为它们有机会让更多的后代将它们的长寿基因携带下去。自然选择应该鼓励物种朝着较长寿命方向漂变。

这种无情进步的理论引起了华莱士的同情心,但是在这种特例下,过分延长寿命对物种来说会导致收益递减,从而最终引发灾难。假如老的个体不再通过施惠于人的死亡而让位于年轻的个体,那么将会产生更多的社会问题,比如栖息地会变得过分拥挤,而食物供给会变得更加紧张。在寻找最好的食物和栖息地以及赢得配偶方面，年轻的个体相对于更明智的年长者将处于竞争劣势。老年个体会毁掉物种！

华莱士相信衰老一定有进化上的原因，于是在19世纪60年代末，他将他的一些想法写给了弗赖堡的动物学教授、普鲁士的头面生物学家之一魏斯曼（August Weismann）：

> 当一个或更多的个体提供了有效数量的继承者后，它们自己作为营养物消耗量不断增加的消费者，对那些后代是有所损害的。于是，自然选择就将它们淘汰掉，而且在许多情况下，一些物种在留下后代之后几乎立即死去。

换句话说，华莱士猜想生物进化支持那些年老者为年轻者作出牺牲的动植物种类。他从野外考察中发现，这种利他行为在自然界中普遍存在。许多昆虫在一个短短的生育期后注定要死去，有些甚至不能够像成虫那样进食，因为它们的口没有发育。澳大利亚袋鼬本可支持华莱士的预感，但是它的超常生活习性直到下一个世纪才被发现。

华莱士认为，衰老就是物种的一个特征，正如鹿的茸角和獾的条纹一样。每一个物种在它进化史上一个特定的阶段，都注定有一个生命的确定上限。但这种设定并不是永久的，为了物种的利益可以缩短寿命，假如这样会增加作为一个整体的群体成功的话。这些理论对于衰老的其他的消极面，增加了些许安慰。年老者躬身退出，以便让更年轻、更充满活力的一代茁壮成长。

魏斯曼已沿着相似的思路考虑了很久。他认为，衰老的存在是因为机体被"设计"为有内在的老化过程。老年的无力和疾病是一种有目的的保护措施，它能帮助物种作为一个整体在生存斗争中去努力竞争。"疲惫不堪的个体对物种不仅是无用的，甚至是有害的，因为它们占据了健康个体的位置。"这是一种目的论观点，但它有着强烈的直觉吸引力。

一个特征的进化是因为它"对物种有利"的观点，仍然支配着大众的思想。达尔文自己从未持有这种观点，但是它仍被用来使动物中的貌似利他主义行为合理化。凤头麦鸡冒着危险假装折断了翅膀，将过路人或抢劫的狐狸引开，远离它们的巢穴。蜜蜂螫叮蜂蜜偷盗者，即使它们在这个过程中大伤元气。个体可以牺牲，就像在象棋比赛中舍卒保帅。此种战术运用越成功，棋子就更加要有利他性。每一次不自私的行为，都会给该盘棋在生存游戏中一次再玩的机会。

现代生物学家对这样一些对自然界相当感情用事的解释嗤之以鼻。牛津大学动物学家道金斯（Richard Dawkins）认为，这种貌似利他主义行为是一种假象，其潜在的动机永远是自私的。这些行为的进化是因为在物种进化的过程中，照顾自己以及与它们遗传相关者的个体会得到好处。假如合作行为能帮助一个群体生存并繁殖，这些特征将在这个群体中扩散得更多。当然，假设这些行为是可以遗传的。

不同观点之间经常发生着激烈的争论，要得出一些结论是非常困难的。有的认为自然选择支持对群体有利的行为，而有的则相信个体是选择的至高无上的单位。在这个学术上至尊的争论中，道金斯学派大占上风。无论个体付出多大的代价，个体想要最成功传递它们基因的自私野心都驱动着进化。自我牺牲作为获取遗传优势的开局让棋法，并不是一个太荣耀的行为。这个结论的政治含义对许多人来说可能不受欢迎，但当我们发现了生物学证据时，我们必须接受它。

魏斯曼关于老年生物毁灭的观点是有缺陷的，因为它们假定了它们着手要证明的东西。他宣称衰老的进化是因为动物变得"磨损了"，但他首先无法解释为什么动物会衰退。我们已经见过一些物种能够活几百年甚至上千年而没有衰退迹象的例子。它们的构造和修复机制一定近乎完美，以致能够持久阻挡衰退的进程。为什么不是每一种生物都具有那样的构造呢？

平心而论,魏斯曼意识到了他的观点中的不足之处并着手去修正它们,尽管他被当时所流行的模糊的遗传观念所阻碍。在他晚年的时候,他开始怀疑衰老对物种的目的或好处。他设想,假如个体活得足够长,自然选择就会停止保持各种细胞和器官功能的质量,这样就允许缺陷蔓延开来。假如这些缺陷是可遗传的,那么就会遗传给下一代而不是丢失。他认为衰老更像洞穴盲鱼那双没用的眼睛——一种遗留的退化器官。

魏斯曼为未来的理论工作打下了重要基础,但他的不朽贡献是指出了衰老不是不可改变的。这与那些自以为是地认为这种现象被神所注定并超出科学范围的观点截然相反。不幸的是,老年医学在20世纪初便陷入了僵局,就像我们在以后的章节中将看到的那样。想逆转高龄的轻率的乐观主义希望,使返老还童的治疗成为时尚。到处都涌现出诊所,它们给那些希望逆转时间的消磨的老人以希望。曾经吸引过最好的科学头脑注意力的衰老研究,现今变得声名狼藉。老年医学不再是一个推动科学进步的安全而又令人尊敬的学科了。

直到20世纪50年代,魏斯曼去世40多年以后,这个学科才重新恢复了应有的地位。这主要归功于动物学家梅达沃,尽管他对老年医学的贡献是理论性的多于实验性的。他用堪称希腊哲学家的聪明才智设法解开了这个生物学未解之谜。

梅达沃接受衰老是一种进化特征而不是单单由物理学定律所决定的逻辑。他比他以前的任何人都更清晰地指出,随着动物变老,进化选择的压力失去了锋利的刀口。换句话说,机体随着年龄的增长,提高生存竞争的主要力量衰退了。这种观点没有任何神秘可言,它仅仅是一种统计结果,因为在一定的群体结构中,越老的年龄组数字越小。

再举个例子,林园中的旅鸫每年存活的机会仅仅是50%。每1000只1—2岁的鸟将只剩大约16只会活过7岁,于是群体中绝大多数的繁殖任务都由年轻的个体所承担,因此,绝大多数的父母都很年轻。在所有的动物和植物中应该是这样的,无论个体的生育力是否随着年龄的增长而下降。这个规则同样适合于潜在的不朽物种,因为甚至是一个完美的个体也会迟早偶然地死去。仅仅在我们这一代,我们确实发现老年个体变得比年轻个体更常见,但这是一种特殊情况,是另一个话题。

因为大多数的婴儿由年轻的妈妈和爸爸所生,这些父母对未来进化的方向有着最大的推动力。他们中的一些将会比别人有更有效的活力或者有幸能有更长的生殖期,但年轻的父母应该担负起大多数的任务。这些个体携带着偏爱未来一代年轻父母中身强体壮、生育力旺的向前基因。他们的后代作为他们数量的主要力量,会不可抵挡地影响本物种进化的未来发展。就像上游细流供给大河与所有丰富的下游容量相比一样微不足道,因此年老个体对进化变易的影响很小。他们可能有的任何影响,即使具有至高的遗传质量,都将被大多数所淹没。

我们不妨在这里举一个梅达沃的逻辑例证。我们设想一个个体在一次偶然突变后产生了一个新的遗传特征。它的独立作用是能够提高年轻动物的抗病能力。这个亲代的后代将比它们的同辈具有优势,并且更能成功地产生子代。它们又将这个基因及其优势遗传给它们的后代,它们的后代将会变为最大多数。通过这种方式,这个"好"基因增殖并迅速在群体中传播开来,好比优胜者孕育出更多的优胜者。

现在我们假定,新的遗传物质只有到老年才能显现出优势。有该基因者在年轻时并没有什么优势,那么该基因携带者就不能表现出存活得更好。很少一部分长寿者能活到足以享受这种晚起作用基因的好处,它们将产生更少的能活得长久的后代,以至于不能够对下一代的基因库产生多大的影响。因此,自然选择在鼓励具有延迟作用的好基因时的力量开始衰弱了。

梅达沃有关进化支持那些在生命早期起作用的好基因的理论,巧妙地解释了为什么我们在年轻时候最有活力。老年无疑会带来一些重大优势,即寻找最佳食宿的经验以及抵抗感染的免疫学智慧。但是这些很少归功于进化流传,而更多由年轻时的适应力所造成。

关于好基因就讲到这里。然而,大多数突变都是"坏的",因为在数百万年进化选择后,动物已经对它们的环境有了很好的遗传适应性。发生在卵和精子里的偶然突变如果在个体成年以前是致命的,就永远不可能被遗传下去。这有许多例子,从早老症到出生时具有SCID(重症联合免疫缺陷病)突变而不具备免疫系统的悲剧性的"脆弱男孩"。

如果"坏"基因很晚才表达,它的生殖劣势要取决于它什么时候开始影响选择配偶及抚育幼儿的机会。亨廷顿病在病人到了30岁以后才发作,因此这个威胁将会遗传给儿童并且不依赖于总是有新的突变产生。延迟到相当晚的时候才表达出来的基因从理论上说更加顽固,它们表达得越晚,随着时间的推移被自然选择淘汰的可能性就越小。

那些只在野生动物的物种正常存活期年龄以后才起作用的基因,或在人绝经期以后起作用的基因,又会怎样呢?拥有这样一个基因,假如它在群体规模方面完成了以后起作用的话,就不会产生任何生殖灾难。自然选择无法反对它,因此它能够在群体中取得立足点,成为正常基因组的组成部分。基于同样的特点,自然选择并不积极鼓励那些晚年起作用的好基因。这样,哲学家们数百年来一直沉思的神秘的衰老现象,就有可能在简单的算术基础上被解释清楚。

19世纪的生物学家已经推测衰老以物种的利益而演变,但是衰老却好像由于疏忽而蔓延到了生命的舞台。梅达沃认为,携带不良影响的基因已经卷入到生命的最后几幕,并将表演带到一个突然的终点。这一点与认为我们每一个人在生命期间都在聚集着遗传缺陷的肉体突变理论截然不同。领会衰老的进化论,要求我们去想象无论是有益的还是其他方式的基因,按照它们对生育优胜者的影响,通过群体从一代传播到另一代。这个过程没有目标,也未到达一个最终的状态,因为总是有可能由于环境的变化选择出这个或那个基因。但是,按照梅达沃的理论,我们都将以他称为晚年不良影响的"遗传垃圾箱"而终结,而且由于自然选择无法反对它们,物种就停止在对此负责的基因上。

相应地,在生命早期起作用的好基因的影响,可以与在生命晚期起作用的坏基因的影响完全无关。青年时代出色的健康和充沛的体力,并不一定就是老年充满活力的好兆头。病弱的年轻人的长寿前景也并非毫无希望。这些想法使那些注意到体魄健美的同学人到中年时竟然变为"水桶腰"的人感到暗自满意。乌龟有可能最终战胜野兔!

梅达沃简明地解释了为什么我们年轻的时候最充满活力以及为什么晚起作用的基因会被基因组所宽容。但是这个理论无法对付时间尺度的问题,或者说在生命中什么时候进入"晚年"。为什么对老鼠来说是2年,对人来说则不是?为什么有些动物逐渐衰老,而另一些动物则在一个大的变故中迅速毁灭?衰老的进化论是不是建立在这些基石的基础之上?

1957年圣诞节前不久,当时在密歇根大学的威廉斯(George Williams)在《进化杂志》上发表了一篇理论文章,指出了梅达沃理论的不足之处。他认为,有一些衰老关键基因在生命的不同时期既有好影响也有坏影响。就像我们已经看到的一样,具有不止一种作用的基因被称为"多效"基因,而且有许多临床综合征的例子。威廉斯的贡献在于,他最先提出这些作用可能表达于生命的不同时期的思想。总的说来,这个基因是更好些还是更坏些,取决于个体可能生存多久。

最常见的多效基因产物之一,是镰状细胞贫血。这种疾病广泛流传于非洲和阿拉伯半岛,只要血红蛋白一种至关重要的蛋白质基因仅有一个氨基酸编码错误时就发病。这种状况很危险,因为红细胞由碟状变为镰刀状,使之倾向于堵塞细小的毛细血管。那些不幸带有两个这种基因副本的人,会在儿童时期死去。

仅携带一个异常基因副本的人要幸运得多,因为他们在少儿时代就对间日疟及其严重的并发症脑型疟有更多的抵抗力。有害基因在地方性疟疾发生的范围内保留,在群体中传播开来。因为携带者有生存优势,相应地也有生殖优势。没有疟疾的地方也没有该基因,因为自然选择反对它。比如,当沙特阿拉伯的绿洲人群中发生地方性疟疾时,1/4的人口有镰状细胞性状,而在同一地区的贝都因人从没有严重的疟疾问题,也很少携带镰状细胞基因。镰状细胞基因并不是一个孤立的例子。有一组多效基因,造成所谓脂沉积病。尽管名字这么叫,它们却与肥胖无关:它们与酶的异常有关,导致脂肪或脂质没有被新陈代谢所处理掉而是不适当地贮积在脑及其他细胞中。家族性黑矇性痴呆是这类疾病中最严重的,患者通常在婴儿时期死去。除了在德系犹太人中,大多数这种酶突变及其致病作用都很罕见,因为它们由孤立的突变所引起。那么为什么闪电如此频繁地击中这些人?较被接受的解释是,携带者对于结核病和腺鼠疫有更强的抵抗力。这在今天已经没什么价值了,但是在中世纪可能提高了欧洲犹太人区的人口存活率。

进化是年龄歧视的,因为在年轻时有益的基因是首选。威廉斯预言:"自然选择可以说是偏心的,无论何时发生利害冲突,它总是支持年轻者反对年老者。"任何不受欢迎的作用在被生殖优势所加重时,基因就在群体中延续了下来。换句话说,在寿命期间内,存在一个一端是成功生殖,另一端是疾病和残疾的平衡交易。年轻时哪怕是一个小的优势,都会补偿一个仅在老年才出现的严重缺陷。这种遗传张力,被称为拮抗多效性。这种理论的吸引人之处,就是它考虑到了动物中不同的寿命长短。寿命取决于在生殖与生存之间的交易的平衡,而且正是这种平衡作用导致了衰老的进化。

威廉斯没有任何遗传学证据或实验证据,因此对他的理论作了简单的描述。他说，设想一个基因能在年轻时使更多的钙沉积于骨中。这个基因可能加强骨骼并可能增加抚育后代的成功性。然而，如果这同一个基因在整个生命过程中都持续起作用，它有可能在最后生命阶段起到有害作用。身体其他部位（如动脉和肾）的钙化，将最终对循环和整个健康产生可怕的影响。就我所知，尽管这个理论足够合理，但没有人发现过这样一种基因。

大量的努力和创造力已被用于检验梅达沃和威廉斯所提出的遗传理论。就像科学上经常发生的那样，这些理论家将他们的犁转向新的犁沟，而让别人去检查所挖出来的东西。想要进到梅达沃的"遗传垃圾箱"中去看一看非常困难，而已存在的有关延迟作用突变的证据非常杂乱。如果多效基因在人类衰老的疾病中起很大作用，那么我们将会在这些基因中找出影响免疫并在激素作用下易于诱发癌症的例子。这种寻找过程仍在进行中，但是它们存在的总体证据已经出现，我们将在另一章中加以描述。这种拮抗多效性理论将会是不可否认的胜利。

果蝇

罗斯（Mike Rose）像一个骄傲的祖父那样夸耀他的令人惊奇的果蝇。当他在加利福尼亚大学欧文分校工作时，他生产出了昆虫世界的"玛土撒拉"。这些小小的果蝇是骗过衰老基因的理想目标，因为它们每一代之间的间隔很短，而且能被大量"培养"。这样，遗传学变化通过果蝇的每一代就会迅速蔓延开来。这时生物学家就能够通过收集他们所感兴趣的一些性状在实验室里控制自然选择。

假如正如威廉斯所预言的，在生殖和衰老之间存在着交易，那么老的亲代抚育出的果蝇就可能活得更长，因为它们携带着支持长寿的基因。如果只允许老果蝇生殖，它们的基因将倾向于在群体中固定下来，而那些原先负责生育力和精力的基因将受到压抑。罗斯和他的同事将他们所有的远系繁殖的果蝇分为两组,在相同的条件下分开饲养。一组作为"对照组",让它们像正常果蝇一样随意生育。不出所料,这一组从一代到下一代其寿命和生殖力是稳定的。第二组只将生殖末期所产的卵孵化出来。在第一轮实验中,他们将这个过程安排重复15代,尽管最后结果显示出来要花的时间比较长。几代以后,老年妈妈所生出的果蝇生活得更久也生育了更久。这些研究人员能够在每一次时间轮回中都稍晚一些收集卵,这样使每代间的间隔拉长。但这些活得久的果蝇所付出的代价,是比它们的对照组或祖先都表现出生育力降低以及产卵数目减少。

看起来这些果蝇的生活史被缩短了。这些果蝇与对照组相比既没有大小的变化,也没有外观的改变,而且吃得也一样多,但它们更加坚强,更加耐受干燥、饥饿以及酒精,而且可以飞得更久。几代以后,衰老斜率明显变小,最长寿命已增加30%,而且继续生育的过程也没有任何达到限度的迹象。

罗斯的实验为威廉斯的预言提供了证据。罗斯通过人工选择晚育个体逆转了自然选择相对于年老者而更支持年轻者的趋势。优势的交易向长的生存期倾斜,所付出的代价是低生育力。出于实际原因,选择年老的妈妈比选择年老的爸爸更容易,但这两个性别对它们的后代所带来的好处是相等的,因此这个优点并不局限于与卵巢相关的基因或那些在性染色体上的基因。

这些实验在老年学中属于最富戏剧性、最优雅的实验之列。它们驱散了对长寿可以遗传的疑虑,而且对想捕捉到一些相关基因的努力起了推波助澜的作用。物种生活史并不像我们以前所想象的那样不可改变。

这些结果尽管很吸引人,但对我们自己没有立竿见影的实际应用价值。20世纪预期寿命的倍增，主要是由于生活条件的提高以及对儿童时期一些小病的更好的预防。这与罗斯的果蝇实验中的遗传学变化一点也不一样。假如我们的祖先现在再生，他们也能够和我们一样预期能活到七八十岁。假如我们的孩子被带到维多利亚时代或与之相似条件的世界上其他地方，他们也会遭受到相反的命运——平均预期寿命不超过50岁。这种对寿命的人口统计学变换，并没有化为我们的基因，因而是不可靠的。另一方面，罗斯的果蝇能确信它们拥有对自己有利的遗传优势。这个变化与那些保持低温或给予低热量饮食的动物的长寿截然不同。那些动物不能将这些好处传给它们的后代，因为这些作用是由于暂时的生理学变化而不是由于遗传特征的作用。

发现延长寿命的手段，比确认缩短寿命的机制有更大的科学意义。有许多的办法来缩短生命而无须加速内禀衰老过程。但当我们延长寿命时，我们触及了一些根本性的东西，而且我们在寻找衰老原因的过程中得到了不少安慰。

有些人可能会质疑研究人工创造突变体的价值，它们实际上几乎与真正的自然界无关。这是对实验室实验的公正评论，但是对这个实验并不存在严重的批评，因为在野生果蝇中也发现有平衡和交易现象。夏威夷有一个品种，其中有一个异常腹部的自然突变体，被称为"aa"，它比正常品种的寿命短。它能在早期产生更适于少年的激素，从而在年轻时产下更多的卵，这样就将寿命短的不足抵消掉了。这种突变体的抗干燥能力不比正常果蝇好，但是通过较早地交配，它们中的大多数在干旱年份里生殖。在潮湿的年份，它们处于竞争劣势，而它们的命运也发生了逆转。

一群美国老年学家打算用罗斯的策略培育出"玛土撒拉鼠"，以最终确定哺乳动物的多效基因理论，并为捕获控制人类衰老的基因创造条件。鼠与人之间共同的基因比不同的基因要多得多。这个项目10

年耗资1000万美元,这对生物学来说显然代价高昂,但与物理学中的"大科学"相比还是区区小数。后来所提供的基金开始下降了,因为权威人士们选择去支持许多小项目而不是一个大工程。这确实很遗憾,因为交易的证据现在已经被确立,以至于要确定发生在哺乳动物的交易就像鉴定装饰品一样。

拮抗多效性已成为老年医学的基石,但是要造一堵墙当然不止需要一块石头。我们应该防止陷入抓住单个有吸引力理论的诱惑,而忽略了大多数基因在所有年龄都对生命有利的事实。然而,有了多效基因,你只需要少数基因去解释衰老及其定时的许多现象,更有趣的是,这些基因经常参与生殖。

一次性体细胞

魏斯曼最持久的进化理论之一是,物种只有到某一个特定的复杂程度时才会出现衰老。在最简单的生物中,身体的不同部位只有极少或没有劳动分工,大多数细胞都有完整的全部技能。它们吸收食物,排泄废物,移动身体,感觉环境,以及生殖。如果需要的话,所有这些都可以同时进行。较复杂的动物有专门分化的细胞(如腺体、肾脏、肌肉以及神经等)来完成这些特别任务。每个细胞类型有它自己专门开启特定基因组合的唯一的蛋白质组合。魏斯曼认为,一旦专一化的程度超过了某一特定点,就会丧失生殖能力,这在有些时候的确是事实。

魏斯曼把这种不能生育的部分称为"体细胞",以区别称为生殖细胞的卵和精子。体细胞就像生了锈而且引擎坏了的轮船,而生殖细胞就像是救生艇,将宝贵的基因货物带到另一个安全的船舱中。精子和卵是将一代与另一代连接起来的生命线,魏斯曼一定同意巴特勒的名言:"鸡仅仅是蛋生蛋的途径。"

这种身体部件的一分为二，带来了一个困惑。如果体细胞只是未损坏的生殖细胞的最终携带者，那么这两种细胞怎样从相同的受精卵产生出来呢？魏斯曼发现，在某些物种的卵细胞质中有一块特殊的碎片，叫作"种质"，是专门来形成生殖细胞的，而其余部分则注定发育成体细胞。从一代到一代，体细胞和生殖细胞两个系统是分开的，两者从不会相遇。从太古时代起，种质就只形成生殖细胞。这个理论相当雄辩地被称为是"不朽的种质学说"，就好像生物学已经与加尔文教派的宿命论差不多了。

我们现在知道，哺乳动物、鸟和其他许多动物的卵中细胞质的不同碎片不是用这种方式被预成的，而更多的是一种偶然机会。卵细胞质就像鸡尾酒，在生殖细胞和体细胞之间的分配决定要延迟到受精后许多细胞已经形成之后。种质作为一个不连续的实体代代相传的现象，显然在植物中被排除在外，因为它们直接从它们的茎内的体细胞抽芽生出幼体。

虽然衰老明显影响了父母的机体，但婴儿出生时并没有任何衰老的负担，这也为魏斯曼推测的理论带来很多启发。这个问题仍然是个谜。我们现在知道，卵子和精子对年龄的变化来说都是脆弱的，而它们的基因能够从零开始创造出一个完美的生命过程。

尽管魏斯曼的观点暴露出了一些漏洞，但它已经被一个理论生物学家赋予了新的生命，他就是现在在曼彻斯特大学的柯克伍德（Tom Kirkwood），他提出物种的最大寿命取决于在保养体细胞和产生生殖细胞之间的竞争结果。奥卡姆剃刀原则——只保留基本的要素——在生物学中似乎像在经济学和政治学中一样成立。

柯克伍德的论证始于一个不可否认的事实，即个体的资源有限，他或她只能消耗有限量的食物，而且对照顾身体及修复身体构造的投资也只有这么多。自我保养与生殖之间的平衡已经不得不受到冲击了。

生物已经被推到了困境的边缘。如果它们买了一辆劳斯莱斯轿车后就买不起配件,那么还会投资劳斯莱斯吗?或许它们应当选择一辆可以丢掉和更换的便宜车?选择"劳斯莱斯体细胞"将要冒险孤注一掷,因为即使是个完美的身体也可能在某一天死于事故。因此,体细胞在或大或小程度上是一次性的,而生殖总是必需的。另一方面,全部努力都用于生殖也可能不是最好的策略。你不是非得在劳斯莱斯与拉达汽车之间选择,而是可以选择一个中间模型,如果会提高生育力或存活力,中间模型会以小于最大可能速率生殖。

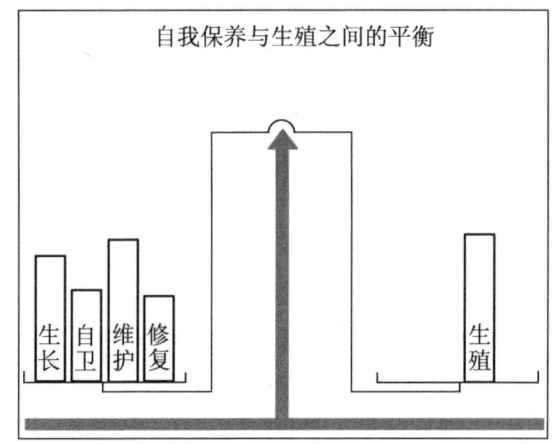

图4　按照一次性体细胞理论,活的生物于进化期间在自我保养与生殖之间作出选择,这两者的平衡决定它们衰老得有多快及它们的最长寿命

多效基因负责在这些竞争需求之间分配能量、材料及修复工作。它们有许多的代理商来做这一工作,但其中性激素是最重要的,因为它们控制生育力开关以及在生殖系统与身体其他部分之间分配资源。

每个家长都知道,生殖并不是一件轻松的任务。没有任何方面全然不冒个人风险,而且代价相当可观。生儿育女要求大量的能量和物质供应。某些鱼类的生殖腺,或称为"鱼卵",在产卵的时候可以达到体重的25%，而一窝鸟蛋也意味着大量的"投资"。人的卵和精子相比之下是很小的，但保持生育力并成功生育后代所需的代价起码与哺乳动物一样高昂。妇女在整个孕期体重要增加12千克，即她体重的25%。在荒野里，怀孕和哺乳所需的额外营养，甚至会危及生存。在苏格兰拉姆岛，赤鹿如果没有洞穴，就在夏天贮存更多的脂肪来较好地度过严酷的冬季。

在雄袋鼩及其他这类物种中，性激素就象征着它们的命运：性成熟并能够生殖所付出的代价是死亡。甚至拥有生殖器官——雄性或雌性生殖器——都是潜在危险的，因为它们的细胞具有强大的生长能力及恶性变化能力。被阉割的猫通常活得更长，而且有变得肥胖的趋势。阉割甚至能延长两种性别苍蝇的寿命。生殖比个体生存更重要，因为在饥饿状态下，苍蝇将它们的飞行肌破坏掉以保持产卵能力，即使飞行肌在饲养恢复时也不能够再生。在妇女，体重减轻到低于45千克就将关闭激素系统并引起一个干涸期，以此避免怀孕的大量需求并增加活过饥荒的机会。但是一旦体重得到恢复，这个系统的生命力又反弹了回来并能恢复生育力。

寿命与生育之间的交易，有助于解释为什么有些物种比别的物种活得长得多。优势的平衡受生活环境的影响，即受物种置身于其中的生态小境的影响。这样，环境的多样性能够说明我们在生活史中所发现的变化。居住在危险环境中的物种最好马上大举投入到繁殖中，即使这样会威胁到它们的实际生存。当食物供应变动很大时，或捕食者和寄生者太多时，在遗传生存斗争中那些早期多生多育者将是赢家。这个策略被老鼠及它的近亲所采用。

电视卡通片《猫和老鼠》很好地描述了这种现象。那位异常活跃的小老鼠住在一个危险的环境中，并总是寻找在这种形势下取得优势的机会。它的猫对手汤姆，试图有一个安静的生活，并只有在绝对必要时才大打出手。假如这是一个成人卡通故事,我们肯定可以看出这种由他们的性习惯所反映出的不同生活策略。

老鼠没有时间陷入正式的求爱过程。在袋鼩、鲑和许多小的无脊椎动物中,也是如此。它们很快达到成熟,只要一有机会,就全力以赴去繁殖,因为它们存活长久的可能性微乎其微。它们生出许多后代,对这些后代基本上不闻不问。这是动物界机会主义者对生活在有压力条件下的完美适应。这种生活史被社会生物学之父、哈佛大学生物学家爱德华·威尔逊(Edward O. Wilson)称之为"r策略"。

猫、灵长类和其他处于食物链顶端的动物,生活在更加可预测的环境中。它们花得起长得更大、更聪明所需要的时间,因为它们的生存机会要好得多。要达到这一点,它们必须遵循动用资源分配来繁殖的严格条例,但它们只需要繁殖一些新幼崽来继续遗传路线,并对它们提供照料。如果我们的灵长类远祖生活在更加充满危险的环境下,我们不会进化成现在特别晚来的青春期、大的脑以及长寿。我们这种生活史的类型被称为"K策略",而这也可以用来描述所有的长寿动物。

物种并不总是可以清晰地归入一个阵营或另一个阵营,r与K的极端之间存在着连续状态。人类以他们自己为原型K型而骄傲,但是我们有些令人吃惊的伙伴。除了灵长类家族的其余成员和猫及狗,还有蝙蝠,一些有袋动物以及居住在非洲草原下面长相古怪的裸鼹鼠,都属于K俱乐部。

将物种按这种方法分类有一些令人吃惊的含义。看起来人类与蝙蝠要比与小鼠和大鼠有更多的共同点,尽管后者已成为生物医学研究的主要对象。这个事实应该使我们在从老鼠向人外推时小心一些,但这不太可能使啮齿类动物变为多余的。啮齿类动物通过热量限制造成的显著寿命延长,可能是另一个r策略的特征,或许它们可能需要在享乐和饥饿的循环周期中缩短寿命。由于这个原因,低热量饮食可能不是使K型人类寿命提高的因素。我们应该继续享受美食佳肴,而不用害怕我们会使自己拒绝更好的东西,除非我们学到了别的不同方式!

在动物中,繁殖和体细胞保持之间的竞争性需求似乎排除了马尔萨斯式进化的可能性,以该方式进化将繁殖得非常快,竞争得非常有效,以至于超过了环境的承受能力。不过仍有一些狡猾的角色,既是惊人的繁殖者,又能得到免费午餐。一些寄生虫仅仅必须蠕动到一个宿主体内并避免被宿主免疫系统侦察出来,以便成为免费房客。一旦扎了根,它们只有最小的基本要求,就能既超级多产又长寿。

这种动物中的交易是不是也在长寿植物中存在,还不太清楚。一些古树产生出大量的树枝和果实,尽管它们的种子可能不像别的种子那样贮藏得好。植物没有进行营养繁殖的固定上限,因此不能在体细胞和生殖细胞之间有所区别,这就巧妙地避开了任何有关是否存在交易的问题。

衰老就像其他任何生物学特征一样是进化的,这个思想并不新颖,但只是后来才被接受。它一度被忽略了,仅仅是因为很少能观察到动物在自然条件下衰老。但它们不一定要老到衰老发生,甚至已存在一些动物在野生状态衰老的证据。这不是因为博物学家们从边远丛林中带回了衰老的故事,实实在在的例子就在我们的家门口。

环志研究表明,牛津森林中的大山雀以及瑞典的环颈鹟,在自然条件下都衰老。这些鸟的衰老并非显而易见,仅仅是它们的繁殖行为下降了。繁殖系统与身体其他任何系统一样衰老,对人类则更甚。

其他例子表明,环境在形成衰老的进化过程中何等重要。一个从前是好莱坞电影制片厂的驯狮员,后来是哈佛和爱达荷大学教授的奥斯塔德(Steve Austad)是这一领域的专家,尤其对弗吉尼亚袋貂颇有研究。这是一种北美有袋动物,而在南部各州人们经常可以在高速公路上看见袋貂轧饼。奥斯塔德推断,危险性较低的环境会促使动物一代代移向并接近于K策略,因为它们花得起较多时间来对繁殖作出决定。他猜测在岛群中可能发现理想的环境。

萨佩洛岛是佐治亚州的野生动物保护区,岛上威严地伫立着覆盖有西班牙苔藓的高大的松树和节节疤疤的橡树。它离海岸8千米,这对袋貂及其敌人来说太远了,是游不过去的。那里的袋貂在大约5000年前这个岛形成时就与它们的大陆堂兄弟分隔开来了。它们的后代比别的袋貂要幸运得多,因为它们不必与任何自然捕食者和最贪婪捕食者(汽车)作战。这些动物已经习惯于安全地四处散步或在太阳下懒洋洋地打盹,而它们的大陆亲戚却只能在天黑时小心地从洞穴里爬出来。

奥斯塔德从这两个群体中都捕捉了一些动物,给它们装上了无线电项圈以便能够研究它们的生活史。不出他所料,岛上袋貂的衰老慢得多,至少存活1年。对它们尾巴中胶原蛋白的张力检测后,发现它们比按照时序年龄所推测的要年轻得多。而且,这种袋貂一胎产仔5只而不是通常的7只,而最不同寻常的是,它们中的许多都设法拖延到第2年才产仔。尽快繁殖的压力,以及它的所有代价,都被这个岛上的群体所减弱了,就像定居在海岛上的鸟由于相同的原因格外长寿一样。

在荒岛上生活可能是许多城市居民的梦想,但它并没有导致人的寿命延长,似乎不大可能发生这样的事。人有一个非常长的代际间隔,而且没有一个人群被长时间隔绝到足以让差别出现。寿命的最高纪录曾出现在生活于安第斯山、高加索及喜马拉雅山偏远地区的社区,但没有一个结果经得住仔细审查。人口中唯一持续存在的差异,就像在大多数其他物种中一样,在于两性之间。

性别差异也可以用进化过程中不同生活方式压力来解释。雄性通常比它们的配偶过着更危险的生活,必须与对手战斗,保卫休养生息的领地。这意味着它们比雌性稍微少一点K选择性,因为对养育后代有最小的延迟会对它们有最大的遗传学好处。雌性不能以相同的速率养育。她们的角色仅仅在她们已经怀孕并产生尽力去生育的感觉以后才开始。她们更多地考虑到让自己过一种更节俭的生活以使自己始终处于良好状态。人类女性在所有地球生物中最具 K 选择性的论点是有争论的。这个论点与关于我们灵长类远祖的原始漫画有些不同,漫画里人类男性骄傲地跨步在他的妻子前方,后面跟着一大堆混杂的无尾猿、猴及其他动物。

老年医学终于度过了它不稳定的"青年期"而成长为一门成熟的学科。半成熟思想的大熔炉已被坚实的进化论以及对为什么所有生物中衰老的步伐不同的解释所替代。从自然界和实验室中所获得的证据如此优美而一致,以致我们可以和罗斯的乐观主义一起被扫除。他曾宣称:"衰老成因的总体问题可被认为像生物学中所有类似问题一样被完全解决了。"若是如此,为什么其他研究领域的许多生物学家对这一进展却都一无所知呢?为什么如此重大的发现没有得到全世界的新闻报道和诺贝尔奖的关注呢?也许需要一个更加生动的例子,而不是粗陋的果蝇,将消息带回家。

这个小生物已表明,生命的时间表及长度并不是永恒不变的,而且没有理由猜想人这种动物在这方面是个例外。但是任何通过对进化施加影响所得到的寿命延长,就像罗斯对他的果蝇所做的,在我们物种里甚至在许多代以后都难以觉察出来。要想重大的获益能在未来被享受到,就需要对衰老过程施加更严厉的影响。几个世纪以来,想促使健康长寿的长生不老药和手术层出不穷,宣称能够让身体返老还童的江湖骗子亦不乏其人。然而,碰巧一个非常规的实验对科学带来了巨大的变化,而这方面最好的例子就是布朗-塞加尔教授妄图让自己复壮的努力。

下篇

时间的果实

第六章

布朗-塞加尔的长生不老药

我们应当奖励有成果的错误,它们充满了绽开自身校正之花的种子。

——帕累托(Vilfredo Pareto)评论开普勒(Kepler)时所说

性悲观主义

保健养生和生儿育女的观念,堪与某些吸引人的园艺技术相媲美。类似用止血带阻断肢体血流,用半环割树皮的做法威胁不结果的果树生存,从而刺激其结果,是园丁常用的招数。相似的是,当花椰菜的生长因干旱天气而受到抑制时,它将提前出现"花椰菜心"。当机体的生存受到危害时,聪明的植物会把无性繁殖方式转换为向一种遗传前景投资。相反,落花的一年生植物保存其资源以求来年生存。

以这种角度观察,澳大利亚袋鼩在交配后迅速衰老则显得不太超常了。与其说是自然的偶然性,倒不如把这一物种视作是其为更慎重地利用繁殖而不是生存和长寿斗争的一个极端实例。物种之间的平衡点有所不同,但进化交易原则适用于所有物种。

上述实例对我们的栽培史来说都似乎不应陌生。布道坛与诊所都曾宣称,性活动是一种非常危险的事,最好避免性事,除非是为了传宗接代。当过度性沉溺和"精子损耗"被视作虚弱、不育乃至精神错乱的病因时，维多利亚时代的人通过严格审查过度性活动而把这一教义推向极端。他们的争论更多在于道德方面而不在于生物学方面，并支持由早期猛烈谴责(甚至是在婚姻中)无节制性生活的神父们所讲授的性节制神学。圣哲罗姆(St Jerome)宣称，"谁无节制地爱妻子将犯下道德上的罪恶"，教皇约翰保罗二世(Pope John Paul Ⅱ)也如是说。

基督教并不是世界上警告滥用性功能的唯一宗教。古印度文献《摩尼那伽》认为，精液能够维持生命和孕育生命。据称，精液中的有效成分极为有限，每滴相当于40滴血的价值(或在某些资料中被描述为10 000倍)。甘地(Gandhi)也非常支持婚姻中过独身生活以保持贞操，而瑜伽哲学最初讲授的是，贞洁观念、措辞及行为能实现生殖力(或叫"Ojas")被用于代替体力与精力。

中国道家对性不持悲观态度，信奉性交将阻遏前列腺增生，且能享受天赋乐趣。但他们亦赞同，正如饮食、锻炼与呼吸那样，性活动应该受到严格控制。信徒们被传授如何参与除损耗赋予生命的精液之外的性刺激，且这涉及避免受精的一种怪诞的**中断性交**方式。正常的射精可通过收缩骨盆肌，进行深呼吸和咬牙而被阻止。当这种努力归于失败时，则在达到性高潮时用手指紧紧挤压阴茎基部，促使精液返回机体，以期望它转移至脊柱并使脑复壮！他们却不知道，精液在临时转移至膀胱后不久便被排泄。

由于影响了19世纪末先驱科学家的思想，所以上述异国的训练及其构成哲学的基础是中肯的。研究人员常因过分信奉其最得意的理论而钻入死胡同，但他们相信对衰老的最后征服，并怀疑性激素是引发他们机体生物钟倒转的关键。他们的大多数疗法都不成熟，必然产生事与愿违的结果。然而，这种时作时辍最终带来了性激素的发现，并在不育治疗方式、安全有效避孕法及预防疾病等方面得到巨大获益。

正是在科学与神学之间的这一隐蔽地带，我们的故事将继续。我根据一个世纪前发表的一次演讲的书面记录再现了当时的场面。诚然,我发挥了自己对当时当地的想象力,填补了未记录的细节,但我认为,自己叙述的要旨反映了当时的态度和愿望。

巴黎,1889年6月1日

尽管这天下午非常炎热,但检疫学校的木质结构演讲厅里挤满了学生与医师,他们前来参加生物学会举行的每周例会。会场突然静了下来,主席站起来宣布:

"我请布朗-塞加尔教授宣读他的论文,题目是《皮下注射新鲜豚鼠与狗睾丸提取液对男人所产生的影响》。"

主席话音刚落,这位教授就站了起来。他迈着与他年龄不相称的轻快步伐,身穿黑色礼服大衣,以给人深刻印象的庄重外表出现。在抵达讲台时,他抬起灰白的头凝视着他大多认识的台下听众。在演讲厅的后排,他安排其主要助手达松瓦尔(d'Arsonval)和埃诺克(Henocque)就座。这一天对他俩来说是极为关键的一天。达松瓦尔的有关肌肉产热的研究已引起关注,如果今天的论文宣告了医学科学一个新篇章的开始,则他很可能有朝一日继任布朗-塞加尔在法兰西学院的教授职位。

教授清了清嗓子开始演讲:

"尊敬的会员们,我预计自己的论文标题已经使你们感到困惑,甚至可能引人发笑。但今天,我将报告某个重大发现。我指的是人类衰老问题。

"多年来,我一直在研究向血液中分泌使人精力充沛物质的腺体,血液把这些物质运往机体的每个角落。这种想法的种子早在1856年就已播下,当时我发现切除肾上腺后的豚鼠甚至比切除肾脏的同类死得更快。此前不久,英国医生艾迪生发现,他的某些患者在得了肾上腺炎症不久后便死亡。这为上述小腺体可能分泌一种为维持生命和净化血液都必需的强壮物这一不相称的巨大作用提供了解释。

"最初,我们以为上述腺体仅向机体表面释放诸如唾液和汗液之类的液体,或释放进入体腔的诸如消化液等。现在我们了解到,它们亦分泌物质直接进入血液。我对肾上腺的研究以及我的前任贝尔纳(Claude Bernard)对肝脏的研究都是一种普遍现象的最初线索。现在我猜想,每种腺体皆参与内分泌,并有助于增进良好的健康。但存在着这样一对腺体,先生们,它在这方面比任何其他腺体都更为重要。

"我们都知道,切除睾丸对人畜所具有的重要作用。但阉割的做法远不止抑制性欲和性功能,以及使雄性器官萎缩。并不直接参与生殖过程的肌肉和其他器官,亦通过某种方式受影响。例如,声带便是如此。在他们个子长高的青春期,睾丸发育并导致嗓音'突变'。去睾者中并未发生这样的变化,所以他们并未丧失其男高音。实际上,他们亦比正常男人更为依从与温柔。

"由于睾丸与身心强健的关系,使我们无法忘记手淫的危险。大多数医生都赞同自然性本能的此种倒错,将导致实际的身体与智力损害。射精使人们体质变得虚弱,甚至导致精神病,当处于无节制状态时,则将在更大程度上受损。这对于青春期男孩尤为适用,因为他们性腺尚未获得全部功能,且随年龄增长,这种能力趋于衰退。据说,保持严格独身生活的年轻男人,将通过其神经系统的活力而使体力与智力获得增强。据此我得出结论:睾丸是源源送达机体全身的一种天然强壮物的源头,但这种强壮物亦能丧失于精液。

"这促使我研究老龄这一课题。我今年已72岁,对这方面内容有某种发言权。尽管哲学家和医师历经了几个世纪的理论探讨,但我们仍无法朝认识其真实原因的方面获得进展。整个课题仍然被愚昧与迷信的迷雾所笼罩。但我相信,我现在可以阐明它。

"老龄问题有着多种起因。首先,存在着引起机体各部分丧失青年时期充沛精力的一系列变化。这些变化是自然的,不可避免的,而且很可能是不可逆转的。其次,性腺功能的衰退,经由体力与精力退化的加速,而使问题变得更糟。但如果它们产生的那种天然强壮物被更新替代,则将可能减缓衰老进程,并给神经注入新的活力。

"自从我在巴黎所作一系列演讲中发表这些观点20年以来,我反复考虑过这些论点。在1875年前往阿加西斯(Louis Agassiz)先生位于波士顿附近的夏季别墅拜访期间,我有机会进行了几项实验以检验自己的理论。我将年幼豚鼠的组织植入12只老年雄狗体内,获得了一个积极的成果。在随后的几年里,由于被旅行与演讲占据了大量时间,我没有时间去进一步推进这一鼓舞人心的良好开端。

"仅仅是在最近,我才获得让自己最得意的理论再次检验的良机。我把来自年幼动物的睾丸用杵和研钵制成一种可用于注入老年动物体内的水状提取物作为实验基础。接受注射的动物,不久变得更健康、更强壮和更具活力。未发现任何不良反应。动物研究的成果在人类中应当同样有效,这使我计划进行一次自体实验。

"达松瓦尔医师和我制备了来自一只2岁狗的和一些年幼豚鼠睾丸的提取液。该液体与精液和来自睾丸静脉的血液相混合,用蒸馏水稀释3—4倍。上述稀释液为一种浑浊的红色溶液。从5月15日起,我开始每天在自己的左臂或腿的皮下自我注射1毫升上述溶液。该提取物的滤液事先被进行澄清处理,以减少注射点疼痛与发炎的可能性。在详述我的研究成果前,我将说明自己的身体状况,使你们能够正确判断上述研究的结果。

"在我的整个青少年与中年时期,我拥有适应工作的强健体魄与极好的食欲。科学研究、演讲、照看病人,整天专心工作16个小时以上,我每天约在凌晨3点便开始工作。这种健康状况大约持续到10年前,才开始有所改变。我过去常常连续上下楼梯,但现在走楼梯很困难,只能小心谨慎和稳当地移动自己。更糟的是,我在实验室里只工作半小时就得坐下来休息。甚至在自己书桌前写作仅三四个小时后,便由于精疲力竭而不得不停笔休息。晚上6点坐车回到家后,我已累得要急于躺下,只好匆匆吃完晚饭便上床就寝。但即使如此,我在第二天凌晨就会醒来,还没有恢复精神。

"仅仅作了8次注射后,我感觉身体状况有很大程度的好转且更像以前的我,或者说更像只有我一半年龄的人的身体状况。我的体力已恢复到自己过去常常能连续做数小时实验而不需要坐下或休息的状态。这些年来,我在晚上无法从事任何重要的脑力工作,但在5月23日,在经过连续三个半小时的实验室工作后,我依然感觉思维活跃和精神饱满,使我饭后仍能就棘手的主题写作近两小时。你们完全能想象出我过去的活力恢复后,我是多么振奋。

"其获益不只是脑力。我曾失去在自己膀胱中容纳较多尿液的能力,且尿流不过是涓滴。当我在注射后再次于小便池测量尿流时,我发现排尿量增加了1/3!

"便秘甚至更为痛苦。结肠肌像膀胱肌一样受脊髓的神经调控,且神经活性减弱,肌强度亦下降。然而,在注射处理数天后,我的肠功能和规律性比其他任何器官功能得到了更好的改善,我不再需要通便剂。这种强壮物明显改善了我的脊髓功能的所有方面。

"对于像我们这样的科学家而言,一种经改善的心旷神怡的感觉,并不足以证明已产生一种器质性变化——我们所需要的是客观事实和数字。因此,我使用了肌力测定计以对自己前臂臂力进行准确的测量。在这项实验性试验开始前,我移动的平均重量约为34.5千克,但现在我能提起41千克,这是我在26年前居住在伦敦时所能提起的重量。这一实验结果意味着,注射处理改善了我的肌肉以及神经。

"我无法要求你们不加批判地接受我的主张。如果处在你们的地位,我将会首先探究上述好结果应归因于自我暗示而不是一种器质性变化。至今我仍无绝对把握,但如此意外的理想结果,使我怀疑这种自我暗示的解释。迫切需要由独立研究人员来进一步证实上述结果。我邀请学会其他成员参与睾丸液注射试验,以拥有复壮的能力。"

教授把他的论文零乱地扔在一起,转过头来示意演讲结束。只不过短短15分钟,他提出了在其漫长而又卓越的职业生涯中最令人吃惊的主张。主席用简短的话向布朗-塞加尔致意,并请他回答来自听众席的提问。丛林般的手臂向前伸出。布朗-塞加尔用鼓励的目光看着一位老朋友站了起来。

"亲爱的布朗-塞加尔教授,我由衷地祝贺你,为你在本学会历史上宣读了最有深远意义的一篇论文,及对医学科学的精通而高兴。我希望能参与试验以检验你的理论,但我承认在皮下注射器面前有点胆怯。你认为口服器官提取物有效吗?"

教授微笑地答道:"这取决于胃肠消化液是否破坏活性物质,活性物质能否被吸收进入血液。口腔服药非常重要,因为它将改善治疗的可接受性,且许多人将注射器视作一种痛苦的医疗器械。我们仍在试验其口服活性,但也许你仍将尝试注射。"

另一个提问者不在乎用药方式,而更关心该提取物的成分。"我感到惊奇的是,你并不强调来自一个物种的睾丸强壮物在另一个物种体内起作用这一发现的重大意义。如果来自狗与啮齿动物的器官能在人体内发挥作用,那么体形较大的牧场牲畜将可用于商业规模的生产。"

"感谢你敏锐的观察。若上述有益物质普遍存在于高等物种,我们也许并不会感到意外。根据达尔文的理论,我们认为每个物种由进化都获得了一种能促进其最佳健康状况的结构。物种在进化中面临避免丧失强壮物的极大压力,因为这可能使物种在生存斗争中冒灭绝风险。"

教授终于在这一支持氛围中松了口气。随后,一个坐在演讲厅后排的年轻人引起了会议主席的注意。

"布朗-塞加尔先生提出机体的特征可经注射器官提取物转变为第三种特性。当然他应切除巨型陆龟而不是毛皮动物的器官。毕竟众所周知它们可活上百年,且病人不会面临获得过量体毛的危险。"

这个弗兰肯斯坦式的故事在公众心目中留下了一种深刻的印象,一个上了年纪的教授形象变成被嘲笑和令人惊恐的多毛类人猿。从提问者附近传来了咯咯的笑声,而布朗-塞加尔发现要想从自己科学严肃性的台阶上下来极为困难。他缺乏那种用妙语平息粗俗的评论的天赋。主席觉察出他的慌乱,迅速转向下一个提问者。

"教授赞同复壮疗法是否意味着要迫使法兰西学院放弃资深教授终身任职的政策?"一阵明确无误的轻微笑声传遍了整个演讲厅,而教授作为答辩的咕哝抱怨几乎听不清。

当主席仓促宣布休会并召唤下一位演讲者时,布朗-塞加尔应该为放弃他的演讲席位而感到欣慰。他也许听到了一些他应反复思考的对他的说法的种种理解。他的同伴们理解了他发现的物质"生命的精华"(essentiels à vie)的含义吗?他是否仅用一天便结束了长达几百年的有关衰老原因与治疗的探索?他的发现能像法国科学苍穹中除巴斯德(Pasteur)与贝尔纳之外的一颗明星那样确立其声誉?

当会议结束他离开学会演讲厅时,报刊记者已急匆匆地奔向各自办公室准备他们的新闻稿。学会为其会议安排了记者席,使得重要发现能迅速引起公众注意而不是通过道听途说来传播。记者喜欢抢在学术会议之前没完没了地搜集某些事件,以期制造轰动一时的独家新闻。他们中的少数人认为自己目击了后来被称为内分泌学的激素研究这门新兴学科的诞生。自相矛盾的是,它是建立于性悲观主义中的一个错误的信仰,但这种错误被证明是一个有成效的错误。他们的报道成功地激发了公众的好奇心,以及对有关医学科学新进展的担忧。他们宣告了长达数十年对复壮疗法的强烈兴趣时期的到来。

器官疗法的潮流

1889年是法国文化史上繁荣昌盛的一年。埃菲尔铁塔建成并向公众开放。它是当时已建成的最高建筑物,作为世界工程奇观而受到称颂。巴黎是欧洲的艺术之都及许多天才画家的摇篮,凡·高还将圣雷米的橄榄树加入了自己的画作。巴黎亦自称是世界医学中心。来自大西洋两岸的一些最优秀的学生聚集到贝尔纳、马让迪(François Magendie)和巴斯德等生理学家的周围。布朗-塞加尔就是其中的一颗明星,他令人惊奇地声称使自己复壮而导致其名声大振。

大多数医生最先从报纸上获悉睾丸提取物的非凡功效。现代医学职业是一种谨慎的职业,轰动的报道将得不到多少同情者。只有当布朗-塞加尔的论文发表于生物学会的正规学报上时,其论文的真正价值才被评估。一些执业医师充其量怀疑这篇享有盛誉的生殖论文,担忧它可能导致医学职业声名狼藉。生理学的科学同事则直率地嘲笑这位白发、驼背的老人给自己服用长生不老药的场面。除此之外,这种疗法似乎是青春活力由某一个体移到另一个体的一种不可置信的旧想法的翻版。他们认为传染病仍在婴儿与儿童中造成重大伤亡,因此,主要注意力应集中在会侵袭青春期的传染病而不是保护老人和虚弱的人。

但到了1889年秋季,布朗-塞加尔收到百余封信件,对他的成功表示祝贺,并恳求获得他的器官提取物试样。已从报刊上获悉此疗法的病人,喧嚷着要求为他们施行这种奇迹般的疗法。次年,1200名内科医师给病人使用了他的长生不老药,器官疗法的潮流开始高涨。许多人相信,这种疗法是治愈老年期难治疗的失调症的一场革命的曙光。对于他们而言,布朗-塞加尔的声望及法兰西学院是良好信誉与权威的充分保证。许多人无疑借他们的私人医疗活动而大发横财。对器官疗法的保留意见,被曲解为几乎所有革命性进展起先都会受到抵制。性器官提取物的新科学,因具有种种可能性而变得富有魅力。

巴黎内科医师凡利奥特(Variot)博士是首批检验睾丸提取物的医师之一。他并不认为有必要做自体实验,而是挑选年龄为54、56和68岁的"老人"实施器官疗法。另外吸收相同年龄的老人各两名接受纯水注射以作对照。凡利奥特的实验,按当时的标准完全合乎道德。他不需要寻求道德委员会的批准,因为它尚不存在;也不需要向他的受试者通报有关他们是否会变成"人豚鼠"。他们只是被告知已接受了"强身健体"的注射。

如果布朗-塞加尔为凡利奥特的试验方法和不恰当地草率地首先验证他的理论而感到恼怒,那这种不满在他听取7月5日向学会的一次会议所报告的试验结果后便烟消云散了。那些接受睾丸提取物的受试者,皆感觉和看上去比原先要好得多。这种治疗已使老人复壮!受试者对自己接受的是器官提取物还是水则一无所知,这似乎排除了上述改善是因为安慰剂作用的可能性。

与如今获得任何一项重大科学进展所需时间与精力相比较,器官疗法被检验和发表的速度是惊人的。临床试验不久将在从俄罗斯到美国的许多国家中展开。布朗-塞加尔及其助手忙于答复信件和接待渴望获得最新消息的好奇的来访者。除了其他进展以外,巴黎似乎成了一个科学圣地。尽管耗尽了他的时间,但这位教授仍欢迎这些探究者,因为只有在世界各地最好的研究所和医院里得到证实后,他的主张才会被天性多疑的科学家们所接受。

赶浪头的并不只是生物学家和医学界人士,化学家也不甘落后。他们想当然地认为,应该有可能提纯"布朗-塞加尔长生不老药"中的活

图5 布朗-塞加尔(1817—1894),法兰西大学教授及激素研究的先驱。插图为布朗-塞加尔的长生不老药广告,摘自19世纪90年代的一本药剂学杂志

性成分。与天然精液相比，纯净制剂将更易被病人所接受，且可免除传染和产生不良反应的危险。如果这种活性成分被提纯，加工成为单一成分，或者类似于现成可用的一种物质，随后便可开发一种用以工业生产规模合成的工艺流程。器官疗法的商业化将彻底改革，成为能向每个需要者提供治疗的一种经济计划。

到了1891年夏季，来自俄罗斯圣彼得堡的冯·鲍尔（Alexander von Poehl）报道了取自精液被称为精胺的相对单一物质的分离工作。事实上，精胺对于科学界来说不算是新东西，它早在1677年就已由荷兰显微镜学家列文虎克（Antonie van Leeuwenhoek）发现，他注意到当精液沉淀时以晶体形式存在。他在写给英国皇家学会报告有关精子的重大发现的同一封信中，提及了精胺这一发现。目前我们已知磷酸精胺以大约2克每升的浓度存在于人的精液中，这种浓度比其他体液或动物的精液中的相应浓度要高许多。鉴于精胺看来似乎是一种生理强壮物，因此它成为布朗-塞加尔作用的首先候选者。

冯·鲍尔在病人中试验了精胺，并开始向其他医师提供精胺。据报道，从梅毒到衰老的众多临床状况都得到了显著改善。这是声称具有激素样性质且可产生商业价值的第一种物质。但当这种宝贵货物尚在由化学家装船运给地球遥远地区的顾客时，实验室工作者仍在研究其生物学作用。毋庸置疑它将影响循环与关键器官，但它们并未进一步证实具有任何重振活力的作用。于是对精胺疗法的空洞热情冷却了下来。

尽管事情发生了很大转折，但在世界许多地区对器官提取物的需求持续看涨。在美国，长生不老药上都印有布朗-塞加尔的名字，以表示具有某种权威性：他被记起在弗吉尼亚、纽约和哈佛大学工作过的那段日子。新疗法的批准，常常由最细微的证据所决定。在等待批准决定的这些日子里，不需要双盲临床试验和统计资料：一两个给人深刻印象的成果足以使一些医师落笔签名。报刊引用了一个热情洋溢的执业医师的话:"无力步行者与跛足者扔掉手杖与拐杖,聋者与盲者恢复了他们的感觉。"

并不是每个人都经历过如此夸张的过程,但长生不老药逐渐变得更易被接受甚至时髦。在乐观的社会风气中,甚至用于治疗衰老的灵丹妙药看来似乎亦是有理的。包括癌症在内的许多被视为不治之症的疾病,据信可由这种神奇的长生不老药产生疗效;唯有癫痫对其具有顽强的抵抗力。上述结果已受到伦理学家的严重关注,他们鼓吹对狂妄野心作激烈的道德上的反省,谴责试图颠倒由上帝设置人70年的自然寿命。更有甚者,由于其性含义而使治疗导致性罪错,造成了对其挑动性欲的担忧。

爱丁堡医学院毕业生柯南道尔(Arthur Conan Doyle)爵士在他的一篇小说《爬行人》里利用了公众的忧虑与易受骗性。一个上了年纪的教授认为他需要额外的活力,去向一位美丽的少女求爱。他因估计错了剂量而过量使用了猴睾丸提取物。这不仅增强了他的性欲,而且使他变态成未开化的猴。对这位女士幸运的是,福尔摩斯(Sherlock Holmes)赶来营救——还有一条大狗(印度神话中猴的天敌)的助阵。打开潘多拉盒子的科学家具有类似的想法,虽然他们事实上比许多人所相信的要保守得多。

广告商声称,任何宣传都是好广告。复壮的前途始终是不可压制的,人们热切地准备为哪怕渺茫的希望而付出代价。我认为,对财富的追求肯定不是英国医学界大多数成员的首要目标,但这种态度并不始终是情操高尚的。布朗-塞加尔谴责了获利动机,违反职业道德行为的报告使他悲叹:"特别是在美国,一些医生,准确地说是江湖庸医和骗子,常常不知道我之所为或有关皮下注射动物物质的最基本规律,利用许许多多年长者热切的愿望,使他们冒极大风险,如果不做得更糟的话。"

布朗-塞加尔试图获得一项法令,以禁止在欧洲与美国市场上销售睾丸提取物。他关心自己的发现能否让尽可能多的人得益,此种注射液的质量应当得到严格检验。这些努力被证明无济于事,因为一旦产品的细节被发表,发明者专利权的保护便落空了。他唯一可求助的办法,就是争取向任何一位需要睾丸提取物的医师免费提供试样来压垮市场。各个样品都标上"法兰西学院医学实验室"字样,以确保质量可靠,与各种牌号在市场上销售的未经核准的商标相区别。布朗-塞加尔用自己的钱支付了生产、广告和邮资等费用。如果他抓住赚钱的良机,他本可更富有,在花了超过1万法郎(约合1996年的20万法郎)后,他不得不停止了这种慷慨。

英国医学机构的反应是谨慎小心的,这使他感到惊奇和悲哀。他把自己看作是英国公民,他拥有英国的临床职位与荣誉,在伦敦国立医院墙上挂的纪念匾上记录着他是一位创办人。《英国医学杂志》的编辑激烈地抱怨这场跨越英吉利海峡的新时尚:"我们发现医师们常用最乐观的笔调完成他们医疗想法和疗法的写作,且常常无法为他们的疗法找出比靠广告吹嘘的产品更好的证据。"这种态度在一位匿名评论家写的文章标题里表达得明确无误:"返老还童的五角星。"这种五角形符号在巫术中具有重要的象征意义。

英国人刻板的正直建立在道德以及与其一样多的科学异议基础之上。反对动物实验手术者在维多利亚时代就已形成一个强大的院外活动团体,他们认为受到伤害的动物在器官交易中受到剥削,即使屠宰场废弃物为这种交易提供了供应品。其他批评家则对听到病人可能受动物制品(尤其是精液)的不良影响而感到十分厌恶。布朗-塞加尔提出通过刺激性器官导致短暂射精高潮可产生同样增进健康的效果,以避免使用上述产品,这却天真地使事情变得更糟。他的贬低者则将此理解为鼓励年长者手淫。

尽管官方保持平静,但器官疗法足以引起相当多英国医师对其病人试用动物睾丸提取物的混合制剂。1890年在伦敦召开的哈维学会会议上,沃特豪斯(Waterhouse)医师报道了在其神经病患者中获得的值得称赞的反应。从另一方面来说,来自英格兰萨默塞特郡布里奇沃特医院和国立医院的医师对此不相信,告诫这种疗法可能弊大于利。

布朗-塞加尔的研究成果发表4年后,世界各地已有未确切统计的数百或数千人接受了睾丸提取物的注射疗法。公众反应如此狂热,使《英国医学杂志》的那位编辑开始担忧自己太小心谨慎而忽视了一项重大进展。越来越多的医师赞同某些疾病的产生可能是因为某些化学物质缺乏的结果。不容置疑的是,饮食提供了基本需求,但其他物质则在体内合成。可接受的理由是,如果某种关键性物质缺乏,则需要补充使机体恢复至完全健康。这位编辑写道:"自布朗-塞加尔发表了以自己为例的皮下注射睾丸提取物后获得惊人疗效以来的几年中,虽然许多人嘲笑他是长青不老的发现者,但他的想法毕竟有些道理,并逐渐被人接纳。"英国医学机构认为应结合心脏变化的标志,因为英国医师已使用来自另一种器官的提取物而获得惊人的成功。

1891年,纽卡斯尔的一位医师发表了对一位患黏液性水肿(即甲状腺机能减退)的妇女采用新颖疗法的成果。在接受绵羊甲状腺提取物注射后,她的毛发开始再生,脉搏加快,且认为自己过去的活力又恢复了。事实上,她以相对良好的健康状况生活了又一个28年。默里(George Murray)的论文被认为是成功的,他的发现不久将导致大量生产甲状腺药丸,以治疗黏液性水肿。他在选择机体的一个器官方面是幸运的,甲状腺贮藏着大量的激素,甲状腺激素(甲状腺素)经口服进入体内仍有活性。默里于1889—1890年在巴黎逗留期间可能遇见过布朗-塞加尔,但他并未提及这位老人在器官疗法方面的先驱性工作。也许他希望与被视为来自边远国度的持不同意见者保持距离,或者他只是不想分享由一项发现而获得的荣誉。

同期，布朗-塞加尔成为"内分泌理论"（即我们现在称之为内分泌学）的最先鼓吹者。他完全超前于他的时代，猜测一些有效力的化学物质（后来称为激素）存在于大部分器官中。1891年3月，他从尼斯的冬季避寒地写信给他的助手："所有外分泌腺同时皆为像睾丸那样的内分泌腺。肾、唾液腺和胰腺并不仅仅是排泄器官，它们像甲状腺、脾等器官那样以直接方式或通过外分泌后的再吸收向血液提供重要物质。"

内分泌学这门新兴学科在其他地方也在加速发展——有时候受巴黎的公然的怀疑论者所驱使。1894年，一名哈罗盖特医生奥利弗（George Oliver）突然造访当时的伦敦大学医学院生理学教授舍费尔（Edward Schäfer），寻求能解释他在自己儿子身上所做实验的意见。那位忙碌的教授试图婉言谢绝，但纠缠不休的来访者愿意等待，直到他主持的动物外科手术完成为止。随后奥利弗从他的背心口袋里取出一个内装着自己儿子身上试验的肾上腺提取物的管瓶。舍费尔勉强同意将这种液体注入一只已麻醉的动物静脉里，然后他惊奇地看到血压计的水柱几乎上升至极限。

这是后来在美国被称为肾上腺素的另一种激素，它无先兆地出现在科学舞台上，在7年内，美国巴尔的摩约翰斯·霍普金斯大学的阿贝尔（John Abel）对其化学式进行了研究，并合成了纯肾上腺素。很容易通过血压测试时水柱急速上升过程的每一步，来检验肾上腺素的效力。

这一进展鼓舞科学家们检验其他被猜测含有激素的腺体。他们对用垂体提取物治疗侏儒症和用胰腺提取物治疗糖尿病寄予了极大的希望。原理是正确的，但工艺是粗糙的，且在获得回报之前需投入几年的工作。

生长激素和胰岛素的效力至少不难测定：给予足量的合适的激素，矮小的儿童能正常生长，糖尿病患者能控制住他们的血糖水平。但要鉴定给予睾丸提取物后衰老症状的缓解程度则是另一个难题，因为还没有测定生物学年龄的客观途径。老龄并不是一夜之间突然产生的，而是缓慢渐进的，且大部分变化相当模糊。有关治疗能把生物钟往回拨的说法，皆未得到真正的公认，医师只能依赖于他们经验丰富的眼睛作出判断。

令人啼笑皆非的是，布朗-塞加尔自己的健康状况在他所作的著名演讲后却迅速恶化了。他从未宣称睾丸提取物将产生浮士德式的复壮，但他希望能缓解老龄期更糟的问题。尽管有来自粗糙的皮下注射器的疼痛及满身的疮，但他仍坚持注射。他一直坚定地保持着对注射的信赖，直至他于1894年去世，终年77岁。

一个老人的愚行

布朗-塞加尔将悲哀地看到，睾丸提取液在19世纪90年代后期由被人热衷而一落千丈。据说，不管是经口服还是经注射的这种强壮物皆无效。有关这种制剂实际上有害的谣传也开始散布。令人失望的实验结果很可能比已发表的记录更多，表明否定性的结果通常要比肯定性的结果更难发表。而且教授的声望如此之高，使得一些医师可能被引导去怀疑他们自己的结果。

布朗-塞加尔的长生不老药广告开始从药品目录的新版本中消失，只有为数不多的处方中提及它。怀疑论者为证明他们"等着瞧"策略是正确的而兴高采烈。布朗-塞加尔的早期成就已被遗忘，他被看作是挑战必然规律的无效尝试的悲剧象征。

这个故事的教益在于，老年人在其声望还未受损时应当退休。布朗-塞加尔有一个辉煌的职业生涯作为他的后盾，他对肾上腺功能的科学直觉证明是可靠的。甚至更为著名的是，他对诊断脊髓损伤部位有重要意义的工作揭示了感觉神经在脊髓中的交叉。然而，他在把性腺用于治疗衰老方面失足了。是他的假设,还是他的观察,让他丢了脸?

一开始,他忽视了科学公正的传统智慧,而这是对那些得宠理论中过于自负的一种防范措施。他被公认为是个谦虚的人,但自负是科学家和发明家最大的诱惑。他想获得最后一大成就,但他在感情上过于投入研究计划,使他卸下了这关键的防备。这种时候,他如果听从了他的前驱者贝尔纳的忠告——"把理论像挂外套一样留在实验室外吧"——或许会明智些。

布朗-塞加尔把自己看作是一个独立的思想家,但正如我们中大多数人那样,他局限于他的时代。他接受了同时代人的假设,这使他支持有关精液损失与性活力衰弱效应的似是而非观点。射精劳神伤身的维多利亚时代谬论,正中那些抨击性放纵的人的下怀。性交后的困乏被视作是精力耗尽的征兆,但我们现在知道,性兴奋与射精的热值并不大。化学分析表明,一次3毫升的典型射精所丧失的能量、营养及其他成分的数量,与机体的储量和每日摄入量相比微不足道——大致相当于损失等量的血液,即3毫升血液。

平心而论,布朗-塞加尔并未把来自睾丸的特殊"营养物质"视作如此大量的热量或如此多的蛋白质、脂肪和糖。他把注意力集中在睾丸特有的其他物质(尽管他承认这些物质也像卵巢中一样较少)。那些物质合适的目的地,是血流及机体较远的部位。它们应当仅当绝对必要时才混入精液。

这些思想是原创性思想,也许是革命性思想,它们中间含有真理的种子。假如他大胆探究来自睾丸某些物质对诸如胡须这一男子汉气概装饰物的影响,他将平安无事。令人遗憾的是,他对使人困惑的衰老问题有着浓厚的强烈兴趣,混淆了去睾者的虚弱与老年的衰弱。他的根本性错误在于假设衰老是一种缓慢的精力丧失,而这仅在狭义上是正确的。

事后看来,他在寻找睾酮,但其他人花了40多年时间才提纯并鉴定了这种激素。我们现在还知道,他的睾丸提取液必然无激素活性,因为性激素不溶于水,再者,即使睾酮确实存在,但使用提取物后马上见效是难以置信的,因为睾酮的"合成代谢"(或叫肌肉形成)作用需要时间才能奏效。于是,看来他的观察连同他的假设让他丢了脸。

现已证实,使他得出轻率结论的观察结果在其他场合并不可靠。自体实验虽然在伦理学上值得称赞,但它却容易诱导粗心大意的研究人员误入歧途。他45岁时已被自己身体中发生的衰老变化所迷住了。他的胡须仍是黑的,但在两鬓与耳旁则散布着白发。他记录到,有一天早上醒来时发现在以前无任何毛发着生的前额长出了白发。从一侧拔除5根白发和从另一侧拔除7根白发的两天后,他发现在每一侧各有更多的白发长出,且它们从发根一直白到发梢。反复进行实验后,他得出结论:长的白发一夜即可出现!我们将在第十章作专门介绍,这里暂且不论。

他的机体复壮,是一个冒着身败名裂危险的更为狂热的宣称。如果其中没有名堂,我们怎样为他改善后的心旷神怡状态作出解释?我的看法是,他过于轻描淡写地排除了安慰剂效应,他缓解的不是衰老而是自己不知道的抑郁症。

布朗-塞加尔承认自己食欲很差、便秘、睡眠不好,以及睡醒也无法恢复精神。他抱怨自己精神不济、体力不支。这些是中年人中的普遍问题,但听上去也疑似临床抑郁症,与老年期衰退相比,其对安慰剂更为敏感。1965年英国医学研究委员会的一项研究发现,1/3以上的抑郁症患者经安慰剂治疗后症状缓解。器官疗法可能对许多具有相同病因的患者有好处,尤其是他们的医师相信上述疗法对他们的效力。

在此后一个世纪中,要证实有关布朗-塞加尔的一些传说是不可能的,但有一些则证实了我的看法。它们表明,在中年的过度工作期间,他曾想自杀。处在压力之下，抑郁症与自杀情绪并不罕见。他还向朋友透露，就在他发表那篇著名演讲的那个早上他造访了布朗-塞加尔太太。他证实，他以一种绅士所能考虑周到的方式再次享受了性交的乐趣。72岁高龄时获得的这种性成功，似乎排除了常成为阳痿病因的器官功能失调的可能性。鉴于性欲丧失是抑郁症的特征——而且是可逆的，他承认自己性功能的改善，表明他摆脱精神疾患的困扰。

布朗-塞加尔因宣布他的复壮而做出或许有失检点的行为，但他并不是自欺欺人的最后一位牺牲品。然而，通过作出耸人听闻的宣称，他把赌注提到了危险的高度，将自身置于众目睽睽之下，使自己及其事业甘冒荒谬绝伦的风险。我们时不时目睹名不副实的"科学突破"，然而，绝大多数实例皆被诚实善意的研究人员所发表。之前围绕产生廉价能源的冷核聚变方面的失败，就敲响了关于公布初步结果所存隐患的一次警钟。如果物理学先驱性边缘地带尚且如此不确定，那么老年学的前沿会好到哪里去呢？

布朗-塞加尔创立的理论植根于性悲观主义谬误之上，但它产生了丰富的衍生事物。化学家继续探索性器官及几乎其他每一个器官中的激素。生理学家研究了激素如何释放到血流中及它们如何影响机体的化学特性。但进展是缓慢的，有些热衷于睾丸复壮物的医师仍空想有关复壮的可能性。当正统科学满足于不懈的长征时，少数企业家却对一种战胜衰老挫折的捷径执迷不悟。

第七章

腺体移植者

我们与我们的腺体同岁。

——斯泰纳赫(Eugen Steinach)

用于老年人的新腺体

20世纪初,器官移植的前景比以往任何时候都要光辉灿烂。无菌手术方面的显著进展,使更多的病人能在腹部手术后幸存下来。1912年,诺贝尔委员会将生理学或医学奖授予美国纽约洛克菲勒研究所的卡雷尔,以褒扬这个大有前途的新领域。通过与芝加哥的生理学家古思里(Charles Guthrie)的密切合作,卡雷尔完善了器官移植物血管与接受移植者血管相连接的一种方法。在一系列技术辉煌的实验中,他们证实心脏、肾脏和卵巢皆能被切除,并随后安全地植回同一动物体内。但卡雷尔怀疑把器官由一个个体植入另一个体的可能性,这使他把注意力转向体外培养细胞(或称离体培养细胞)。然而,尽管有他的警告,但受以往一些著名成果的鼓励,乐观的复壮者仍继续性腺移植。

早在18世纪80年代,苏格兰外科医师亨特(John Hunter)就把睾丸由公鸡植入母鸡体内,并把卵巢由母鸡植入公鸡体内。支持这些异乎寻常实验的理由是,随着年龄的增长而成为更具男子气概的趋向对女性有着极大的吸引力。他注意到,"在各种动物中均有一定程度的反映。我们发现甚至在人种中亦发生相似的一些情况"。他亦意识到相反方向性别改变(变性)的可能性,包括15世纪在瑞士巴塞尔从事的著名的雄雉实例,它在下了一个蛋后提供给巫术的严肃仪式。当这不幸的雄雉被拴在桩上烧烤后,人们在烧烤剩余物中又发现了3个"雄雉蛋"。

在其一次实验后,亨特在他的笔记本上记道:"我以前把公鸡的睾丸植入母鸡的腹部,它们有时在那里扎了根,但并不常见,且随后不可能成为完美的。"他更成功的移植物中有一些被浸制,且仍可在伦敦皇家外科学院的博物馆中见到。他想必被来自乔木与灌木自动产生嫁接物的杂交成功所迷惑,但排异反应的原因直到很久以后才被发现。

德国格丁根的生物学家贝特霍尔德(A. A. Berthold)并未退缩,1849年,他凭运气或良好的判断力,把已被切除的小公鸡睾丸又植回原主。血管不久便很快生长,像欢迎老朋友回来一样为植入器官提供营养。与阉鸡相比,受试小公鸡很好地保持了鸡冠和肉垂的大小和外表,且这些小公鸡显示出"对母鸡的习惯性注意力"。因任何睾丸神经将在手术期间被切断,故贝特霍尔德正确地推断,雄性器官很可能经向血流中释放某种物质而对体形和行为产生影响。他的论文的重大意义与其只有4页长的篇幅极不相称,因为它首次提示了睾酮的存在。但与当时的遗传学家孟德尔(Gregor Mendel)一样,贝特霍尔德生前未能看到他的重大发现得到公认。

图6 斯泰纳赫,维也纳大学生理学教授,发现睾丸细胞产生睾酮,并由于以他命名的手术而在20世纪20年代声名显赫

20世纪初,腺体移植在尚处于初创阶段的内分泌学中扮演了一种重要的角色。科学家们发现,与大多数其他器官不同,分泌激素的腺体常常可经简易植入组织而无须将其与血管相连接的方式成功地移植。它们甚至在机体的反常部位工作。几天内,新生血管向内生长,把氧和营养送至腺体,运送激素到达机体较远部位发挥作用。

奥地利维也纳的生理学教授斯泰纳赫是一位移植术先驱者。20世纪初,他发现睾丸中的腺细胞产生了雄性激素——睾酮。他仿效亨特,试验把睾丸和卵巢植入相同与相反性别的阉割大鼠体内的作用,获得了预期的结果。动物显示雄性或雌性,有赖于性器官的性别而不是取决于其个体原先的性别。他据此推断,同性恋是由直至今日尚在争论的一种反常的激素平衡所致。

针对这一点,他把注意力转向将性器官植入复壮动物以验证其假设,即如果性征可以被改变,则衰老特征也可以被改变。出于其著名实验室主任的职位,他产生了复壮科学是内分泌学天然姐妹并且同样值得尊敬的想法。他确信布朗-塞加尔的长生不老药是无活性的,在希望它们将产生更持久作用的基础上,他试验把年轻大鼠的睾丸植入老年大鼠的体内。试验结果令人信服地证实了他直觉的正确。早先衰老的动物现在可轻易战胜无经验的竞争者,重新焕发了对雌性的兴趣,且寿命比通常延长25%。

即使他的方法有一定的缺陷,但似乎也表明布朗-塞加尔始终具有正确的思路。性器官是机体的动力源泉,而激素缺乏是衰老的根源。任何提高激素水平的做法,都将因此给整个机体注入新的活力,并保护其维持生命所必需的机能。卡雷尔认识到移植对战胜特定器官的衰退所具有的潜在能力,而斯泰纳赫则理解移植性腺作为人人适用的强壮药的重大意义。

但腺体移植与稳妥可靠仍相距较远,且许多持怀疑态度的人都表示反对。移植物能长期持续作用以使病人复壮吗？它们是否将出现反复，要是这样的话，有无足够的材料供其完成移植？斯泰纳赫听到了这些担忧，提出了一个安定人心的新闻——年轻的器官实际上为老年动物衰退的睾丸和卵巢注入了新的活力。他声称，这种获益将持续到甚至移植物衰退或被切除之后，所以它们仅需持续到足以重新激起天然器官的活力。上述结果为同时由外科医师实施的（我称其为"复壮者"计划）狂热推波助澜。

1916年，芝加哥的莱斯顿（Frank Lydston）医生把一位同事拉到一旁，展示了自己阴囊的一个组织肿块而令同事惊讶得发呆。他在自己一对睾丸旁缝入了获自另一个男人的睾丸的一部分。54岁的他达到了其职业生涯的顶峰，但他感到精力不济，直至施行自体实验。眼下，他声称："我感到我更强壮了，性腺移植在增强体能，尤其是性生理效率方面效果显著。"

在几个月内，莱斯顿给那些自身性器官异常或因偶然事故导致性器官受损的病人施行了相似的手术。他的首位病人因12年前足球比赛时不慎压伤睾丸而须做阉割手术。从一位10多岁男孩的尸体上解剖后获得的性器官，大大改善了该病人的情况，以至于据说他需用冰袋来控制勃起的频率！即使此种移植是成功的，但正如在婴幼儿的勃起所证实的，我们目前认识到睾酮对阴茎充血肿胀并不必需。不过，这种肯定结果仍被看作当时的好征兆。

一波成功，常常带来其背后的一大波问题。问题是，从哪里获得足够的年轻供体，男人们希望得到治疗，当然渴望有在数量上超过他们的年轻供体。由于供体主要来源是意外死亡者和以电刑处死的罪犯，故供应量无法预计。移植的器官如此宝贵，如果它能在周末运到，则可置于冰箱内贮存直至下周一早上应用。少数腺细胞经得起这种处理，但睾丸从机体切除后会迅速退化，但莱斯顿仍坚持这种异乎寻常的疗法。

广告媒体向莱斯顿致意,鼓励其他研究人员从事他们自己的试验和开设诊所。斯泰纳赫的一位医务界同事利希滕斯腾(Robert Lichtenstern)为一位3年前(1915年)战争中受伤的29岁准下士施行了手术。枪弹毁坏了他的两个睾丸,"备用"性器官来自另一位进行隐睾手术的士兵。尽管他无法成为孩子的父亲,但把睾丸部分缝合到腹肌后,准下士不仅胡须再生,而且性生活得到了改善。

主管美国加利福尼亚圣昆廷监狱的一位医生斯坦利(Stanley),也是一位热心的腺体移植者。囚犯常常乐意充当临床试验中的豚鼠角色,因为冗长乏味的监狱生活导致他们的精神涣散。他亦设法说服其他一些医生甚至少数妇女成为受试者,植入来自死刑犯的睾丸,或在适合的人器官不足时采用雄性羊、猪或鹿的性器官。上述器官组织被制成浆状,通过大孔径皮下注射针注入腹肌。他认为,这个部位的激素分泌与阴囊的激素分泌一样有效,激素均质化会促进血管较迅速地向内生长。在几周内,他记录到气喘、痤疮、风湿病和衰老的一些显著恢复现象。更明显的是,受试者在监狱举行的运动会上表现非常出色。

在20世纪20年代初,腺体移植似乎已成为名利双收的可靠途径,只是人体器官短缺。对克服这种短缺的需求,已成为创造性天才的促进因素。

斯泰纳赫手术

斯泰纳赫希望他能通过提高现有衰老睾丸的激素产量来避免移植需求。在对经输精管切除术的大鼠的实验期间,他注意到精子在睾丸小管中的退化现象。与此同时,造成睾酮分泌的毗邻的间质细胞变大,且变得更有活力。由此他得出结论:结扎输精管产生背压,杀死发育的精细胞,为激素产生细胞的扩散创造更大的空间。鉴于只有少数精子需要激素，所以较多的睾酮可进入血液，使机体的其余部分生机勃勃。既简易又安全的输精管切除术能取得与腺体移植一样的效果吗？

几周后，斯泰纳赫在其实验室里证实了他的观点。施行输精管切除术的老年大鼠，显得比以前更年轻和更健壮。它们如同接受腺体移植的动物一样恢复了活力和精力。他称此手术为"输精管结扎术"，但它不久后便成为众所周知的"斯泰纳赫手术"。

他说服利希滕斯腾在病人中检验该手术。只结扎一条输精管，留下另一条以供晚些时候施行的未来手术备用——可以额外收费。消息很快传开，人们期盼施行该手术能消除"男性绝经期"症状。有报道说病人在血压、震颤、眩晕及风湿痛、视觉与听力等方面得到了持久改善，甚至在光秃秃的头顶上再生了黑发。一些医生赞扬该手术使性生活获益，并声称睾丸增大，而性冷淡男子的性能力也得到了改善。

斯泰纳赫的声望大大地促进了有关该革命性手术的消息传播。他的名字成为科学奇迹的代名词。据说甚至甘蓝也可被斯泰纳赫化！新闻媒体把他描绘成仁慈的天才，他的劳动和智慧将使人人获益。像其他复壮者一样，他出版了多种吹捧他的理论与方法的普及性读物。他聪明地把奥斯特勒（William Ostler）爵士的格言"一个人仅仅与他的动脉同岁"，改写为"我们与我们的腺体同岁"。把优势与弱点都归因于激素，这就好比今天认为基因应对此承担责任一样。他亦（以不完全开玩笑的形式）预言："我认为，为每个50岁男人施行输精管结扎术，或者进行有相同作用的一些其他治疗方法的这一天即将到来，正如今天每个儿童都可接种牛痘以预防天花。"诊所门前排长队的候诊病人，一度证实了他的想法。

许多病人在经历了数年无效的常规治疗和江湖医生的医治后，为有如此美妙的疗法感到高兴。他们的热情，与如今对输精管切除术后造成绝育的否定态度，即年轻男人认为该手术是牺牲性的、限制性的而不是治疗性的观点截然相反。现在无人会同意他关于输精管切除术会注入新活力的说法，恰恰相反，即使缺乏有力的证据，男人们却担忧手术的胡乱摆弄可能已对他们造成了损害。暗示的力量在人类性生理学和性行为领域里是巨大的。

但是所谓"弱性别"（女性）又如何呢？着眼于业务的拓展，复壮者们开始考虑数目不断增加的人口中老年妇女问题。她们经结扎输卵管——女性体内相当于输精管的结构——能获得助益吗？结果令人失望，医师们提供了准科学的解释：因这些细管不适合与性腺作结构上的连接（如在男性中），故激素分泌不受刺激。人们对两性不同的反应以及男人能更不费力地出现性反应感到惊奇。

在20世纪初，处于医学边缘的实施复壮疗法所具有的吸引力在于，几乎没有什么对照，如果一种手术失败了，总有另外一种被当作最后的手段来帮助病人。"再现手术"就是切割睾丸周围坚韧的膜，使输精管挤出。这很像活组织检查，虽然其意图是治疗学的，而不是诊断学的，而且很可能造成更多的损害。一个更大胆的建议是"自体移植"，它要求把睾丸移往机体的另一部分，我不知道它是否曾被用过。我在此看到的唯一"优点"，也许是多了一个较少损伤的部位！

不喜欢外科手术的病人，可用"透热疗法"进行治疗。连接睾丸的电极有1安培直流电通过，无疑会启动境况不佳的腺体。复壮科学的先驱者肯定有创造性的想象力和包医百病的药方，但某些疗法让现代人听来大为震惊。"温和刺激剂量"的X射线和镭用作斯泰纳赫手术的另一种办法，因为它们可杀死发育中的精细胞。辐射的神秘性营造了气氛，但人们并未意识到其危险性，没有采取安全措施。一家美国公司通过邮购发行专门设计用于夜间床上佩戴的含镭装置。这种家用复壮装置甚至让大西洋两岸的斯泰纳赫支持者都觉得把事情弄得太过分。这些人对公众安全感到非常担忧，期望复壮疗法不会声名狼藉，不然的话,复壮者职业声望和个人收入可能会受到影响。

复壮者声称,他们用解剖刀熟练的几下敲击圆满地完成对人体生理上的详细检查,而整容外科医师的手工仅仅触及表皮。许多著名人士报名接受治疗,为诊所的名声带来威望与魅力。对那些觉得他们的全盛期已过去并担忧会被他们的狂热仰慕者所抛弃的人来说,复壮的可能性很有吸引力,连报刊专栏作家也通过闲谈宣传该疗法而受到欢迎。艺术家们常常本能地怀疑科学,但他们也对逆转老年期的前景表示关注并放弃了怀疑。1934年,69岁的爱尔兰诗人叶芝(W. B. Yeats)因失去了同事兼导师格雷戈里夫人(Lady Gregory)而停止了他的诗歌创作。他让伦敦哈利街的性学家海尔(Horman Haire)给他做了斯泰纳赫手术,据说从此恢复了他的体力与创造力。

因为自费病人常常为治疗而作长途跋涉,所以医师想要评价临床结果则有许多困难。着迷的人们需要的是对获益有一种适当的长期评价。美国印第安纳州监狱的一位医务官员在囚犯中试验了斯泰纳赫手术,他以赞扬的态度报道:

> 我有465个病例,他们为术后观察提供了令人满意的机会,我从来没有看到任何令人不快的症状。既不存在睾丸萎缩症状,嗣后也没有发生囊性退化现象,相反,病人的性情变得更乐观,头脑灵活,停止过度手淫,并劝告其伙伴为自己的健康着想而接受这种手术。

但是,最好的疗法有时也会招致失败,当手术对象是富有的人时,失败则更无法隐瞒。阿尔伯特·威尔逊(Albert Wilson)为他成功进行手术而欢天喜地,他受雇在伦敦阿尔伯特音乐厅发表题为"我怎样成为20岁年轻人"的演讲。在约定前一天,他与朋友以狂饮一通来祝贺。海尔晚些时候回忆道:

他是斯泰纳赫在某个时期施行最成功手术的一个70多岁老人,但他对自己恢复的精力过于自信,过度耗费精力,在其接受手术的许多年前他患过心绞痛。后因心绞痛突然发作而去世(在他将发表演讲的前一天)。他被告诫不要浪费重新获得的活力,但他忘了自己70多岁的年龄,试图像20岁年轻人那样生活。当然,结果是一场灾难。

一些批评者对种种夸张的声称大为不满,他们对整个活动大加谴责。一家著名美国医学杂志的编辑弗什拜因(Morris Fishbein)一再斥责所有种种尝试,他认为,那些做法如果不是危险的,起码也是无价值的。为掀起公众的反感,他指出,隐藏的永恒不变的议题是性复壮。复壮者因这种指责而被激怒。他们嘲笑这位编辑先生缺乏内分泌学的专业知识,指责他道貌岸然地非难斯泰纳赫和弗洛伊德(Freud)的讲学。但斯泰纳赫的声望经受住了这些争论和其后历史的考验,虽然他更多地被作为激素研究方面而不是衰老研究方面的一位伟大先驱者。

山羊腺体带来的福音

正如淘金者的好运鼓励了一大批充满希望的勘探者一样,科学与医学的进步常常吸引江湖医生和违法行医者紧随其后。其中最生动的是一位"医生"布林克利(John Romulus Brinkley)。他来自美国北卡罗来纳州的边远森林地带,后来以"山羊腺体科学"的领头实践者而闻名。尽管他只在非正统的医学院接受过基本训练(不过他声称得过3个学位),但他不乏技能,而且表现出充分的聪敏才智。1917年,他在堪萨斯州乡村开设一家小型私人诊所,从此建立了一个能吸引全国注意和数千名乐意付款的病人的"帝国"。

图7　布林克利"医生",20世纪20年代至30年代美国山羊腺体移植手术的施行者

关于布林克利开始从事复壮疗法有许多杜撰的故事,无论真相如何,他对山羊睾丸的选择,证明他有精明的商业头脑。畜牧业重视山羊,是因为山羊能耐恶劣环境并具有很强的抗病力。部分古典文学的读者,都知道具有羊腿、羊角的客迈拉生育精灵的好色名声,以及纵情声色的罗马人用山羊和狼腺诱发色情狂的故事。布林克利希望这些假设的特性(无论是真实的还是虚构的)能够被作为战胜活力丧失的同类物。

鉴于山羊的睾丸相对较小,布林克利把整个性器官植入人阴囊里,固定在精索附近。那些接受一种称为"四期手术"的病人,需支付约750美元的手术费。在植入期后,下一步骤是斯泰纳赫手术,布林克利在手术中把红汞注入输精管的末端切口。这种抗菌剂在几天内可使病人的尿液着色,无疑能消除病人对其具有不可思议疗效的疗法的疑虑。手术的第三期和第四期为由植入物分离出一条小动脉与神经,将它们连接到病人自己的睾丸上。布林克利声称,这些步骤有助于营养腺体并向其提供能量。事实上,并不存在有关神经为激素分泌所必需的有力证据,同时,所谓增加的血管可穿过坚韧的器官膜而深入腺体组织内部的说法亦值得怀疑。

布林克利避开医学机构,他基本上算是一个商人,保守着他的疗法的秘诀。唯一难得的是,他公开了自己的疗法目标与方法:

> 三周龄公山羊的腺体被植入男人丧失机能的腺体内……
> 在适当连接后,这些山羊腺体实际上已成活,向内生长,并为

人腺体所吸收,于是接受者恢复了他的体力与智力方面的活力……对于阳痿、精神错乱、动脉硬化、震颤性麻痹、前列腺病、高血压、皮肤病、再生器官疾病,以及延长寿命和重建人体,我未知悉有什么可与腺体移植相匹敌。

受到来自当地病人理想病例报告的鼓励,布林克利开始大做广告。他是美国首批认识到无线电广播具有商业潜力的人士之一,他建立了一个大西洋两岸都能接收的大功率无线电台。他推进了乡村音乐和基要主义讲道,并提供每日在扶手椅里闲谈医学话题的节目。根据各种流传的说法,他是一个蛊惑人心的演说家,吸引了遍及美国社会与经济领域的一大批虔诚的追随者。他意识到男人对阳痿羞于启齿,他理解他们的心态,呼吁妻子们把她们的丈夫送到他的诊所来。他知道女人们在感情上并不全是冷冰冰的。

布林克利醉心于对他有吸引力的宣传广告。《纽约晚报》把他的工作描述为"在不可思议的医学福音农场中的旧式宗教和新型手术"的混合物。布林克利像父亲般地照料了一个儿童,据猜测是治疗后的首位"山羊腺体婴儿"。当然,这男孩名叫比利(Billy)!

展示出山羊胡须及具有中年期退缩的发际线,布林克利给人以一种难忘的和超越生命的人格。经长距离旅行前往他的诊所接受治疗的有影响人物,包括《洛杉矶时报》的编辑和芝加哥法学院院长。由于动物器官移植并未完全超越正统科学可靠性的范围,因此在20世纪整个20年代,布林克利处于全盛时期。甚至若干医学中心与官方都建议患有各种疾病的病人,在使用传统疗法已证实无效时前往他的诊所。布林克利将为抵达那个旅游胜地车站的人们提供别开生面的多种服务。他狡猾地仿效过去江湖医生的习惯做法,坚持要病人戒酒戒烟,这样至少可将因节制饮食而带来的获益算在移植上面。

到达诊所后，病人会听到紧关在栏圈里的公山羊（billy goat）的叫声。那些博一记的病人将选择他们的供体，就好像就餐者从餐馆水族池中挑选一只大龙虾。虽然有关布林克利事业的真相对人们的吸引力并不小，但如此高水准的职业欺诈诱发了许多夸张的轶事。在一个偶然场合，一位来自波士顿的上了年纪的绅士在其汽车踏板上载着家养山羊，布林克利一改以往多种服务的承诺，大声斥责这位坚决要求在手术中使用其自备山羊的男人。那位绅士回答："我知道这只山羊能干什么！"

随着布林克利的声望日高，影响不断扩大，这位"医生"受到来自医学机构的强烈抨击，尤其是不知疲倦的菲什拜因，他把布林克利贬斥为江湖医生医术的典范。1929年，堪萨斯州医学委员会提出吊销布林克利的行医许可证的动议，他的反应是纠集一些年老昏聩的人在答辩时为他作证。这些病人正好是那些在山羊腺体手术中花掉大笔钱的人，他们通常愿意捍卫他们的堡垒，即承认健康得到了改善，或用100米短跑来证明他们的体力甚好。然而，布林克利终于被迫停止了在堪萨斯州的手术，迁移到更自由开放的州继续招摇撞骗——直至菲什拜因的网撒到他这里为止。

布林克利打出了一张可能改变其复壮诊所命运和州历史进程的更进一步的牌。在30年代的3个独立场合，他提出竞选堪萨斯州州长职位。在大萧条年代现有政治党派普遍受到轻蔑，他却拥有一大批民众追随者。他在州政府大厦的政治盟友如此强大，他们为这位著名市民授勋为堪萨斯海军的海军上将，授予他一顶双角帽、一套漂亮的军服和一把礼仪佩剑。除了他的名流身份，他还试图把自己打扮成普通人和正派人的典型代表，但恰巧还是一个反抗医学巨人的代表。结果，他还是因缺乏竞选经验而在州长选举中惜败。

布林克利被击倒，却未被击垮。在30年代中期，他又忙于为来自阿肯色州的前列腺病患者施行手术。因为当时用合成性激素替代移植体已相当普及,因此前列腺切除术已成为比山羊腺体手术更好的一种生意。他注意到性功能下降和睾丸体积的减小是前列腺病理性增生即将发生的先兆。他选择斯泰纳赫手术的目的在于,刺激间质细胞并阻止前列腺的进一步增生,以避免为切除患病腺体而进行有风险的手术。他的推断是错误的,外科手术也是无效的——但非常有利可图。

审判官似的菲什拜因在一场职业净化运动中为追踪布林克利横穿了整个美国。1939年,布林克利以诽谤罪提出索赔为25万美元的诉讼,但输掉了这场官司。1941年,他向法院申请宣告破产,尽管我们完全清楚,提出这种请求并不意味着一个男人从此不名一文。第二年,当他从因循环系统疾病而截肢后康复时,他收到美国邮政管理局的一封信,信中对他通过有关山羊腺体手术的邮件传播错误主张提出控告。这张迟到的传票,控告他从16 000名病人中收取1200万美元巨款。复壮疗法走过了很长的路,由利他主义的布朗-塞加尔实验室来到了美国的企业文化世界。

猴腺体商业

少数正统医生也推荐将动物器官用于移植。最终担任该领域领导的外科医师,是俄罗斯犹太血统的法国人沃罗诺夫。他从事相当传统的医学职业直至中年,随后转向移植外科。当他作为一名年轻医生服务于开罗宫廷时得到了一种印象,即宦官活得并不像其他男人一样长,这使他思考衰老的原因与疗法。第一次世界大战期间与另一位法国陆军外科医师卡雷尔的偶然相遇,激励他立下在复员后成为一名移植外科医师的志向。

第一次世界大战期间许多法国青年俊杰令人震惊地丧命,造成人口失衡,这促使他选择了医学专业。在法国存在着一种全国性"丈夫短缺"，许多人自前线而返时因战争创伤而致残。年轻妇女在同代人中寻找配偶时，发现他们因战争征召入伍已变得太老了。沃罗诺夫自豪地宣布，他将把自己剩余的职业生涯奉献给恢复男人体力与性活力的事业，以帮助国家重建工作。

1917年，他开始在绵羊和山羊中施展自己的外科技能。这些实验不久便得到了回报。在2年之内，他向巴黎的生物学学会和法国外科医师协会报告了初步成果。他将取自年轻供体羊的睾丸，植入阉割后或因年老而显示激素缺乏的120只公羊体内。接受移植的公羊体重增加，长有较结实强大的角，每只都能剪获0.5千克以上的羊毛。那个时候，研究人员得不到政府资助，但他大胆地提出，为有希望促进羊毛生长，以帮助支付法国战争债务的研究，提供国家津贴。

不久以后，他公布了一些给人印象更为深刻的成果。在接受外科手术的2个月内，10岁公羊显示比手术前更好斗，成功地与有效接触范围内的每只母羊交配。这简直无法归因于暗示心理学！为了反击曾经有过的及所有仍然留存的怀疑，他指出，当移植物被切除后，那些公羊又回复到从前衰弱的状态。这些移植物显然奏效，并分泌睾酮。最显著的结果是公羊寿命得到延长：它们至少比其正常的12—14岁寿命延长1/4。人们不禁想知道，人的寿命是否也能延长。

一些政府官员对沃罗诺夫应邀设法改善阿尔及利亚殖民地绵羊受孕留下深刻印象。在此期间，有人请他复壮一头老年获奖公牛（杰基是一头已完全失去使用价值的17岁老种牛）。由于从法国进口一头替代种牛的费用昂贵，故这是一项经济上极具吸引力的提议，但并非无任何个人风险。1924年3月，沃罗诺夫写道：

> 我当着许多饲养员的面，把取自一头3岁公牛的睾丸在局部麻醉条件下植入那头老种牛体内……尽管那家伙被迫侧

躺，在10名阿拉伯人手下保持这一姿势，它还是频频表现出不耐烦的迹象，使所有在场的外科医生都大为不安。

同年6月，阿尔及利亚农业学会的努维翁（Nouvion）先生写信给已举家迁回巴黎的沃罗诺夫：

> 我们施行手术的那头公牛保持着极好的健康状况，它体毛变得很有光泽，两眼闪亮……目前似乎充满性欲。最近几天，它同一头动情母牛同居，那天早晨与母牛交配了4次，这个数字创下了一项纪录。

稍后的一封信记录了杰基"简直永不停止发挥它的繁殖功能，除了没法给它配备伴侣的时候"。杰基仅在1925年就使母牛怀孕生下了6头牛犊，虽然它在3年后还需要接受另一次移植。沃罗诺夫对此深表满意：这是证明腺体移植术价值的有力证据。

1921年，他被任命为法兰西学院实验外科系主任。他通过动物实验获得的令人鼓舞的成果，使他确信当时继续莱斯顿的早期成功而从事人类睾丸移植的时机已趋成熟。他还遇到了获得合适器官供应的困难。禁止从事故受害者体内切除器官的法令令人烦恼，为获得移植材料而等候在断头台下既有损尊严又不现实。有几个年轻男人自愿捐献器官，但他们的索价过高，而上了年纪者则拒绝捐献。有关境况迫使沃罗诺夫要么完全停止人器官移植，要么求助于动物供体。

鉴于饲养动物与人类之间存在巨大的遗传差异，因此他选择用黑猩猩作供体，直至这种供应跟不上而被迫转向猴。在氯仿麻醉情况下，让供体动物都切除一个睾丸，而病人的阴囊处于外科性切开状态，使得供体组织能与原有器官缝合。一只黑猩猩能向几个男人提供足够的组织，因为它与其他雌雄高度乱交的物种一样，就其体格而言，它具有相对较大的睾丸。猴较小的性器官常常被整个移植，这需要烧出一个穿透被膜的小洞,让血管在美国称之为"装灯笼"的过程中生长。设想一下人与猴躺在相邻手术台上的手术场面——一幅动物兄弟关系的画面!

沃罗诺夫对首批患阴囊结核病的两个病人进行移植手术,移植效果令人失望,只有一人再次长出胡须。第三位患有记忆力丧失和抑郁症的59岁病人,则宣称手术后感觉好多了。第四位病人是位至今仍匿名、术前显示衰老症状的61岁著名作家,他宣称手术以后感觉年轻了10岁,即使从事繁重的工作也无疲劳感。沃罗诺夫及时抓住了一个宣传的良机,在一次医学大会上展示了他的一位病人。这位74岁的英国人原来老态龙钟、憔悴不堪、步态僵直、挂着手杖。接受移植手术几个月后,恢复了以往的壮实,变得敏捷与快活,他声称感觉至少年轻了20岁。人们不难相信他手术前后的形象逆转。

其他许多十分令人信服的实例中,病人的精神健康得到了改善,松软脂肪被吸收,头皮上很快长出头发,性功能和智力得到恢复,心脏状况也获得改善。所有这些都归功于由移植的性激素所致的生理更新。沃罗诺夫强烈否认有关他的研究工作目的是性复壮的指控,但就延长寿命而言,他愿意承受同事们的愤怒,并暗示巨大的可能性。他告诉《科学美国人》杂志的一位记者:

> 如果我们考虑到公牛1年的生命相当于人的6年生命,那么我们也许能通过移植使人的生命增加30—40年。但我无法讲述我们会取得什么样的明确成果,因为我们仅仅是在最近5年内才成功施行了腺体移植……当人有望活到125岁时,我们才算找到接近于消除衰老的途径。

沃罗诺夫享受着他的全盛期,经常遇到邀请他作演讲以及记者采访他最新案例的烦恼。像其他复壮者一样,他是自我宣传的大师,不过

图8 沃罗诺夫医生的一位病人,曾接受"复壮疗法"的山羊腺体移植手术。小图为手术前

他的风格比斯泰纳赫更温文尔雅，比布林克利更老于世故。许多见过他的人回忆起来都认为他具有伟人的"风度"。虽然他经常严阵以待，随时准备对付医学机构中持批评意见的同行，但他魁梧的身材、大度的举止及优雅的法兰西风度给病人和低资历医师留下了深刻印象。

沃罗诺夫被公认为欧洲睾丸移植老前辈的时候，他在美国的对应人物是美国芝加哥医院外科主任托雷克（Max Thorek）。他俩同为所谓"猴腺体运动"的先锋，因为当时美国记者被禁止在出版物中使用"睾丸"一词。托雷克相信，猴腺体移植术，"彻底成功"地战胜了性激素缺乏症和神经病。1919—1923年，托雷克小组进行了97例猴腺体和人腺体移植术，宣称有59位病人的情况获得明显改善。他具有法国人式的极端谦逊，但又谨慎地与任何有关移植将可延长生命的声明保持一定的距离。在他俩之间亦存在有关性激素来源的意见分歧。沃罗诺夫认为，小管负责产生精液和激素，脂肪间质细胞仅仅为它们提供营养。托雷克则赞成斯泰纳赫有关间质细胞是睾酮来源的观点。他是一位比沃罗诺夫更会使用显微镜的研究者，发现间质细胞在移植后比小管更易幸存，最终证明他的观点是正确的。

大西洋两岸的淫秽报刊的编辑与业主，借着有关猴腺体移植的故事为所欲为。于是，有关出租车司机被拦截和他们的腺体被抢劫后在黑市上出售给老龄百万富翁的无稽之谈开始流传。民众对遗传学原理的普遍无知，使有关男人经猴腺体移植注入新活力后很可能生出新奇混血儿的传闻也招摇过市。这些荒诞不经的事为漫画家乃至剧作家提供了足够刺激的素材。盖默（Bertram Gaymer）根据猴腺体商业写了一本名为《腺体窃取者》的通俗幽默的讽刺诗文。肖（George Bernard Shaw）讥讽道："不管沃罗诺夫医生造就其优良无尾猿的成果如何，人将仍然是他自己。"

不久以后，爆发了比布朗-塞加尔的宣称引起的更强烈的对这项医学突破的伦理学批判风暴。在英国，反对动物实验手术者一度与职业生物学家联合行动（如果他们具有不同动机的话），掀起一股阻止猴腺体疗法传入该国的思潮。不管世界大战后社会变化如何，人们对性功能仍然抱有过分拘谨的态度，许多人坦率地认为复壮是不道德的——尤其是如果它依靠性器官疗法以对抗自然衰老。这种反感反映在一本很有影响力的斯塔尔（Sylvanus Stall）著《中年男子必读》一书中：

> 虽然妻子丧失了怀孕与生育孩子的能力，但作为长期婚姻生活期间双方协调得像一部复杂而又完美的机器之各部分的自然状态，被认为是合情合理的。目前发现，丈夫与妻子彼此之间体质方面虽有很大不同，他们会继续和谐地协调余生。

这种婚姻生活理想化的观点，随着对性问题更开放的讨论而受到缓慢地侵蚀。英国避孕法的先驱斯托普斯（Marie Stopes）收到过大量有关男人对自己中年期性机能和身体外表感到忧虑的透露两性内情的信件。腺体移植为他们——也为其配偶——带来了很多希望。

不管传统主义者的本能反应如何，20世纪20年代对于沃罗诺夫和复壮活动来说是个理想年代。连英国医学机构也缓和了他们的态度。作为一种好兆头，皇家外科学会选定睾丸移植作为1924年度著名的亨特演讲会的主题。演讲者沃克（Walker）医生宣告，这些成果"大有前途"。甚至《英国医学杂志》也对沃罗诺夫的第二本著作作了赞扬性评论：

> 沃罗诺夫医生是许多误传和偏见的受害者，这主要是由于非专业的媒体对他的工作认识不足……将猴组织用于男人复壮，就好比回归我们的祖先，以求返老还童，这无疑具有尚未得到公认的某种幽默因素……睾丸移植是值得认真对待的事。

终于赢得了尊重！

复仇女神

随着20世纪30年代大萧条年代宣告了一个更清醒时期的到来,复壮者的命运开始逆转。收入下降,另一场潜伏的欧洲战争隐隐出现。老龄问题被认为比起为维持基本生活标准的斗争显得不那么紧迫。

与此同时,医学界与科研机构中关于复壮疗法价值的争论达到了白热化程度。若干国家已注意到沃罗诺夫声称的腺体移植具有商品农业的重要意义,官方同意进行调查。一个来自英国、法国、意大利、西班牙、阿根廷和捷克斯洛伐克的一流科学家小组,聚集在英国皇家学会会员、剑桥大学生理学家和生殖生理学经典研究的创始人马歇尔(Francis Marshall)周围。1927年11月,这个考察团从欧洲启程前往阿尔及利亚会见沃罗诺夫。

图9　1927年,国际科学考察团成员至阿尔及利亚考察沃罗诺夫医生(左4)的声称

在抵达首都阿尔及尔以外约32千米处的布格勒后,考察团听了沃罗诺夫的一次公开演讲。沃罗诺夫向来访者提供了大量研究资料,展示了他的移植动物,包括公牛"杰基"。沃罗诺夫陪同考察团前往位于干旱贫瘠的南部地区的研究站,那里因有经腺体移植培育出的"超级绵羊"而出名。似乎无可置疑,接受移植的绵羊要比羊群中其他的羊体重更重,而且长得更健壮。一位友好的阿拉伯牧民告诉考察团的一位英国成员:"我们始终保证把最好的动物提供给沃罗诺夫医生"。他也许想要提高该项研究的声望,或者认为以前对研究人员的肯定还不够。如果是这样的话,他的愿望起了反作用,因为对动物品质的任何人为选择会使结果出现偏差。这种可能性使考察团的英国成员对余下的考察感到不安。我们永远无法知道沃罗诺夫是否被他那些好心的助手所误导,就像孟德尔的修道士据怀疑在他的菜园豌豆遗传学历史性研究过程中"整理"所收集的数据。

代表们回国之后,准备向本国官方提交他们目睹新方法的报告与推荐意见。唯有英国代表持批评态度。他们没有公开嘲笑这项研究,但他们对研究记录保存和对受宠动物的选择性偏差转弯抹角地予以批评。杰基的例子尤其使英国科学家小组怀疑,因为任何活到17岁的公牛必然是例外。绝大多数公牛在约3岁时就达到生长高峰,10岁时就已远远超过其黄金期。那份报告说:"虽然杰基这个例子为沃罗诺夫如此约略勾画的假说提供了支持,它不能(他所记录的其他案例也不能)作为沃罗诺夫复壮论点有效性的最后结论性证据而被接受。"沃罗诺夫对那些英国人怒不可遏。他谴责他们与专家小组的主要意见格格不入。但英国科学界抱成一团,宣告沃罗诺夫的主张未得到证明。

就在这时,出现了一位年轻的生物学家,他满怀信心地涉足该领域,准备澄清被前辈们搅得不知所云的情况。他就是美国芝加哥的穆尔(Carl Moore),期望像斯泰纳赫所演示的那样在老年大鼠中实现复壮的可能性。他试验了睾丸移植和输精管结扎,但两项工作无一取得肯定的结果。

穆尔在检查进行输精管切除术的动物睾丸时,既没有发现早先所报道的输精管退化的症状,也没有发现任何有关激素产量变化的证据。他调查了从其他大鼠阴囊中勾出睾丸,把它们用针缝入体腔较温暖的环境的差异。这一过程模拟了男人偶然发生的睾丸未降(即"隐睾")。鉴于精子突然停止产生,显然精子产生需要比身体深部体温更凉爽的环境。穆尔细心地想到可能是拙劣的外科技术阻碍斯泰纳赫的大鼠睾丸下降至其正常体位,那些夸张的声称可能只是热损害的一种人为假象。斯泰纳赫手术对病人可能不会有任何伤害,但其获益很可能更多在于心理学方面而不是器官方面。

穆尔还对斯泰纳赫相信腺体移植予以尖刻抨击。"人体内没有任何器官受它本身产生的产物引入的刺激而增加机能……在有关其他腺体及睾丸本身皆为否定证据……的情况下,人们为什么应当猜测睾丸激素会复活所谓机能减退性睾丸?"

批评性意见日益增多,包括来自法属摩洛哥相对偏僻的地区在内的许多地方。有关沃罗诺夫研究的新闻传到一位兽医外科医师韦吕(Henri Velu)那里,他尝试在自己的羊群中重复上述研究。他发现正如沃罗诺夫所讲的那样,在移植部位存留着硬组织的肿块。但他在使用显微镜观察时,只发现留下的伤疤。没有一个来自器官移植物的单细胞存活时间超过两个星期!韦吕的结论未受到普遍欢迎,尤其是那些已在实践中采纳了腺体移植的同行们。但韦吕采取寸步不让的坚定立场,最终证明他的结论是正确的。

当腺体移植的船队开始下沉时,另一个复壮者的声望却在上升。尼汉斯(Paul Niehans)吸引世界上一些富翁与名流到他开设在瑞士的高级诊所就诊。他的病人包括毛姆(Somerset Maugham)、科沃德(Noël

Coward)、阿登纳(Conrad Adenauer)、温莎公爵及其夫人,这是否属实皆无关紧要,谣言正是他所需要的宣传。1935年,在应召为患病的教皇治病后,他的威望几乎达到无可复加的地步。

当他还是一位年轻医生时,尼汉斯用斯泰纳赫手术也取得较差的效果,他认识到需要有新疗法来解决老问题。于是,他发明了"细胞疗法",把它定义为是"一种在生物学基础上治疗整个生物体的方法,它能够用胚胎或年轻细胞产生的无数细胞为人体注入新的活力"。他创造的深受老年人喜爱的疗法之一,是注射来自绵羊胎儿的细胞。这种做法主要基于卡雷尔的实验,那些实验表明(后来证明是错误的),细胞可在添加胚胎提取物的离体条件下生长。尼汉斯认为,由年轻细胞产生的物质会随年龄增长而逐渐丧失,且需要不断替换。这是虚假科学,它无助于可敬的老年病学家设法摆脱这一专业来自江湖医生的声望。

这个时期,有关外源细胞能否在不同机体内长期存活的问题开始出现。胎儿细胞和胎盘细胞在遗传上不同于母体细胞,能在整个妊娠期被母体接受,但这是一个特例,不适合其他时期和其他物种的移植物。长期以来,存在着一种混乱的概念,认为如果机体"需要"外源移植物,它们就能被接受,但期望外源器官能在体内存活,仅因为天然器官太缺乏或无活性,这是一厢情愿,以后人们逐渐认识到,正如卡雷尔所告诫的,机体排斥外源移植物,但无人知道体内对移植物的耐受限度。对那些不从结果中谋利和具有新思想的人,必须置身于这些神话之外,把眼光投向移植的自然规律。

第二次世界大战后不久,梅达沃开始探索皮肤移植可否成功用于治疗灼伤。他发现,来自一个品系小鼠的皮肤在移植后始终被不同遗传品系所排斥。当该手术照先前方法在同一供体中重复进行时,排斥甚至变得更为迅速,这表明免疫系统有一种记忆功能。不管移植是否有利,但两个品系之间的遗传差异越大,手术重复进行得越频繁,受体的反应就越激烈。除同卵孪生子和近亲交配动物的情况以外,每个个体都有独一无二的遗传学独创,会对经识别不同于其自身的任何植入物产生敌对的免疫反应。梅达沃的研究有效地消除了有关在两个人或两个物种之间进行移植的细胞和器官的任何怀疑。

复壮者们违背了免疫学的基本原理,误解了他们的成果。由动物到人及由人到人移植的腺体,至多在1—2周内便会死亡,而且重复移植物死亡得还要更快。进一步研究发现,移植物在退化前通过分泌激素所产生的短期效应也是无法证实的。睾丸仅贮存一个正常男人每天需要睾酮量的1%(7毫克),所以睾酮必须由一个健康人睾丸不间断地产生。

到20世纪30年代,腺体移植者在愤怒的病人(而不是媒体)的痛击下歇业了。有证据表明,这种手术不仅无价值,而且也许有害。正因为如此,提出补偿的要求日益增多。溃疡和脓肿的疼痛刺激,提醒病人被虚拟的承诺所欺骗,一些病人仅满足于私下交易所答应的补偿金额。外科医师幸运地避免陷入更大的困境。供体器官虽获自貌似健康的男人,但仍存在传播传染病的危险,尤其是对易受感染的病人和上了年纪的病人。猴腺体同样不安全,因为它们传播许多严重疾病,包括结核病、肝炎、马尔堡热及其他疾病。

并非一切移植手术都理所当然地遭到轻蔑,当移植物和受体属于遗传学同卵时,那么就存在着移植物被"接受"的一种强有力基础。1941年,一位因遭工业事故而被阉割的美国人的睾丸,经机器中剥离、绞碎,注射入他的腹肌。很难说这种自我移植正像所声称的那样提高了他的睾酮水平,但1977年在圣路易斯进行的另一例手术则取得了完全令人信服的结果。

一位警察在出生时没有睾丸,他的同卵孪生兄弟在生儿育女后愿意捐献出一个睾丸。显微外科医师西尔伯(Sherman Silber)把这个器官植入无睾丸同卵兄弟的空阴囊内,并对血管和输精管的游离末端进行必要的管道吻合手术,使得循环得以恢复及精液可通达阴茎。该手术不久后被鉴定是成功的,患者的血液睾酮含量在几天后上升至正常值。他的精液中出现了精子,后来他生了4个孩子。这位愉快的男人后来去拜访那些外科医师,请求施行输精管切除术——但他们断然拒绝毁掉其亲手创造的奇迹!

这一技术绝活标志着外科技艺加上同卵双生之爱的顶点,但它对大多数不育男人无济于事,因此,睾丸移植的篇章结束了。器官移植以拥有众多著名医师的杰作而自豪,成千上万的人感激赠予他们的肾、心脏或其他器官,当然来自同卵孪生的供体可能性极小,因此,与受体紧密融合和抑制免疫系统使器官存活取得了突破性进展。假如他们存活至今,复壮者没准企图从这种进展中重新赢得声望,他们给科学留下的遗产,就像他们给予病人的那样是不结果实的。复壮者们在充分的基础研究之前不顾后果地施行手术,严重曲解了性与衰老的关系。

衰老问题远比他们想象的要复杂得多,我们目前知道虽然某些症状与性激素有关,但并非所有症状都是因性激素水平的下降而引发。复壮者至多使此种活动不中断,直至科学为进一步的进展做好准备。化学内分泌学最终胜利了,证实了几个世纪以来关于性激素存在的细微迹象。纯净的合成激素,不仅可用于节育和治疗内分泌失调症,而且也为腺体移植者一贯介入的某些疾病缓解提供了一种强有力的治疗手段。没有激素替代疗法的争论,就不会在这方面取得进展,科学仍未达到可对性激素在衰老过程中扮演的角色作出最终定论的地步。

第八章

激素时代

良药苦口利于病。

——中国古谚

秘方、饮剂与萨蒂利孔

药草疗法被忽视几十年后又在民众中重新流行。我们变得非常熟悉合成药物,以至于直到最近,几乎忘记所有药物都有其天然来源。尽管动物药材是江湖医生行医中一种重要组成成分,在现代药物中仍扮演重要角色,但迄今为止,在可接受性方面仍然不存在复苏的迹象。超越争论范围之外的,是动物制剂理应得到某种信任,因为目前着手进行的激素及其作用的研究已给人类和动物都带来无法估量的好处。

布朗−塞加尔用于治疗衰老和阳痿的长生不老药是这类最重要的先驱药剂之一,尽管它最终被证实是无效的。支持它的观点,也许应更多归因于从古代世界到维多利亚时代科学一直流行的思潮。在罗马街道与市场上,就有叫卖用于治疗各种神经病和促进性无节制恢复的山羊和狼睾丸制剂。卡利古拉(Caligula)和尼禄(Nero)据说使用"情人水"(*aquae amatrice*)在纵情声色时获得较强的持久力,罗马皇帝克劳狄(Claudius)有性乱行为的第三位妻子梅萨利纳(Messalina)给她那些筋疲力尽的情夫服用萨蒂利孔以恢复精力。

喜爱观看维苏威火山喷发、好奇而不怕死的古罗马作家老普林尼（Pliny the Elder），对当时的用药处方作了详细记录。有几百种不同的动物与人的产物用于配方。煮沸的乌鸦脑或猫头鹰脑用于治疗头痛，驴肝用于肝痛，野兔肾用于肾痛，野猪的膀胱（包括其内容物）用于结石所致的急腹痛。男人被劝告食用动物睾丸以战胜阳痿，而野兔的生殖器则是帮助妇女怀孕的极佳之物。

雄性器官在多种文化和宗教团体的药物学论著中大量出现。从中东到中国，猪、狗和绵羊的未经加工而晒干的睾丸被推荐用于恢复力量与生育力。用一种器官制品治疗相同器官的疾病——既不是不合理，也不是新奇的治疗原则。1000多年后，卡尔佩珀（Nicholas Culpeper）在提交给伦敦皇家内科学会的《药典》中列举了许多动物制品：

> 干透（但不是用火烤干）的狐肺能极好地增强肺的活力。
> 鸭肝能止泻强肝……成年牡鹿可助泻，应付毒物咬伤，利尿，
> 激起性欲。

动物性器官通常在处方中用以增强力量，改善生殖力和男子气概，治疗年长者的虚弱。根据萨蒙（William Salmon）的《药典》中一个值得重视的条目记载，在17世纪，睾丸仍是治疗男性问题的主要处方：

> Sperma hominis，精子，精液。帕拉塞尔苏斯用它治疗侏
> 儒。经验证明它能有效治疗生殖器功能低下。

在文艺复兴时期，对一种器官疾病使用相同器官的制品进行治疗的原则，被激进的瑞士医师帕拉塞尔苏斯（Paracelsus）提升到神学教义的程度。在他所想象的以人为中心的宇宙中，他认为世界是上帝特意为我们创造的，所以，每种动物和植物都具有其特定的用途。根据这种"识别标记教义"，疗肺草的叶有治疗肺病的价值，藏红花的染料用于治

疗黄疸，红葡萄酒可缓和血液病和贫血。曼德拉草的显著雌雄同序形态已推荐用于治疗远在《圣经·旧约》时代的性疾患，雅各（Jacob）的妻子拉结（Rachel）佩戴该植株作为护身符后竟怀孕了。不育在当时与现在一样——或更甚——是精神痛苦的原因。

我们不知道是谁发现了睾丸成为男人生育力和阳刚之气所必需，但这种观点必然引起对史前期智慧的猜测。睾丸的偶然损伤或天生无法降至阴囊适当位置时，男人阳刚之气的影响长期受到人们的注意。直到相当晚才得出准确的生理学解释，但存在着大量的推测。亚里士多德（Aristotle）知道睾丸为生育力所必需，并指出需要以它们作为重物压迫输精管！

当人们认识到阉割对动物的性情以及肉的风味和多脂肪产生有益影响时，农场主就使用这一技术以获利。这种做法一直延续至今。在古代男人似乎是例行公事，毫无疑虑地进行相同的疗法，但这种割损手术不像如今那样被否定。宦官把持了社会的几乎每个等级的职位，从奴隶、仆人到朝廷官员和后宫管理人员，甚至特殊场合的军队将领都做阉割手术。

卵巢，一对胡桃大小的器官深深地藏在女子的腹腔内，平时不大引人注意。解剖人体时，它们极易被观察到，尤其是老年妇女。从埃斯库罗斯（Aeschylus）时代起，男人被认为正像在其他重要事务中一样，在人类繁衍中起着首要作用。埃斯库罗斯认可的在民间流传的种子与肥沃土地的隐喻中有轻视母亲的成分：

> 母亲不是生养了所谓她的孩子；而是她滋养了播种在她体内的种子。真正生养者是使她受精的男人。只要神不损害它，母亲——一个局外人——保护一粒外来的种子发芽，并很快地生长。

17世纪的一些早期显微镜学家甚至宣称,他们能在精子头部看到一个小人或"雏形人"。这种古老的神话首先被科学家不加批判地所接受,但他们最终还是破除了它。17世纪后期,荷兰代尔夫特的一位内科医师格拉夫(Regnier de Graaf)意识到"女性睾丸"的重要性,尽管直至1834年才在显微镜下鉴定出第一个哺乳动物卵细胞。不久,人们认识到,女性实际上为胎儿作出了更大的贡献。活物皆始于卵,这一原则自远古以来就适用于产卵物种,现在科学把新发现的哺乳动物卵提到了同样高度。假如卵巢的重要作用更早被猜到,它们肯定不会被排斥在古老药典的配方目录之外。

虽然江湖医生不大可能成为一个受尊敬的行当,但在生理学和药理学诞生之前,有些走方郎中还是得到谅解的。他们同行中的一些人可能通过他们自身有成效的行医而做了广告。他们的现代同行虽然要懂得更多,但仍然企图从恐惧、愚昧和迷信中获利。我们大多数人,尤其是在常规治疗失败后的危急关头,都会作最后的绝望挣扎。一位英国新汉普夏郡的妇女,在求诊于一大串医生的过程中耗费了大量金钱,之后接受"替代医学"的劝告,被诊断为不育症和雌激素缺乏症。据医药商介绍,在一些有想象力的药名中,有未经加工的卵巢、子宫、肾上腺和脑垂体加上维生素、矿物质和"RNA粉剂"的胶囊。我们不知道这种粗制品在双盲临床试验中会有何表现,厂商根本不搭理我的问询。这种小事件表明,软弱和轻信仍然会使某些人成为花言巧语的商贩的牺牲品。

大多数人会被告知,这些器官制品对病人或动物可能无害。不幸的是,对于东方同行认为可增加性功能及强身健体的犀牛角粉和虎骨药酒来说,绝非无害。我们只能希望,这种疗法能在把这些珍奇动物推向绝境之前结束。

有一个一文不花、从未损害过任何人,且仍有少数拥护者拥护的秘方——净尿。据说临睡前服用少量净尿可延年益寿。尿液含有健康人所必需的宝贵的微量糖、蛋白质或其他营养素,是机体维持氢离子平衡和消除过多盐分与废物的正常途径。看来此举似乎无意义,让机体排弃的东西重返机体甚至是荒唐的。然而,尿制品的确有某些功效。

如果目标是使体内缺乏的某种重要物质得到补充,从逻辑上来说,应从拥有过量此类物质的人体中获得。绝经后的妇女在其尿液中分泌了大量致育激素,该激素也许能用以治疗不育症,同时,她们则可从动物尿液中富含的雌激素获益。当今有数百万妇女每天服用倍美力(Premarin)药片形式的尿类固醇,其所以取此药名,是因为该药用"怀孕母马的尿"(pregnant mares' urine)制成。我们倾向于认为激素替代疗法(简称HRT)是一种新进展,其根源比大多数人所认识的要更为久远些,但直到后来才真相大白。

中国疗法

在西方科学家刚开始推测性激素可能存在之前很久,中国人已使用从尿液中提取的半纯化的雌激素来对病人进行治疗。据猜想这种制剂可恢复生育力,以帮助病人生儿育女、延年益寿。

东方科学更多地依赖于传统和哲学,而不依赖于经验观察,过去中国人对性生物学的无知与西方不相上下,认为各种器官都把"精"注入血,以帮助维持机体的一种健康平衡,阻遏衰老的进程。尿疗据认为可校正阴阳失衡。按照道家哲学,天地万物之间的和谐,依赖于对立面的平衡:动与静,暗与明,雌与雄——这些皆由**阴**与**阳**象征性地代表。

这种法则并不完全与西方见解相异,并为一些一流生理学家所接受。当一组肌肉收缩时,拮抗肌则产生松弛。如果不这样,我们就一动不能动,因为我们的肌肉彼此不和。此种互逆性亦存在于生殖与泌乳以及排尿和射精过程中。在刺激与抑制之间达到一种平衡,尽管这一平衡还无法在相反力量之间保持一种持久的休战状态,它在需要时会倒向一个方向或另一个方向。这种平衡作用是激素与神经在起作用,尽管古代中国人并没有了解它们如何工作的先见之明。

据中国文献记载,大约在公元200年有三位方士,"率能行容成御妇人术,或饮小便,或自倒悬,爱啬精气,不极视大言……凡此数人,皆百余岁及二百岁也"。他们所以如此有影响,是因为他们使饮尿的功效广为人知,以及延续几世纪的实践方面的功过。公元1350年,当时最著名的医生、化学家之一朱震亨回忆道:"曾见一老妇,年逾八十,貌似四十,询其故,常有恶病,人教服人尿,四十余年矣。"此种获益非常普遍,男女皆可受益。两个世纪后,李时珍建议病人饮尿以"散血,滋阴,降火,杀虫,解毒"。他痛斥"服者多是淫欲之人,藉此放肆,虚阳妄作,真水愈涸"。这些论断与布朗-塞加尔及其追随者在300多年后所作的结论相似,但道家的性哲学并不如此悲观。

中国化学家开始着手提纯尿里的活性成分(秋石)——不是为了科学的好奇心,而是为了满足富裕贵族的需求。尿液有一种难闻的气味,但商人乐意予以关注,使其更加可口。用于尿液提取过程的方法,比布朗-塞加尔用于睾丸提取的方法要更精致复杂,而且容易成功。当著名的剑桥大学生物化学家与汉学家李约瑟(Joseph Needham)翻译中国古代文献,揭示了存在于公元900—1500年中国名副其实的制药业之后,这些方法才为大家所知。把每次收集来自成年人的900升天然尿液贮存于大桶,静置一段时间后,就有固体物沉淀出来,收集后把其放在一种特殊容器中加热,直至被纯化。把这种冷凝物质磨成粉末,与海枣粉混合后制成绿豆大小的药丸供服用。

尿液里含有许多类固醇,其中的大多数浓度低,且无生物学活性。血液中许多激素类固醇最终与机体产生的硫酸盐或葡萄糖苷酸盐离子结合,这样它们变得更可溶解,很容易从肾脏排泄出去。即使如此,从尿液中提纯激素比从血液中提纯激素更可行。血液中高浓度的蛋白质阻碍激素提取,而腺体组织也会传播疾病。

李约瑟生活在20世纪30年代,正处于类固醇生物化学取得革命性进展时期。引起他对这些历史性发现注意的是,来自两种极不相同传统与哲学的技术之间的惊人趋同。经验化学开始在西方兴起前很久,中国就以某种方法发现了纯化类固醇所需的合适温度。他们的配方几乎必定可生产出经口服仍有活性的雌激素。更令人注意的是,靠运气或聪颖,在明朝时期中国人就使用取自怀孕母马的尿液和人胎盘,这是雌激素特别丰富的来源。假如李约瑟的新发现早一个世纪作出,贝特霍尔德和布朗-塞加尔也许在尿液提取物方面会获得更大进展,内分泌科学可能免遭一次艰难的"分娩"。

在如此给人以深刻印象的开端之后,由于人们未充分理解尿液制品与性腺之间的关系,因此中国的科学在16世纪后仍停滞不前。西方研究最终获得成功,是因为它证明了那些激素来自何方。

激素替代疗法的神秘助产士

即使卵巢的生殖作用长期未被揭示,人们早就知道它影响行为和塑造身体。亚里士多德在他的《动物志》中记载了"切除母猪的卵巢有抑制其性欲和刺激体格与多脂生长的作用"。这些影响广为人知,以至于在整个中世纪畜牧业都需要"阉割母猪的人"。但直到晚近才有人提出卵巢产卵,直到布朗-塞加尔才猜测有一种激素作用。他假设卵巢产生了"使精力充沛的物质",但认为它们并非最有效,劝告妇女还是服用睾丸提取物。他的哲学是,对雄鹅有利的东西亦对雌鹅有利!

这种态度在今天看来似乎有性别歧视之嫌,但他鼓励其他研究人员试验用卵巢提取物以缓解绝经期病症。恰到好处的是,正是两位有胆识的妇女响应了这一倡议,她们用她们的疗法或许比他用他的睾丸复壮物取得了更大的成功。这一幕掀开了激素替代疗法故事的第一章,其记录却仅比布朗-塞加尔的一篇论文里的脚注稍详细一点。他简单提及了一位巴黎助产士在妇女中试验卵巢提取物的情况,这些受试妇女中的一些人减轻了绝经期症状。遗憾的是,这些就是我们所知道的有关激素替代疗法的神秘助产士的全部情况。

一位与布朗-塞加尔教授非亲非故的布朗太太(Mme Augusta Brown),进行了一项重大试验。维多利亚时代的中产阶级企图使妇女远离商业与职业生涯的尝试,大多数医学院把妇女排除在它们的演讲厅与解剖室之外。1812年,在爱丁堡获得资格的首位英国女医师,只是在把自己假扮成男人,以巴里(James Barry)的假名才如愿以偿。巴里以充分的自信成为医院的一名杰出军医和监察长,直到她死后才揭开其真实身份。继她之后成功的其他女性是靠勇气和决心才获得医生资格的,但仅能在法国或瑞士先进的医学院中获得这种资格。那位神秘的布朗太太也许是男性偏见的受害者,尽管据说她是巴黎医学院的一位美籍毕业生,但在档案调查中未找到她的医学论文,她亦没有在学术性刊物上发表过实验报告。除著名的布朗-塞加尔是个例外,当时的大多数评论者在引证她的研究工作时总是略带轻蔑的语调。

布朗太太从成年豚鼠的卵巢制备提取物,然后将其注入几十位中年妇女体内。许多受试者报告她们的感觉与睡眠都较好。一位丧失其出色嗓音的妇女声称,她的喉咙经治疗后得到改善,尽管这似乎不大可能。

很难评价布朗太太上述努力的真正效果,因为她的临床试验忽略了对照组,因此有很大欠缺。绝经期症状对安慰剂效应很敏感,这使我们无法确定那些受益是否是想象多于实际。即使如此,卵巢提取物极可能含有雌激素,可能有某些作用。假如她用酒精代替水从腺体中提取,这样得到的制备物会更有效。布朗太太是幸运的,因为卵巢的卵泡里有现成可供利用的雌激素。这些充满液体的囊看上去很像卵巢表面凸出的水疱,每个水疱内含有一个宝贵的卵细胞。她不仅合理地假设绝经期及其症状归因于卵巢的缺陷,而且令人信服地提出卵巢替代疗法会逆转卵巢因活力不足导致某些问题。

正如许多开创性工作一样,器官提取物一开始就引起了争论。一批制造商出现在法国并在其他地方销售只有较小或无激素效力的并无治疗把握的产品。他们既不知道这些稀罕产品的化学成分,也不知道这些卵巢提取物作为抗癌药物进行销售更为合理,因为排卵后由各卵泡形成的黄体富含类似于维生素A的类胡萝卜素(尽管"黄体"实际上并不是黄色,在人体中看上去像一个樱桃)。

现在并不缺乏以工业化规模进行生产所需的原料。猪和牛的卵巢以前与屠宰场其他废弃物一起被丢弃,现今却出现了一个渴求它们的市场。把它们放入水、丙三醇或酒精中磨成糊状物,从中制备提取物,成为适合于注射用的针剂。由于当时的许多人对皮下注射比现在更害怕,因此它们也被制成了口服制剂。把卵巢组织干燥后磨成粉末,做入外裹糖衣的药丸使人吃起来更可口。商标名为 Ovarine、Ovaraden、Oophorin 和 Ovowop 的制品在一段时间里备受欢迎。一些食欲较强的人,把他们的激素疗法变为可在三明治中夹入新鲜绞碎的卵巢的形式。

如今,我们对一个如此大量的激素配制与送货系统感到理所当然。激素替代疗法在当时已有争议地成为那些战胜流行病后妇女们的一种最好的预防性健康护理措施。从事激素替代疗法的那位敏锐的助产士和布朗太太长期未受到公认,是令人吃惊的。

激素研究的英雄辈出时代

在实验医学中,病人或医师是否有胆量,常常是一个争论不休的问题。但在20世纪30年代初,化学家无可非议地成为激素研究的英雄。他们把对性疗法的粗浅探索变成一项生产可用于所有人的激素的事业。

发现与提纯一种新激素的过程是艰巨的,并且常常使人失望。从腺体或体液的粗提取物开始,费力耗时地渐次制备纯净的馏分。在制取过程的每一阶段,都必须测试激素活性,以检验它确未失去活性,否则将前功尽弃。当取得成功时,回报只是少量宝贵的纯净激素结晶,而最终目标是要测定它的分子结构,力争用化学合成法合成它,否则那些药物在医学中的前景黯淡。在高级实验室设备问世前的年代,这些工艺实施并取得成果需要大量的灵感和汗水。

激素研究取得迅速进展大约在20世纪初,研究对象是肾上腺素和甲状腺素,因为这些激素分别大量贮存于肾上腺与甲状腺内。研究证明它们是由氨基酸衍生的相对简单的分子,因此容易被合成。已证实胰岛素的提取更为困难,因为它是一种蛋白质,并仅以有限数量存在于胰腺中。到19世纪90年代,人们发现胰腺机能障碍会引起糖尿病,但旨在用这种器官分离胰岛素的反复尝试都归于失败,因为它在提取过程中经酶作用而失活。虽然对胰腺的全部作用了解得不多,但它确实能帮助大量等待治疗的病人。坚持不懈和富有青春活力的乐观终于赢得了成功。1923年,加拿大多伦多大学的班廷(Frederick Banting)和贝斯特(Charles Best)设法生产了一种半纯净制品,能使糖尿病人的血糖水平下降。对糖尿病的研究从此兴起。着手解决内分泌学中另一个最引人入胜的秘密的时机已经成熟。

1906年,马歇尔在爱丁堡推测,是卵巢产生性激素,他甚而考虑提取它们，但由于既无手段也无经验，因此无法实现这一目标。另一个17年过去了，科学家们才向前迈进一大步。美国生物学家埃德加·艾伦（Edgar Allen）和化学家多伊西（Edward Doisy）组成一个研究小组提取来自动物卵巢的激素。虽然他们发现了一种能测试制备物药效的有效途径，但4年后仍未得到纯净的激素。被阉割的雌性动物接受雌激素治疗后，它们变得适合再次交配，阴道壁细胞变厚、变干，以避免交配期间的磨损。在化学方法应用前，这种天然反应的发现开辟了测试激素制品药效的途径。

艾伦和多伊西明智地避免用血液作为提取雌激素的原料，因为血液所含上述具有非凡药效激素的浓度低得难以察觉。其在血液中的浓度在月经周期的波动均值大约仅为100皮克每毫升血（即10^{-10}克每毫升），即便如此低的浓度，亦比大多数家畜中的相应浓度高10倍。这种极低浓度，相当于把一块方糖溶解到一个大游泳池中所获得的浓度。那种糖溶液连最具分辨力的舌亦无法尝出甜味。但阴道、子宫与乳房细胞，却能觉察出更低浓度的雌激素。原因在于血液中的雌激素仅有1%具有生物学活性，其余则与蛋白质相结合。对激素的特别敏感性，有赖于上述细胞的特殊受体分子。每种激素分子在获准进入细胞核，并通过基因产生其特殊生物学效应之前，就像钥匙插入锁孔一样与其相应的受体结合。每种性激素打开遗传宝库中的一个特殊部分，而其他激素同样也具有各自的受体与作用，否则激素的语言会由清晰的信号衰退成混淆的胡言乱语。

对尿液药效的重新发现，是雌激素研究的转折点，在西方，尿液先前更多仅被用于诊断，而非主要的治疗药物。就像灵媒求助于她的水晶球，医生有时根据尿的颜色与沉淀状况作为健康与疾病的预兆。1928年，两位德国医师取得了惊人进展，阿施海姆（Bernhard Aschheim）和宗德（Selmar Zondek）发现了人和马在孕期时尿液中含有大量的雌激素。这是化学家所需要的幸运一击。将关注对象由卵巢转移到人尿,使雌激素家族中的第一个成员被多伊西于1930年迅速发现,这种激素是雌酮,仅仅1毫克纯净的这种类固醇就足以使1万只小鼠处于性狂乱状态!当时,其他研究人员用怀孕母马的尿液代替人尿,亦发现含有大量的雌激素,其中有些是马特有的(马烯雌酮和马萘雌酮)。

不久之后,在伦敦大学努力工作的马里安(Guy Marrian)分离出雌激素家族的第二个成员。这种激素由胎盘产生,尽管药效不大,但却是人妊娠期尿液中最丰富的雌激素。它被证实是我们人类所特有的,叫雌三醇。直至1935年,仍未找到王冠上的宝石。在美国肉食品加工公司约10万头母猪宰后,从畜体中收集到4吨卵巢,进行大量提取工作终于得到几毫克雌二醇结晶。它是月经周期的主导雌激素,是雌激素家族中药效最好的(且最不丰富)的成员。

与多伊西发现雌酮的同时,一种稍有不同的"雌性"激素被美国的威拉德·艾伦(Willard Allen)和科纳(George Corner)在黄体中发现。动物要进行交配完成妊娠,雌激素必不可少,对于子宫内的胎儿孕育至关重要的这种新激素被称为孕酮。它被公认为具有相关作用的称作孕激素类的激素类固醇小家族中的早期成员。

所有这些激素导致了对妇女健康和控制生殖过程的具有重大意义的发现。按合法程序,它们被用来进行口服避孕药的开发和对不育与绝经期更好的治疗。

复壮者对总称为雄激素的雄性激素的研究更感兴趣,睾酮是雄激素家族中的主要成员。孕期尿为雌激素提供了合适来源,同样,男人的尿似乎成为探查雄激素的合理来源。此时,化学家都在快马加鞭,因为他们预料到——结果证明不出所料:诺贝尔奖会授予在寻找最具药效雄性激素这场国际竞争中的获胜者。得到男人尿液的充分供应是一个关键因素。德国一位才华横溢的年轻化学家布特南特(Adolf Butenandt)精明地争取到柏林警察的支持。人们不清楚他是根据这些警官的职业操守还是以其所谓男性生殖力进行挑选,但是不论怎样说,截至他的研究结束时,警官们提供给他25 000升的金黄色尿液。1931年,大家一定都松了一口气:那些尿液终于浓缩为少许结晶,实验室的尿味成了往事。

复壮者已满足于他们的病人是否经历衰老的特定症状的缓解,但布特南特坚决主张对男性性激素进行更客观的检验。贝特霍尔德于80多年前在德国格丁根从事的研究提供了一种技术,他把实验室布置成鸡舍,用阉鸡作为纯净激素的药效试验品。正如贝特霍尔德的睾丸移植中所做的,纯净雄激素能促进鸡冠与垂肉再生长。被化学家所疏远的复壮者,必须屏息以待结果——当肯定结果被宣布时无疑会发出胜利的欢呼声。在终点线上被击败,使得布特南特的大多数竞争对手心灰意冷,他们放弃了追踪睾酮的气味。

但有一位"大警犬"未放弃追寻,另一位德国人拉克尔(Ernst Laqueur)仍然在阿姆斯特丹继续从事从100千克公牛睾丸中进行提取的研究工作。这是聪明的选择,因为尿液是鸡尾酒式的,含有多种激素及其分解产物,但最重要的一种激素睾酮的含量极少。事实上,这种被布特南特称作雄酮的激素没有什么激素活性,他声称他发现了这种主要男性性激素显得过于草率。许多睾丸物质都被发现具有激素活性,但其中究竟是哪一种将成为黎明时最嘹亮的雄鸡一唱? 1935年,拉克尔成功地分离了睾酮本身,但在合成这种纯净激素的竞赛中,与布特南特及苏黎世一个研究小组难分胜负,诺贝尔委员会把奖金平分授予了他们。此后,当竞争的热度冷却下来时,制药公司之间就谁有权利用性激素领域中这一最重要发现,酿成了一场不得体的争吵。

"炸药药物"即将销售给毫无准备的公众的流言蜚语开始流传。睾酮被认为是特别危险的东西,甚至漫画家用漫画展现它如何把男人变成怪物。尽管所有复壮疗法效果都很好,但其费用究竟如何？报刊专栏作家心平气和地撰写耸人听闻的消息:"什么样的奇迹使得老人在睾酮的强烈影响下欢跃？"

当这一幕刚开场时,复壮者们时刻等待着可能帮助他们挽回日益下降声誉的消息。他们希望长生不老药和移植物被基于纯净激素的新一代更可靠的疗法所取代。化学家把一些宝贵的激素结晶捐献给生理学家,后者把它们首先试用于动物,随后又对于人类进行试验。试验结果令人瞩目：布朗-塞加尔关于所有哺乳动物中的性激素都相同的预言证明完全正确。睾酮和雌激素在大猩猩中和在金鱼中的活性完全一样。它们还能显著地促进相应性别的幼年大鼠和小鼠的青春期发育,能逆转成年动物被阉割后的作用。但它们能显著地延长寿命或增加精力吗？答复是一个响亮的"不"。

事后看来,性激素一直被认为是解决老龄问题的灵丹妙药是很奇怪的事。衰老有多种原因,它不同于传统的诸如甲状腺机能减退或艾迪生病等激素缺乏症状。阉人的肌肉虚弱并不表明早老,他们对疾病的抵抗力及其寿命实际上可能比正常人更好。在某些动物种(诸如蠕虫与昆虫)和大多数植物体内性激素是天然缺乏的,并没有使它们显示任何瘦弱或短寿。性激素为生育和造成生物学性差别所必需,但它们不能延长寿命。相反,有性生物为了生存必须付出一定的代价。

20世纪30年代是类固醇化学的全盛期。每当一种新激素通过其作用而被鉴定,接下来便是对它的化学组分及其在机体内所起的作用进行研究。有关类固醇激素最为值得注意的是,尽管它们的作用各不相同,有时甚至起对抗的作用,但它们在结构方面却极为相似。它们的分子全部建立在4个由碳原子构成的环状模式基础上。类固醇激素家族也包括一些对器官无任何特殊作用的物质,如维生素D和心脏病药洋地黄制剂。性激素在化学双键数目及其侧链长度与特性方面各不相同。结构上看似平凡的改变（如断开下一条侧链或结合上一条侧链）都会在生物学活性方面产生巨大差异。所有类固醇都是脂分子家族的一员，因此在油中比在水中更易溶解。布朗-塞加尔曾假设在睾丸的水提取液中含有他寻求的维持生命所必需的要素，但在水溶液中不可能含有比溶解于法式色拉调料中的橄榄油更多的纯净性激素。他这是自欺欺人，因为他的提取物只是蛋白质、碳水化合物、微量维生素与矿物质的粗混合物——简直不是补药。

从天然原料提取激素很麻烦，费用高昂。因此，不管是否可能，有人致力于寻找其合成代用品，一旦某种重要的类固醇被鉴定，其专利受到保护，则制药公司十分渴望开发来自新发现的有销路的产品。此外，化学家们有时会使类固醇具有某种特性，如口服时保持活性的能力。一种物质结构发生较小的更改，就能提供一种廉价而中意，比最初产品药效强得多的新产品。

在一个时期内，人们把合成药物和激素看成是很高级的现代药物，但后来的看法转而支持天然产品。但把"天然"与"安全"等同为一个原则并不完全合理，因为最具毒性的物质有些就是从活的生物体中天然产生的。此外，仅仅因为一种从机体中提取，而另一种在化学实验室里合成，细胞无法辨认两种经化学鉴定的相同激素分子之间的差异。然而，人们仍能听到某些药物仅仅因为是"合成"药物而受到抱怨。

20世纪30年代，胆固醇结构的偶然发现，使类固醇合成有了动力。作为类固醇家族中的老祖宗，它不应该具有有害的公众形象。它是几种激素合成的起始物，尽管雌激素仍然从丰富的天然原料获得。

为治疗目的而生产大量孕酮，最初证明是困难的。这种激素的作用相对较弱，要缓解月经问题和解决生育问题，必须提供足够数量的激素，因此，必须进行大规模生产。这个困难被第二次世界大战期间一位才华横溢的美国隐士所克服。马克（Russell Marker）没有把时间浪费在演讲台上，也没有取得哲学博士学位。他更相信自己的直觉，以此指导其化学研究生涯。他完成一些"敲打"汽油产生辛烷一类物质的重要研究后，把注意力转向了类固醇。

他在得到薯蓣属植物薯蓣根茎的肥皂样物质的基础上开始其研究工作。他对印度渔民用来使鱼麻木，但又不使它们无法食用的一种物质特别感兴趣。当他认识到这种称为薯蓣皂苷配基的物质能转变为孕酮后，这项非常离经叛道的科研项目后来在世界范围内产生了影响。问题是如何获得足够数量的根茎。1943年，马克赴墨西哥韦拉克鲁斯州丛林中进行植物考察，寻找野生状态的这种植物。他一句西班牙语也不会说，就向当地人喊叫这种植物的当地名称"cabeza de negro"，以寻求指点。他有一次差点被一个把这当作为大不敬的印第安人所杀。

他幸存了下来，发现了足够制备3千克纯净孕酮的植物。这些植物根茎在当时的市场上值25万美元，代表了到1996年为止世界上最大的该种植物储备。他这次考察的成功，为工业化生产用于妇科学和避孕药的一系列类固醇打开了大门。

现在，雌激素、雄激素和孕酮可放在手提包内随身携带，但这些天然类固醇有某种缺点。经口服后，它们的活性会丧失殆尽。这些类固醇在肠里被吸收并首先通过肝，在肝中，强大的酶系会降低它们的生物学活性。一种可供激素用药选择的路线，是使用类固醇膏药与药丸，通过皮肤使类固醇吸收直接进入血液，而不会出现"一传"问题。在极好的施药方式下，药丸提供了很大的灵活性，叫人放心。目前我们知道，雌激素变成细粉末（或称"微粉化"）时，可保存其口服活性。但在早期的努力中，人们为生产出不丧失激素活性的口服药丸，只好改变类固醇的分子。

满足以上需要的首批雌激素不是类固醇，而是一种称为己烯雌酚的物质。1938年，它由伦敦米德尔塞克斯医院的多兹（E. C. Dodds）在制备另一种化合物时作为一种混杂物而碰巧发现。令人惊奇的是雌酮分子的四个碳环中两个被打开,居然能产生口服有效而廉价的高药效雌激素。更令人惊异的是,该分子进一步的改变能逆转其活性,使它变得能抵消雌激素的作用。后来在治疗不育症中才发现,这种形式的雌激素有一种相矛盾的用途。

第二次世界大战前不久,欧洲的舍林公司在希望发现一种可作药丸的物质的过程中,试验更改雌二醇分子。在这一类固醇环的C17位置处增加一个乙炔基团,结果大大提高口服活性,在相同时间内高药效方面取得显著改善。与此同时,美国加利福尼亚州斯坦福大学的杰拉西(Carl Djerassi)和马克从理论上推断,将甲基从孕酮分子的C19位置分离掉,可提高10倍的药效,结果便有了商业上的19-去甲类固醇。

这些进展支持了大约1960年引进、几乎100%有效、为我们所普遍欢迎的一种革命性的避孕"药丸"。多年来已知道,妊娠期经孕酮通过抑制垂体激素(促黄体素和促卵泡素)而抑制排卵。美国马萨诸塞州伍斯特基金会的平卡斯(Gregory Pincus)在模拟非妊娠妇女体内上述激素的天然抑制物过程中,检验了雌激素和孕酮的联合作用。他取得的巨大成功,是20世纪生物学的一个重大成就,尽管他错误地认为梵蒂冈会支持这种促使性乐趣与生育分离的东西。

围绕选择用于绝经期病症、不育症临床治疗的合成类固醇与天然类固醇,几乎没有什么争论。因此,在20世纪40年代末和50年代的某些人群中,健康妇女服用雌激素开始流行,但直到60年代,公众对雌激素替代疗法的浓厚兴趣才如雨后春笋般发展。进入中年的妇女人数节节上升,她们中有许多人已有患病迹象。她们将从雌激素水平恢复至以前水平的过程中获益。激素替代疗法对于结束阴道干涩、骨质疏松和潮热,作为一种精神补药是大有前途的。它甚至被认为有美容的效果。如果一位妇女愿意的话,她可在由青春走向墓穴期间或多或少连续以一种形式或另一种形式服用性类固醇。

要想证明常规睾酮疗法适用于老年男人,则有相当多的困难。绝经期是妇女生活中一个很明显的里程碑,它表明生命中低雌激素期开始露面。尽管男性中不存在相应的生理期,但在下一章我们会看到,当睾酮水平下降时,一些男人亦会经历一种被称为"男性绝经期"的生理变化。很难说有多少男人遭此变故,他们是确实需要治疗还是听之任之,亦有争论。虽然,还不能明确睾酮治疗是否会被当作一种主要途径而被接受,但我猜想它将来会的。

为治疗老龄男人使用雄激素的想法,已有整整一个世纪了。一种粗制的用于老年人的低疗效药物,有朝一日可成为服用方便的一种药丸,或以一种膏药任意涂抹在阴囊上,颇具药效。可以肯定,睾酮能保存机体蛋白质及增加肌肉量。这种合成作用可能有益于瘦弱个体,并使老年病人减少褥疮的痛苦。当然,人们也有担忧,如健康人想要增强性欲或在体育比赛中获得不公平的竞争优势而滥用激素。目前我们已知道,长时期提高超出正常水平的性激素不是没有危险性的。睾酮被认为是"危险的激素",而雌激素又被谨慎用于治疗。我们实验室冰箱里有好几瓶雌二醇和睾酮,瓶上都贴有红体字醒目警告。人们对来自机体制造的激素危险性的疑虑正在自然增长。

性激素——是朋友,还是魔鬼

差不多在首次合成雌激素后不久,警钟便开始敲响。这并不是一种无根据的凶兆。从20世纪50年代起,在美国和欧洲已有500多万妇女接受过己烯雌酚的治疗,以防频发性流产的发生,直到最近我们才知道其代价。这种药物对她们自身健康的影响,尚不及对她们孩子的影响那么大。现已发现己烯雌酚分子不幸类似于已知的致癌物质。她们女儿到了成年时通常会发生罕见的阴道癌,比普通人女儿的发生率要高得多,且有更多的生育问题。儿子们也会受到接受该药物治疗的母亲的影响。隐睾患者比不服该药母亲的孩子更为常见,这些儿童到了成年时,其中许多人赫然隐现生育问题。如果一类雌激素药物有如此可怕的作用,那我们应当谨慎地对待其他种类的雌激素药物。

很少有几种药物像由雌激素与孕酮合成的避孕药丸那样接受彻底审查,亦罕有几种药物被报刊中耸人听闻的消息所渲染得如此令人惊恐。如果一个老年人因脑卒中或心脏病发作而猝死,并不特别令人惊奇,但一位妇女在二三十岁时发生反常死亡,就有必要进行调查研究。1968年,皇家综合医师学院进行了一项对23 000名英国避孕药服用者与对照者的研究,在服用者中发现略高的死亡率。10年后该学院又重复了该项调查,结果进一步证实他们的怀疑,虽然高危组人群主要是在35岁以上妇女之中,且服用避孕药5年以上,或者有高血压或吸烟史。因此,超过35岁的妇女被劝告使用其他避孕法,但这对于不抽烟妇女来说不再有必要。人们的谴责通常指向避孕药中的雌激素,但孕酮亦应受到责难。因为,其较弱的产雄性征活性将对血脂产生一些不良作用。作为对上述责难的反应,制造商把雌激素的剂量降低了一多半,这将改善避孕药的安全性,又不危及避孕效率。

最近的一次大恐慌发生在1983年,当时据称这种避孕药会增加患乳腺癌的危险。鉴于这是一种如此常见与令人担忧的疾病,因此,许多妇女停服避孕药。对这一事件进一步的研究,最终显示该药丸实际上有减少得病的作用。这种避孕药不仅提供避孕保护、控制不规则或量多的经血,而且也减少甲状腺疾患、类风湿关节炎、消化性溃疡和纤维瘤。更有甚者,它还使服用者免患卵巢癌和子宫癌。短期服用该药丸的保护程度较小,服药7年后的患癌危险下降70%,即使停用口服避孕药后,这种获益也至少可持续10年。目前,避孕药的好处显然超过了它的危险性,作为防病抗病的一个同盟者,它理应得到信任。

这些获益表明,每月的排卵过程以及伴随而来的对乳腺和生殖器官的高水平雌激素和其他激素的相关攻击,可能对后半生造成一些危险。在排卵过程中,卵巢表面打开一个极小开口,使得卵细胞从卵泡富含雌激素的液体中逃出,这也许会促进癌变。卵巢性激素的周期性产生,能刺激子宫内膜重复周期性生长与脱落,除非或直至该妇女妊娠。现代妇女在其一生中通常会经历450个月经周期和排卵期——3倍于古代的妇女和当今非洲仍保留狩猎与采集方式的营居群妇女。普通昆人部落妇女经母乳喂养4年以上,平均妊娠5—6次。母亲白天抱着婴儿,晚上睡在婴儿旁边,在抑制排卵方面,哺乳是常用有效的方法。这些妇女较少分泌雌激素,较少排卵,生殖系统处于休眠状态,因此她们处在低得多的乳腺疾病及其他妇科癌症危险之下。有关资料证明西方妇女的情况很糟,她们因优越的生活方式促进青春期的早来,及可能较晚的绝经期,但这就增加大约50次月经周期及更多地分泌雌激素。因此,我们应设法削减妇女在她一生中将有的月经周期数,这种断言或许并非过于牵强。

后来,人们已实施一种平衡措施以确保绝经期后妇女免遭激素替代疗法中雌激素的威胁。总的说来,该疗法利大于弊,因为用药剂量比月经周期的相应剂量要低得多。美国护理协会从事的一项全国性研究结果表明,也许最大的获益是心脏病发生率减半。雌激素有助于预防心脏病的一个主要途径,是通过影响胆固醇的水平及其分布。它能维持血液中较多的保护性高密度脂蛋白(简称HDL),把胆固醇从血管壁上带走。同时,它降低了低密度脂蛋白(简称LDL)的含量,以避免胆固醇在血管壁及其他部位沉积。睾酮在相反方面起作用,使男人在心脏病与脑卒中方面有更多的危险。造成两性之间在胆固醇代谢方面差异的原因,现在尚不清楚。不过据推测,进化出于好意容许这种安排——

男性在两性中更可牺牲。解决的办法不是男人服用雌激素——不仅仅使他们女性化,研究结果表明,那些在心脏病发作后用雌激素治疗的病人,比那些发作后未服用雌激素的病人会死亡得更早些。

当单独给药时,雌激素不仅刺激子宫的生长,而且增加患子宫癌的危险。这就是目前仅向子宫切除术后的妇女提供此药的充分理由。其他需要者则口服雌激素与孕激素的化合物,以减轻雌激素的刺激作用使经期正常,以预防子宫内壁上不健康细胞的任何集结。孕酮已有不良口碑,它们有时会产生不受欢迎的不良反应,但是现已有激素替代疗法的各种剂量和配方,且试验了具有较少不良反应的新一代孕酮。毫无疑问,服用雌激素的危险是增加乳腺癌的发病率,因为激素替代疗法中的孕酮不能对乳腺起保护作用,但有证据表明,这种治疗至少在5—10年内是安全的,可能还要长得多。鉴于妇女因心脏病发作而死亡的可能性比因乳腺癌死亡的可能性要多5倍,因此,她应该为自己心脏和动脉的安全而明智地选择和接受激素替代疗法。

男人没有理由在他们的妻子尽力权衡激素替代疗法的利弊时沾沾自喜。他们的选择更少——而且没有哪种选择是特别美好的。男人很少患乳腺癌,但前列腺癌是他们老年时的更大灾难。活到80岁的人中有1/4可能得此病,实际上所有活得足够长的男人都会有过于肥大的腺体使得排尿更加困难。随着人口老龄化,在整个西方世界此种疾病已达到流行病的比例。估计有1000万美国人在前列腺中存在着显微镜可检出的恶性肿瘤的"种子",虽然每年"只有"10万例被临床诊断患有癌症。有必要像对妇女进行乳腺普查一样,用群体筛查把前列腺癌阻止在萌芽状态。

对癌最敏感的器官,是那些在整个生命走向衰老过程中继续生长的器官。这就是乳腺和前列腺比(例如)阴道和阴茎有更大危险的原因,后者在成年之后不大生长。性激素是否确实致癌尚有疑问,但畸变细胞一旦出现,性激素就会促进它生长。动物中唯有人类最好的朋友分享我们的前列腺疾病,但狗的肿瘤很少转为恶性肿瘤。

20世纪30年代,芝加哥外科医师哈金斯(C. A. Huggins)注意到男人被阉割后前列腺肿瘤会缩小,他据此得出结论,肿瘤经睾酮的作用而恶化。但几乎不可能把阉割作为一项预防性措施,因为除了男人阳刚之气的丧失之外,还可能会有潮热和骨质疏松,只有在35—40岁前施行阉割才可避免这些年内的激素作用增强。衰老也有可取之处。哈金斯的好奇心被唤起,他发现可用雌激素达到阉割的这一获益,雌激素会抵消睾酮的某些作用,关闭睾丸的激素生产。不考虑不良反应的话,这是一种比前列腺完全彻底切除容易得多的疗法。令人遗憾的是,它常常治标而不治本,因为当肿瘤最终不依赖激素而生长时,会出现复发。

目前,克服睾酮有害作用的较好途径是使用一种酶拮抗物,以防止其转化为一种更有药效的称之为双氢睾酮的雄激素,双氢睾酮主要对促进前列腺健康和疾病承担责任。这种5-α还原酶的存在,明显地揭开了在多米尼加共和国中携带不能生成一种活性酶的突变基因的少数家庭之谜。该酶的缺乏,致使男孩生下之后看上去就像女孩一样,他们在青春期变成无可争辩的男人———一种西班牙俚语中称作"guevedoce"(即"十二岁阴茎")的状态。他们的睾酮太少,使得他们的男性特征太弱,直到他们青春期早期睾酮水平猛增并部分补偿更有药效的双氢睾酮的缺乏。患有这种酶缺乏症的男人,在老年时不大可能患前列腺疾病。

对消除双氢睾酮作用的酶有抑制作用的药物,允许睾酮继续对其他器官(特别是阴茎和脑)直接起作用。从根本上说,这种治疗应当有助于避免男人体内雄激素的负面作用,而不削弱他们做爱的能力,或导致他们看上去阳刚之气不足。开发这些药物可阻止前列腺肿瘤的进一步生长,但说它可以作为一种预防措施而长期服用是安全的还为时过早。

阉割已由原先声称是引起衰老的原因,转变为是对衰老的最好预防,但没有谁能比已故的汉密尔顿(James Hamilton)更详细地阐明其作用。20世纪40年代和50年代,汉密尔顿研究了堪萨斯州某一机构中许多年前因过失阉割,目前仍为控制某种类型的精神障碍而接受治疗的病人。这些男人平均活到69岁,相比之下其他病人仅为56岁,这与预期值相比存在相当大的差距。它很可能是一种反常结果,因为阉人甚至比妇女更长寿,如果阉割确实使人增寿14年以上的话,它可能受人欢迎!

毫无疑问,被阉动物比正常动物活得稍长些,而且对雌性和雄性的效果皆如此。被阉动物避免了性活动和生殖的消耗以及由性激素所致的疾病。生育率最高的大鼠动脉变得较狭小,爱争斗的鸡骨骼由于产较多的蛋而变得易受损。当动物被迫非自然独居时,性激素甚至有危险性。处女雌大鼠和小鼠常在它们生命的第二年期间发生子宫、垂体与乳腺肿瘤,因为它们每隔几天就要经历雌激素的刺激周期。这让人联想起妇女周而复始月经周期的危险性。雌激素可能是某些疾病的发生所必需,但不能提供充分的解释。某些品种的动物比其他品种动物更易受伤,这表明,遗传因子正如在妇女乳腺癌中一样起部分作用。

妊娠,是一种祸福兼有之事,因为它虽然带来特殊的危险,但获益之一是减少了某种癌症发生。这种保护是由于孕酮带来了一个婴儿的事实,更因为孕酮抵消了雌激素的作用。当雌大鼠与已作输精管切除术的雄大鼠进行交配而预防怀孕时,雌鼠可被交配所激发的假孕权宜之计保护。这种情况会同时减少排卵数和雌激素水平。妇女无法从已作输精管切除术的丈夫处获得这种保护,因为她无法形成假孕。如果她在生命的足够早期选择妊娠,则她可以通过缓和反复的月经周期的不利影响而减少患病的机会。

性激素助长生育所需特殊器官的癌症,这似乎有悖于生殖在每种生物生命日程上的重要性。但癌症并不是生命后期性激素的唯一不利作用。雌激素刺激的反复月经周期，消除了垂体释放排卵与生育所需促黄体素的激增能力，即使在实验室中大鼠与小鼠也是如此。卵泡仍在卵巢中成熟，但在缺乏排卵所激发的一种激素的情况下，卵泡可不断产生导致其他生殖器官疾病加重的雌激素。我们确信雌激素是"罪犯"，因为在切除卵巢的动物中机体保持更"年轻"。接受了卵巢移植的年轻被阉割动物，可将排卵周期重新启动并持续到比这些卵巢在正常动物体内更长的时间，因为控制它的那部分大脑和垂体腺在生物学上更年轻。如果雌激素的不利作用随时间推移而形成，则大剂量雌激素应当加速老化，事实似乎就是这样。在幼年期给予大剂量雌激素的动物会较早停止生长周期，并较快发生病理学变化。这些作用并不适用于每个物种，对人类而言是卵巢中的卵细胞数目，而不是月经周期数目确定了生殖期的上限。物种之间另一个悬殊差别，是有关雌激素对人脑作用的一些好消息。

妇女面临发生阿尔茨海默型痴呆的危险比同龄男人更大。我们不能肯定，但雌激素似乎可能有助于保持某些脑细胞的活力直到绝经期。之前在美国进行的尚未证实的研究结果表明，进行激素替代疗法的阿尔茨海默病女性患者的认知能力得到了改善，但是要预防重病尚任重道远。

性激素已被交替视作生命的灵丹妙药和致病物。事情的真相在于，它们有利亦有弊。这似乎自相矛盾，因为我们期望自然选择清除有害作用，但鉴于威廉斯的多效性基因作用学说预言了一种混合作用，故我们对此不感到惊奇。事实上，性激素为他的学说提供了某些最令人信服的证据。

然而，我们认为在高等动物中要是没有这些激素，生殖是不可能的。它们不仅帮助卵和精子成熟，而且对直接或间接有助于妊娠过程的机体各部分许多体细胞都起作用。要是没有它们对骨骼和肌肉所起的作用,我们无法设想机体有成熟状态或有如此健全的结构。要是没有它们对行为的作用,两性将永远无法结合。要是没有激素刺激性细胞生长,它将毫无用场。

进化选择在无数代期间细磨了生殖能力。遗传机制的进化,改善了生殖成功的机会,性激素信号系统已被采纳以确保适当的作用时间和作用强度。是否会进化出其他激素来履行性激素的角色是无关紧要的,因为激素及其作用的基因都是自然选择的臣民。在第五章,我们述及当生命后期的退化与年轻时生殖适应斗争时,年轻者总是战胜年老者。进化对于性类固醇对中年与老年的有害作用视而不见,因为当只有少数个体生存得足够长而受到影响时,自然选择无法去除不受欢迎但对生殖中性的特性。

总的说来,与没有性类固醇相比,我们去除性类固醇——在生命后期——更好。没有人会在健康和心智健全的情况下去认真考虑接受预防性阉割。在威廉斯的设想中,并非所有激素作用必然是多效性的,有许多激素对所有成年年龄组皆有益。但用于绝经期妇女的激素替代疗法及用于某些老年男人的睾酮仍无法完全免除不良反应,此为这个课题历经一个世纪研究后仍产生轰动以及仍然在许多人心中留下困惑的原因。陪审团可能仍不能作出裁定,但其大多数科学界成员对有关定论确信无疑。性激素应对不端行为承担责任,但它们做的好事比坏事多。我们面临的挑战,是如何调整人们获得最大好处和最小危险的一种平衡状态。

围绕着是否使用激素替代疗法的这场争论,常常集中于绝经期是否是一个有益的变化。目前存在着许多观点。社会学家和女性主义者从妇女在家庭与社会角色变化的视角来看待绝经期。流行病学家关注人为保持高水平雌激素的危险与获益。但对生物学家来说,绝经期问题实质上是一个进化问题,它值得用专门一章加以讨论。

第九章

绝经期的意义

> 绝经是……对妇女的一场生物学浩劫。
>
> ——斯塔德(John Studd),伦敦妇科学家

生物学沙漏

英国生物学家古道尔(Jane Goodall)30多年里一直致力于坦桑尼亚贡贝国家公园中几群野生黑猩猩的研究。她的工作已成为20世纪野外生物学的一项经典工作,其成果改变了对我们最亲密的活的亲属的认识,同时改变了对我们自身的认识。通过获得这些无尾猿的信任,她享有了观察它们的私生活每一细节的特权。

那些黑猩猩中名叫弗洛的一只雌黑猩猩已成功地养育了好几只小黑猩猩。像其他任何成年雌黑猩猩一样,它的后腿每月总有几天出现肿胀并呈红色,以给100米之外它能联系上的雄黑猩猩一个明确的信号。这种性皮肤反应宣告了月经周期中生育期的到来,此时雌性容易接受群体中任何一只感兴趣的雄性。这是因为,它对大约在排卵期达到峰值的雌激素高度敏感。弗洛在青春期后一直用此法对雄黑猩猩发出召唤,但"她"超过43岁时将停止上述举动。它在过去妊娠时亦发生过月经周期的暂时丧失,但这次是一种永久的变化。它已到了绝经期。

弗洛是一只老年雌黑猩猩，只有几只黑猩猩比她在野外生活得更长些。黑猩猩在囚禁情况下偶尔可以庆祝自己的50岁生日，但在如此年长时体质虚弱，相当于人70岁以上时的体质。我们与它在生物学方面如此相似，即人类和黑猩猩具有许多相同的老年疾病与失调症，可能亦包括由绝经期引发的那些疾病与失调症。黑猩猩可能在它们40岁时就具有潮热与情绪改变。设想有朝一日它们使用信号语言告诉心理学家有关它们在"此种变化"期间的感受，这并不可笑。

绝经期及其症状过去被认为是人类独一无二的特性。但它们亦存在于无尾猿中，扫除了我们认为自己是从动物中分离出来的另一个思想障碍。即使这样，它在人寿命中发生得那么早，仍然值得注意。妇女可以预期在度过自己50岁生日的5年内拥有最后一个月经周期——这仅仅为人最大寿命的一半路程。她1/3以上的生命将受绝经期生理状况支配的机会相当高。这一事实目前显得更为重要，由于有数不清的妇女到了这个重要年龄阶段，询问自己及她们的医生有关绝经期的意义——它为什么发生，它是一种好变化还是一种坏变化。

大多数妇女感到绝经期是一种祸福兼有之事。对某些妇女来说，这意味着免除有关避孕的烦恼和经期的不便。在一些社会里，绝经期甚至打开通向较高社会地位的大门：印度的拉其普特妇女此时可免受文化约束和身居深闺的宗教限制，所以她们可以与男子结伴而行。在崇拜青年时代的西方，对绝经期的态度则较为消极：这种生理变化是体内生物钟失灵的不祥迹象，也是器官衰退的令人忧郁的征兆。成人体内没有其他正常变化如此出其不意和明确无误，几乎没有什么生理现象引起如此多的推测性理论。

像大多数与人类生殖相联系的事物一样，这整个论题被神话和迷信搅乱了几百年。但愚昧不再是挡箭牌了。在过去100多年里，我们才搞清楚绝经期发生的原因。目前，对这种生理变化的认识比对衰老问题的几乎其他任何方面都更清楚。仍然有争议的,是它的后效。激素研究的先驱者斯泰纳赫强调:"当[性激素]活性中止时,生命的源泉趋向干涸,老年失调开始。"鉴于我们注意到衰老始于青春期而不是中年,因此他有点过分夸大了这种情况,但性激素的下降对医师们仍然具有可怕的迷惑力。

绝经期是一个被滥用的术语,它源于一个古老的法语词("la méne-spausie"),含义为每月的事终止了。月经是子宫内膜定期脱落的终产物,这种相当不寻常的生育周期仅见于欧洲无尾猿和猴。大多数物种没有月经期,甚至美洲猴亦有一种不同的周期。严格说来,狒猴、麋和小鼠都没有绝经期。"男性绝经期"也是用词不当,但现在作为俏皮话使用。

在自然界里,不可逆的卵巢衰退状态几乎前所未闻。除黑猩猩和巨头鲸以及一两种无脊椎动物具有偶然例外,野生动物的繁殖期皆与它们的存活期一样长。在大多数驯化动物或鸟类中不存在任何不可变更的生育期上限,尽管可能存在某种逐渐缩减的现象。爱争斗的母鸡常在三四年后产蛋减少,10岁以上的猫和母狗的动情期变得不大规则或完全停止。即使如此,它们的卵巢通常含有少数卵,仍然可以产生微量雌激素。只是在少数品种的实验室小鼠中,我们确实发现1岁多一点(即相当于这种动物的中年)的小鼠具有普遍的卵巢衰退现象。然而与人绝经期相比较会导致错误结论,因为它们的不育有不同的遗传基础。它是近交的假象,可由一代杂交繁殖而逆转,而绝经期则是人类一种可遗传的特性。

人在较早年龄出现绝经期不仅不寻常,而且是一个谜。物种的进化成功,由其产生后代的数目来衡量。任何使个体的生育力低于其同类的基因,将使她及其后裔处在一种不利地位,因为他们在下一代将产生较少的后代。最终,数量差异使它将被那些生育力更旺盛的雌性所击败。因此,任何使得在生命半途停止繁殖的基因,在生物学上都有悖常理。不是吗?

如果一个基因能足够大量地补偿以平衡这种不利地位,则它将被允许存在。例如,要是没有绝经期,将产生更多的分娩并发症和遗传畸形婴儿。随着现代产科护理和产前诊断的发展,这些情况已比古时大为改观。抚养孩子的年轻妇女如果在孩子达到自立年龄前去世,就会白费功夫。此外,年老妇女亦无精力承担抚养孩子的重任。令人悲哀的是,那正是弗洛出现的情况,她的最后一个孩子弗林特夭折了。她要是早些绝经,或许会好些。

遗传学家威廉斯阐述他的衰老理论时,也提出了一种相似的绝经期理论。他认为,这个理论可能对一个老年母亲有利,使之从生殖事务中引退,并有助于增加她的亲属的后裔。此种交易使弗洛摆脱了危险,使她能有更多的时间奉献给她的孙子、外孙、侄孙女、甥孙女和侄孙、甥孙。如果这种行为能给予她的亲属更好的生存机会,遗传的奖励就会累加,但照顾其他家族的孩子则会削弱竞争优势。如果这种战略奏效,该家族的生殖效率就变得更高,则绝经期也许随着许多代而渐渐移向较年轻的年龄,直到它达到开始减少最适生产的年份,此时绝经期年龄就不会再下降了。

在如此多的绝经期否定言论情况下,发现有某些肯定观点是相当吸引人的。但是为了站得住脚,这种理论必须假设在久远的过去,有足够数量的妇女在自然选择中存活50年以上。她们没有在身后留下墓碑或传记,大多数对古代人寿命的估计值都是猜测,或者至多建立在不完整资料的基础上。我们可以说,那时寿命比当今要短得多,平均不会超过20岁。少数健壮的女性可能存活得相当长——也许会有50岁以上——但她们不代表可以补偿较早绝经期的足够大的进化酬报。就获得物种遗传稳固基础的特性而言,假想的祖母那一代优势会一代接一代反复出现。

该理论带来的另一个问题是，我们的祖先是否能以足够良好的体质在50岁时成为合适的保姆很值得怀疑。如果黑猩猩是偶然的情况，则年龄对早期人类完全不容乐观。动物在即将到达其寿命限额时，很可能牙齿磨损、疾病缠身，甚至身患癌症。在野外，体弱多病者的生存，是一种生存斗争，衰老个体对于年轻的家族成员来说不大可能是一种宝贵财富，而是相反。更有甚者，绝经期后雌激素的缺乏会加剧老龄化问题及困难，增加发生骨折和心脏病的危险。对美国基督复临安息日会教友（选择节制和健康的生活方式）的研究表明，较早自然绝经妇女的寿命可能比在50岁以上出现这一生理变化的妇女更短。绝经期的生理机能是弊大于利，妇科学家斯塔德甚至称之为"生物学浩劫"。我们应当当心把这种变化理想化，毕竟简·方达（Jane Fonda）之流——苗条、健康和精力旺盛——是摩登与富足时代的产物。

在我看来，绝经期很像衰老的众多其他方面，很可能是因为我们疏忽而不知不觉地来临。鉴于绝经期在我们大多数祖先的死亡年龄后才到来，因此自然选择无法反对它。应当承认，否定解释不如肯定解释有吸引力，但它使我们摆脱进化的花言巧语和赋予此种变化以某种价值的诱惑。于是，我们把注意力集中在绝经期如何发生，而不是努力去揭示其目的。

纳尔逊（Jim Nelson）及其以前在加拿大蒙特利尔麦吉尔大学的同事计算了中年妇女卵巢中剩余卵的数目，希望找出妇女生育力的致命弱点究竟是在卵巢，还是在产生这些器官生存所需激素的脑垂体。他们收集了由接受常规手术的病人捐献的卵巢，用切片机把它们切成薄片。绝经后妇女的卵巢几乎无一例外地已经空了。具有规则经期的妇女，比已遭受这种变化带来痛苦的妇女多10倍的卵。这些结果证实了以下怀疑，当接近绝经期时妇女卵巢的状况比她到达的年龄更说明问题。绝经发生的原因非常简单——卵巢中的卵耗尽了。

卵巢很像含有100万粒沙子(每粒沙子代表一个卵细胞)的古代计时用的沙漏,这种钟转一圈的时间大约为50年,它在出生时就充满了卵。时间随着沙粒通过狭窄的腰部进入更低的空腔而缓慢流逝。在卵巢中,大多数卵被废弃——它们(及它们的卵泡包膜)在到达成熟前死亡——每月只有一个,或偶然有两个被排出。因此,这种沙漏几乎不受排卵事件的影响,与生育力无关地运转,从出生直至中年不中断——或直至卵贮备被耗尽为止。与沙漏不同,这种卵巢钟不能倒转以重新开始这一生理过程。

陷入目的论语言,说卵巢被编程得只能维持这么久,是很诱人的。卵巢在许多方面成熟得较快,比机体中任何其他器官都较早衰老,但不一定非如此不可。红细胞仅能存活大约100天,但它们能由骨髓的干细胞连续不断地补充。卵巢为何不能仿效这种保持制造新卵能力的聪明战略?事实上,某些物种确能做到这点。从生活在加拿大西海岸的岩鱼中取出的卵巢看上去不像百岁高龄,而年轻得像只有20岁,它们永不发生鱼绝经期现象。有一种大鳕鱼尽管活得不是很长,到了老年和体形较大时反而更多产,一季产卵多达1亿个。

这些物种保留干细胞以形成新的卵,因为它们需要排出数量庞大的卵进入大海,在那里,胚胎只能自我照料,其中大多数会被饥饿的捕食者吃掉。哺乳动物和鸟类与鱼类一样,是由产生数量庞大的卵的生物进化而来,但做得比较经济,它们采用子宫与鸟巢,并在那里向它们的胚胎提供营养。人类自出生后便丧失了形成较多卵的能力,因为只需要几百个卵供整个生殖寿命过程每月一次的排卵之用足矣。尽管一些卵肯定是异常的,并被合理地排除,但仍难以说清卵巢为什么会形成比所需要还多100万个卵的道理。直到20世纪50年代,人们还认为新的卵连续不断地形成直到中年为止。朱克曼(Solly Zuckerman)勋爵对这一错误的批驳或许是他最出色的工作,尽管他如今以他对战时轰炸所致伤害的研究和英国政府科学顾问而知名。现在,出生时固定的排卵数已成为生物学中心法则。

在两次经期之间冲出卵巢的卵,其背后有令人称奇的历史,不愧是高度重要的细胞。祖细胞形成于生命早期,最初可见于人类胚胎看上去仍很像鱼的时期。这些生殖细胞并不在后来的性腺中,也不在胚胎中:它们见于很像一种原始胎盘的卵黄囊里。它们何以在这一位置萌生有点奇特,除非这是一种当机体其余部分经历形态与命运的混乱变化时,保持这些细胞独特的性质。雌性和雄性生殖细胞在这个阶段看上去相同,直至较后期也很难断定哪一个性腺会发展成卵巢还是睾丸。

原生殖细胞在卵黄囊里增殖,此后经历长期发育才成为性腺。它们有点像涉过沙漠、渡过大海移居到应许之地的以色列人——但他们可没有摩西带路。每个细胞追随一种化学痕迹而被引导进入胚胎,沿着未来的肠壁朝中空的性腺发展。某些细胞迷了路,在不良环境中死亡。成功的部分细胞在它们抵达其合适的住处后不久定居,但这一故事的其余部分将有赖于性腺的性别。睾丸中的生殖细胞处于休眠状态,直至青春期才重新萌动,鉴于它们中某些可作为干细胞而存活,因此雄性器官永不缺少新精子。然而,在卵巢中,生殖细胞放弃了更新自身的能力,它们转变为具有受精能力的卵,造就新的生物。

在妊娠期的半途,女性胎儿中卵的数目增长至700万个,比将来任何时候都多,但在出生时降至100万个。卵细胞的形成是一个易出差错的复杂过程,许多卵的丧失,其原因很可能是避免后期流产或生下一个有生理缺陷的婴儿。某些儿童比其他儿童形成较少的卵或丧失较多的卵,很可能导致早期绝经。生下时有着异常染色体组的儿童,一般比正常儿童有较少的卵。例如,出生时患有唐氏综合征的女孩,仅拥有两条X染色体中的一条,出生后往往不育,卵巢不能产生任何雌激素。她们的卵不能成熟，使得她们无法体验自然青春期，更不用说做母亲了。

早期绝经有时会突然出现，但对有自身免疫病或化疗史（两者皆破坏卵和加速卵巢衰老）的妇女来说，应当有所准备。每当卵被破坏时，卵巢的衰老就提前——好比沙粒从沙漏中轻轻漏出，加速时间流逝。某些历史证据表明，绝经期在过去年代曾略早发生，这种情况在部分发展中国家仍然发生。来自巴布亚新几内亚高地的部落妇女在大约43岁时便绝经，这比生活较富裕的低地部落妇女提早了4年。鉴于当今世界绝经期平均发生年龄为50—52岁，因此这种差异不大可能是遗传的，即使生活在无数代极度隔离的部落中也是这样。营养不良和疾病无疑起部分作用，但这种差异也可认为是由于妊娠期间母亲的饮食与健康的某种因素。出生前贮存细胞的器官无法弥补早期亏缺，就算后来条件得到了改善。早期绝经也许有时是子宫虚弱的征兆——我们在某种意义上就是我们母亲所吃的东西。

绝经是生活中的重大事件，假如能够提供提前预测它的简便安全办法，许多妇女无疑会赞成。或许有朝一日能够实现，因为预测并不缺少坚实的理论基础，例如统计卵细胞储备的可行方法。在青春期的卵巢中约有25万个卵，妇女预计有35年的排卵周期，但当卵的数量降至2.5万个时，排卵周期也降至14年，当只剩下1000个卵时，绝经期就行将到来。现在尚未找到估计机体内卵数目的简易方法，因为它们中绝大多数处于休眠状态，并且小得无法用医学仪器检测出来。产生于月经周期期间的90%以上的雌激素，来自必然排卵的单个大卵泡，所以激素测定法对于估计存留在贮存处的卵的数目也无效。

目前，我们只能通过摘除卵巢，费力地计数组织切片中的卵，来估计卵巢的生物学年龄。我已故的同事、朱克曼的门徒琼斯（Esther Jones）长年累月在显微镜下观察。她发现，小鼠卵巢中卵的数目几乎比其他任何物种都少，并且每隔3个月减半。这种衰竭速率与其短暂的生命相称。动物越长寿，其排出卵的数目越大，卵巢钟运转得就越慢。人类也不例外，我们的卵巢也符合据与我们大小相当的动物所预测的这一情况，但对寿命不足20年的绵羊和大型猫科动物提供的安全线，不适用于我们自己。

年轻人卵巢中卵的数目每隔7年减半，这与我们衰老的精算速率密切相关，从而与我们总的生物学退化相一致。这是另一个认为卵巢其实并没有与妇女的生理状况不一致，只是与妇女超长的寿命不合拍的理由。也许我们应该问为什么我们活得比自己卵巢具有功能的时间更长，而不是问为什么绝经期发生得如此早。

我们以为人类卵巢钟走得跟动物卵巢钟一样稳定，但我们大吃一惊。澳大利亚昆士兰大学的法迪发现了妇女37岁后卵丧失的速率：每3年而不是原先估计的每7年，卵数量减半。事后看来，这没什么大惊小怪：假如这个速率保持恒定，则50岁时至少剩下1万个卵，这比纳尔逊所发现的要多得多。加速衰老将导致卵巢在50多岁而不是70岁时到达不育的边缘。卵巢最后一批卵是否被编程而经历自杀虽然很难说，但妇女到40岁时它们确实超过了"时令"。此外，我们已知道卵的品质随年龄的增长而退化，因为老年母亲面临高得多的怀上唐氏综合征婴儿的危险。对于一个在极长时期中很少活得长的物种来说，没有必要把投资耗费在长期存留的卵上。

内分泌学之阴阳

卵巢并不拥有它们自身的生命，它们在排卵和产生性激素之前，需要血液中的激素。1928年，德国的宗克-阿斯海姆研究小组首次提出，上述必需激素均由青春期后的脑垂体所释放。这种腺体巧妙隐藏在机体内，位于腭区与脑底之间。20世纪20年代后期，美国的史密斯（Philip Smith）设计了一项摘除它的绝妙手术，于是性腺沉寂了，仿佛时间被逆转，性腺不复成熟。这些实验是生殖生物学曾经发表过的最重要的实验，开辟了研究和治疗不育症的新途径。这项手术（称为垂体摘除术）常用于摘除垂体肿瘤，甚至用作降低乳腺癌恶化妇女患者雌激素产率的孤注一掷的治疗办法。

我们在前面遇见过的两种促性腺激素——促卵泡素和促黄体素皆由脑垂体产生，各自在生育力方面扮演一种独特与相互补充的角色。两者中无一直接作用于卵，但对包围它成为卵泡的细胞层有直接作用。一群大约20个生长卵泡在妇女结束一次月经期后不久，争夺其月经周期初始血中数量有限的促卵泡素。在正常情况下，它们中只有一个能获得成功，这个卵泡主宰不久后便死亡的其余卵泡，除非该妇女提供更多的激素。这个被选定的卵泡产生几乎所有的雌激素，直至促黄体素水平激增，导致卵泡破裂并释放它的卵进入邻近的输卵管。这仅仅是卵泡篇章的结束，因为它作为黄体而复活，黄体在接下去的两周内产生孕酮和雌激素，以使子宫接受一个植入的胚胎。月经周期的长度由卵泡与黄体的寿命所决定——卵泡在最初两周，黄体在随后两周。这些小体一个周期接着一个周期地起伏，除非该妇女妊娠。如果她妊娠了，则黄体的生命便延伸，使得它能在几周内继续产生激素，直至胎盘担负起全部职责。

这些事件没有一个在青春期前发生，因为促卵泡素和促黄体素水平并没有升高到足以刺激卵巢。此后，它们随性激素水平上下起伏，表面上是为维持至高无上的地位而斗争，但实际上是垂体与盆腔之间的一种对话。这种急剧的激素涨落的目标在于，实现月经周期的中心事件——排卵，如果受孕失败，则黄体经历预定的死亡，以确保另一批卵泡再次开始又一轮周期变化。这通常是一个由青春期至绝经期的持续协调过程，它或多或少与妇女的年龄无关，只要妇女的卵细胞储备还存在即可。当生长卵泡的供应较短缺时,妇女的月经周期就变得不规则,有点像汽车因汽油行将耗尽而出现间歇点火直至最终熄火。然而,这一类比在这点上不成立,因为卵或卵泡的贮存无法得到补充。

卵泡为卵巢营养卵生长及产生有助于卵完成其使命的激素功能服务。它们把每个卵包入大水浴缸似的球形细胞包裹里,其中含有释放到血管前累积的类固醇激素。但正如病人向护士提供了就业机会,滋养细胞也需要卵与它们同时存活。几乎没有更好的生理学共生现象的例子了。这种共生安排的重要性是,当一种细胞类型消亡时,其他细胞类型也随之消亡;所以在绝经期,生育力的结束与卵巢激素的丧失同时发生。

当卵巢发育到较老阶段时,脑垂体会觉察到有什么东西不对头,因为卵巢无法发送回雌激素和孕酮形式的信息。感到失望的脑垂体试图通过释放更多的促卵泡素和促黄体素,以较长期作用的方式合成它们来推动卵巢恢复对话。但绝经后期的卵巢毫无反应,因为它不再拥有产生激素所需的细胞。然而,脑垂体不放弃努力,增加其促卵泡素与促黄体素的输出量,但无济于事。上述高水平激素的特征,使它们被用来测试卵巢是否不育。从绝经后直至老年,这些激素水平保持上升,经肾脏从血液中大量滤除并进入尿液。

这个故事结尾部分存在着某种混乱,因为对绝经后期妇女来说是种浪费的东西,对有正常卵巢,但自身促卵泡素产量不足的年轻女子来说,却是一种恩惠。据说,20世纪50年代用于检验和商业化生产的这两种促性腺激素的最初来源,是意大利女修道院,因为通常设想修女的尿液较纯洁,不大可能被妊娠激素所沾污。无论它们的来源如何,这些激素肯定有效,它们成为对生育力治疗的主要依靠。因为,它们有助于控制病人的月经周期,允许为离体生育取较多的卵。具有讽刺意味的是,这是一项目前梵蒂冈不赞成的技术。

尽管卵巢在百岁老妇中也永远不会达到消失的地步,但绝经后卵巢还是逐渐萎缩。最早注意这一问题的,是荷兰代尔夫特内科医师格拉夫,他发现了卵巢所扮演的角色。"雌性睾丸[原文如此]的大小依年龄而有不小的改变……在中年和老年妇女中,它们变得较小较硬,更加干涸,逐渐萎缩,但永不会彻底消失。"绝经后卵巢保留的细胞是纤维化的,尽管它们能产生微量雄激素,但在大多数妇科学家眼里它较理想地完成了其使命。由于它们不再工作,故切除它们不会进一步危及妇女的雌激素水平,只要有适当机会,切除卵巢常常被作为一种对癌症的预防措施。

绝经后,雌激素水平降至月经周期相应水平的5%以下,主要的雌激素不再是雌二醇,而是效力较弱的雌酮。产生这种类固醇的细胞大多并不是常见的腺细胞,最重要的是脂肪细胞,因为它们含量丰富。每个脂肪细胞含有微量的芳香族化合物酶,它能把通过肾上腺释放到血液中的弱雄激素改变为雌酮。这种雌激素含量可能不足,但它的每个分子都有助于避免绝经问题,并且丰满的妇女比消瘦的妇女产生更多的上述激素。雌激素不是绝经后下降的唯一一种卵巢激素,但它是最重要的一种,因为所有绝经期综合征皆起因于功能不全。

早在1933年,作为对这一课题所进行的首批大规模调查之一,医学妇女联合会的报告表明,只有16%的妇女在其中年时未患绝经期综合征。大多数中年妇女抱怨潮热、出汗,而且头痛、心悸、失眠和眩晕亦属常见。这种情况在当今仍然多见。对绝经期综合征的治疗仍存在着争论,发达国家只有10%—20%的妇女接受激素替代疗法治疗,而其他国家比例更低。原因之一是,我们对付的并不是一种标准的激素缺乏综合征,因为不是每个妇女都会在这种变化中受困扰。对骨骼和动脉的最坏作用不知不觉地加剧,直至二三十年后——即妇女完全忘记有关潮热及诸如此类症状后很长时间才显露出来。

绝经期综合征常被那些未受到影响的人所轻视。毕竟,它们通常是短暂的,不会威胁到生命,心理学因素和社会学因素在每个妇女上述变化经历中起部分作用。例如,日本妇女被认为比西方妇女能更好地对付绝经期。然而,潮热与出汗的不适和窘迫令人痛苦,尤其是发生在一生中常常承受家庭重担和其他压力的时期。妇女们不应默默地承受这些变化,在这时期她们的感受必须得到认真对待。

绝经期综合征常常开始出现在最后一次月经周期前一两年,最初特征为雌激素水平下降,此后持续一段类似时期。子宫被切除的妇女往往比其他妇女略早出现上述症状,因为她没有正常的月经周期,所以这些症状是她卵巢中止功能的唯一信号。一些人轻易摆脱了这奇特的一幕,但有些不幸的人可能每一两个小时,或十年以上断断续续地经历潮热。潮热(hot flush,在美国常常更多地被称为flash)可经任何年龄段雌激素水平的突然下降,或经某种药物阻遏激素插入其受体"锁眼",并对细胞产生作用的情况下被引发。人们对性激素上瘾,也需要时间来摆脱。

潮热的每次发生,是一种持续10—15分钟的热量涌升。主要感觉的部位在胸、肩和脸部。热敏照相机揭示了在整个体表发生的体温升高,但妇女一般不知道其最大程度。这种升温归因于血液突然涌向皮肤,通常伴随着出汗。这些人们不知道的事件常常在舒适的室温下休息时意外地被引发,尽管应激可能促成事件发生。妇女有时会感觉到发作前有预兆。潮热是机体试图适应较低雌激素水平的结果。脑发放沿神经传向皮肤的信号(不适当地造成)允许更多的血液流向体表,并以我们在洗热水浴或剧烈运动之后发热的方式散发更多的热量。这个问题源于机体恒温器的无规行为。

主要的恒温器位于脑底的下丘脑,这接近控制垂体激素输出的神经可能不是巧合。促性腺激素的激增与潮热的发生同步,尽管它们对此不承担责任。更重要的是将恒温器重新连接到一个度数较低的部分。我们无法感觉到家用取暖系统中小小变化，但机体中的这种作用可被对极微的体温变化敏感的生化作用感受到，正如我们所知对发热或慢跑的反应，尽管这些变化有各种不同的原因。这里为恒温器的激素作用开了先例，即排卵后妇女短暂处于较高体温，以及作为孕酮对下丘脑作用的结果而使整个妊娠期间体温偏高。我们能理解为何较高的体温和基础代谢率可能更适合生殖需要，但难以觉察其在潮热中的作用。

幸运的是，激素替代疗法使这些令人不快和窘迫的综合征能得到早期缓解。但这种疗法仅在症状初始阶段有效，打算停止治疗的病人被劝告需要逐渐减少剂量，通过机体自我调整，避免原有综合征复发。许多妇女由于种种原因未能坚持激素替代疗法。有些妇女怀疑它应对体重增加承担责任，另一些妇女则不希望少量月经重现，还有较多的妇女述及她们出现胸部疼痛并有呕吐感。假如她们试验了不同制剂，可能会找到一种更受欢迎的药物。但某些妇女对主要由男医师负责整个治疗过程，存在着一种可理解的疑虑。

某些妇女对中年生物学疾病似乎更多落在女性身上而感到愤愤不平。但男性就安然无恙吗？

男人可能会对自己拥有按照"全程使用"来设计的性器官而感到自豪，但六七十岁时的睾丸能同二十岁时的睾丸一样吗？果然是这样的话，它就是独一无二地不受衰老影响了。男人不出现潮热，除非他们被阉割或用药物治疗以抑制他们的激素，并且仅持续一段时间。尽管这期间只有比许多人猜想少得多的理由是乐观的，但他们所以能轻易摆脱，是因为他们的睾酮水平在正常情况下不会骤降。这种激素因其日复一日、年复一年地保持恒定而有好名声。与妇女激素特定的涌升相比，这成为不大有趣的生物学故事，但一项研究结果表明，年轻的巴黎男子春季的睾酮水平低于其他季节的睾酮水平！这解释了该激素为什

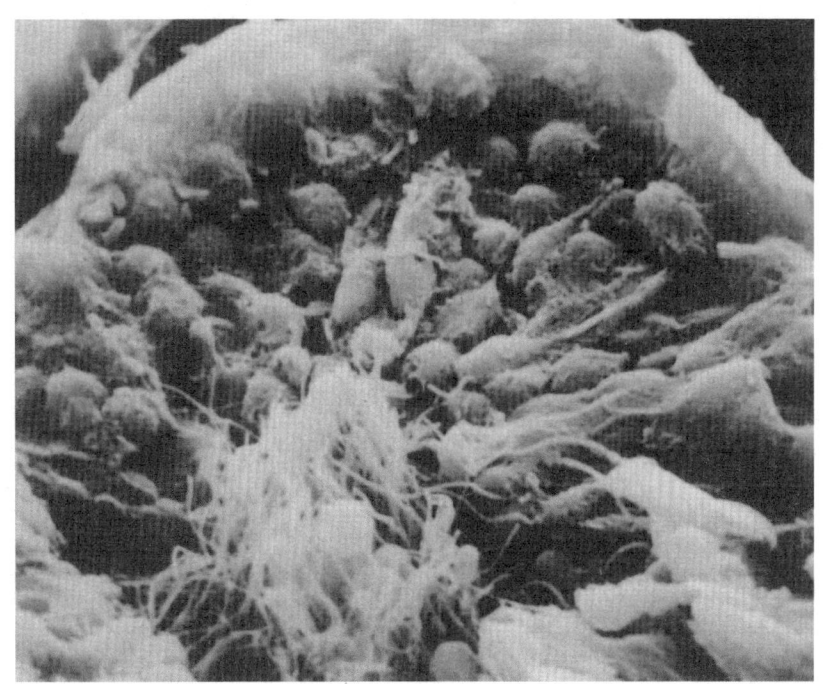

图10 睾丸的电子显微镜照片。电子显微镜下可见,睾丸由许多可以产生精子的生精小管构成,这些生精小管四周环绕着负责分泌睾酮的细胞

么有较强的温和性,使精子连续不断地产生,而不是每月一次突然增加,所以任何时候都需要这种激素。

精子在睾丸中犹如意大利细面条似的小管中发育,它们在那里与承担滋养精子的营养细胞共生,但本身不产生性激素。雄性激素由间质细胞形成,间质细胞很像在意大利细面条的多股面条之间涂抹的佐料。这些细胞直接与脑垂体对话,而不关心精子是否被产生。垂体促黄体素刺激它们产生睾酮,睾酮及时反馈垂体以防止促黄体素释放失控,以保持一种适当的阴阳平衡。精子产量几乎不处于均衡状态,这就是为什么仅凭外表你将无法辨别一个男人有生育力,而另一个男人不育。在卵巢中,激素与卵产量密切相关,尽管似乎不公平,但只有妇女会同时遭受丧失性激素及生育力的双重打击。

男人会因丧失垂体或因为垂体失去了其间质细胞而出现更年期症状，因为这两个事件中任何一个都会导致睾酮水平灾难性地下降。间质细胞能长久生存，而且相当强健，没有任何理由期望它们的数量会随年龄增长而下降——事实上我们也知道在大鼠中它们并未下降，而在种马中数量甚至增加。然而，也许因为血液供应减少，60岁男人体内间质细胞的平均数量仅为30岁时的一半，它们在老年时继续下降。男性性器官产生激素的能力因此而减弱，尽管永远不会像在卵巢中那样结束。这与男人处于更年期状态密切相关，它所带来的很多现象被称为"男性绝经期"。

正如妇女在不同年龄进入绝经期，男性激素的变化亦因人而异。如果美国巴尔的摩的纵向研究结果普遍适用，则男人就有正当理由感到满足，因为美国中产阶级中80岁老人与年轻男子有同样高的睾酮水平。应当承认，这项研究是在健康状况极好的人群中高度选择的试验组，在美国与别国进行的其他研究结果均显示，老年男人的睾酮水平平均偏低，那些不大健康及潜伏着糖尿病与心血管疾病男人的睾酮水平最低。那些关心自身健康的男人，很可能也在保护自己的性功能。

睾丸的外貌很难表现出有关激素产量或性功能的变化，这使男人的虚荣心能平静地带入老年。泌尿科学家用参照珠串制成的一种称为普拉德（Prader）睾丸计量器来测算睾丸的大小，一个正常成年人在整个成年生活中该器官约有18毫升大，但存在着种族差异。激素水平应当比体积提供更多的资料，但高水平的睾酮却不一定意味着高生物学活性，因为在血液中只有小部分激素具有活性。大部分睾酮与血液中的性激素结合球蛋白相结合，并不立刻为细胞所用。老年男子有较多的性激素结合球蛋白——这是两种性激素之间的较量结果，因为略高含量的雌激素刺激了性激素结合球蛋白的产生，正如它们在妇女中所起的作用那样。过量的性激素结合球蛋白吸收大部分睾酮，它诱人地表明，这有助于减少前列腺疾病的危险，这一理论的遗憾之处在于，此种差别会加速骨骼中钙的流失，表明任何简单的令人满意的衰老生物学理论很可能皆应当被摒弃。

在结束这一节之前，我感到必须交代我的看法：有可能通过某种办法阻挡衰老的冲击，尤其是在卵巢采取措施。考虑到卵巢在出生前就用来贮存卵，然后把它们毫不吝惜地用于随后的50年，那么通过减少卵的浪费来延长卵巢寿命的观点不是科学幻想小说。如果卵贮备能维持到70岁，则脑垂体仍能产生足够的促卵泡素和促黄体素以刺激卵巢并维持月经周期。绝经期将被延迟到老年乃至完全被取消。这是否可行，则是另一回事。

当口服避孕药于20世纪60年代被引入时，一些医生怀疑长期抑制排卵的妇女能否为来日而节省她们的卵泡。略微想一想就足以排除以下观念：服用避孕药者的卵巢衰老得更为缓慢。一方面，每月节约一个排卵的卵泡相比每天都在死亡的，此种效果实属平常。另一方面，我们也可能预期多次妊娠（从而较少排卵）的妇女会较晚到达绝经期，而事实并非如此。

考虑到其生物社会意义，令人吃惊的是我们对卵巢衰老的速率如何受到调控知之甚少。发现一种可减缓这一进程的方法，将引发一场自类固醇避孕法诞生以来影响妇女控制其生殖能力的最重大革命，这也许正是某些人阻挠对其可能性进行科学探索的充足理由。但有一条充足的理由，不去考虑那些莫须有的恐惧，即这一进步会鼓励高龄产妇。此外，有许多可能过早面临绝经期风险的妇女会欢迎一种使她们的卵巢钟走慢的办法，以便来得及妊娠。

这如何实现，尚属猜测。因为，还没有人发现处于卵巢中心部位并将每一个卵或送去排卵，或直接湮没的时间开关。一个（甚至在大学教科书中）常常被误解的事实是，垂体激素和激素类固醇对整个卵巢钟运转的速率皆无影响。它们所扮演的角色是在主开关之后的阶段。它们控制已成熟的卵泡最终成功排出,并宣判其余卵泡的死刑。

横向思维对科学家而言并不比其他人更为容易,它可能产生取得突破的新见解。卵泡因其是机体中生长最快的结构而著称,科学家自然将注意力集中于刺激这一过程的激素上,容易忽略生长也可被抑制物所控制。抑制激素的较多实例已为人所知,抑制战略在卵巢中行之有效,因为存在着消耗卵贮存过快、排出比子宫能处理的卵更多卵的危险。有一点我们至少能肯定,不管什么人发现卵巢钟的钥匙,马上就会有一批唯利是图的人跟上。

我们正在思考如何推迟绝经期,这一事实本身就说明绝经期这一特殊的里程碑并未拨动每个人欢愉的心弦。这可不是庆祝成年的聚会,我们是在沮丧地观察这种变化,绝经是聚会中优雅交谈的危险话题。绝经期标志着生育岁月的结束,预示着新问题的来临,但它肯定不是生命作为有性生物的结束。

性渐近线

用生物医学行话来说,"绝经期"这个词的含义就是最后一次月经周期,但在公众的习惯中,用它描述中年的许多消极方面。它常被用作射向人(男女两性)的一支毒镖。似乎衰老问题还不够,那些六十开外的人被认为不那么像女人(或男人)了——或许是"不如当年"了。

探讨年龄对性兴趣与性功能的作用,并不是一个生物学家容易做到的事。我宁可避开这些陷阱,而在下一章讲述性激素对机体作用的故事。很难找到比这更抽象、更棘手的研究课题。我们的性行为在多样性和强度以及交欢方式等方面与动物的性行为显著不同,它在我们进化期间并非一个平常的因素。很多作者提出在整个生命期间通过有规律地做爱的一夫一妻式结合,为我们物种的成功作出了贡献。

性别对人如此重要,助产士接生新生儿时首先告诉我们的就是性别。由这一重要时刻开始,孩子以特定方式被对待,在其余生不管是好是歹地被纳入特定的性别角色。我们的性别特征是如此根深蒂固和深奥莫测,以致我们大多数人难以想象作为另一种性别的人的情况。那就是为什么对妇女的性感受或男人的勇猛所进行的诽谤如此刻毒伤人。康福特常常捍卫老年人的性尊严,抨击老年人不参与——和不应参与——性活动的提法。印度一些地区牢固确立这一观念:夫妇在孙(外孙)辈出世后进入自愿的性退休状态。撇开文化责任不论,这不一定非得如此。我们到老年仍是女人或男人。我们的性别命运在受孕时刻就已被打上遗传印记,并由卵巢或睾丸的机体显露而进一步证实,通过性激素对器官的形成作用而加强。这些最基本的印证不随年龄的增长而逆转。关于性别就讲这些——但性别和性征不是一回事。

性兴趣与性功能必定随年龄的增长而衰退,这是当男人变老时而发生的最初变化。古希腊人甚至形成了一种"最终摆脱当时频繁打扰他们的性本能,好似他们能成功地避免成为一个疯狂和失去理智的男主人"的美德。每个人迟早都会意识到他们的性渴望在减弱,但这个论题长期以来被列为禁忌,没有什么可靠的资料,只有一些逸闻趣事。直到20世纪40年代后期,还无人严肃地(或胆敢)考察人的性衰退。

美国印第安纳大学性学研究所的金西(Alfred Kinsey)领导的一个研究小组,首次调查了美国人的性习惯。通过对几千份问卷答复的筛选后,他们断言,对于男人,"性功能的最佳时期……在某些地方大约是十六七岁,不会太晚"。性功能等级不仅建立在夫妻性行为的基础上,而且建立在其他性发泄途径的基础上,因此性衰退不能推诿于配偶的性欲或年龄。男人可能否认,但他的性欲在青春期达到高峰,之后几乎立即开始逐步减弱。一个男人可能说在他40岁时是生命中的全盛时期，但他的生物学特性并不这么说，即使他认为自己对异性的兴趣没有消退。这种变化的责任不能归因于睾酮，因为睾酮在大多数男人直到60岁以上时仍保持适当的水平。性欲会是衰老的一种好的生物学标记，假如它不是身心疾病的混淆作用以及难以找到测量它的满意（更不用说可接受的）手段的话。

金西报告通过戳穿男人性欲在中年时突然终止的神话，而作出了一项贡献。它指出，"老年人从来没有突然进入这种情况"。健康的变化对于某些人会成为高低不平的下坡路，但平均趋势只是一种向底部的缓慢下降。就整个人群而言，其斜率应当用数学行话被称作"渐近线"来表示，因为决不会达到零。总是有少数人声称与其同龄人相比仍然有持久的性能力。

金西在首篇报告发表几年后又发表了一项有关妇女性活动的大规模调查报告。这个报告讲述了一个截然不同的故事。他断言："夫妻性交（及性交达到性高潮）的次数和频率，未提供任何有关妇女衰老对其性功能影响的证据。"鉴于单身妇女的性活动在到达绝经期年龄时无甚变化，因此，对夫妻性交减弱承担责任的怀疑落到了丈夫身上——这无疑强化了拥有性感妻子的男人的忧虑。衰老生物学常常不合人意，在性问题上可能是最不合人意的。与斯塔尔在一个世纪前理想化的生物学协调美景相比较，婚姻关系在整个一生中是不大和谐的。我们力图根据更多快感和不过早射精为男人的性衰退辩解，但毫无疑问，男人与女人性欲达到高峰的年龄不同。

这一结论虽然必定长期受到怀疑，它却使得金西的研究变成官方资料。它的必然结果是，妇女能较好地与较年轻的丈夫相配。此种配偶关系常常被认为是可笑的，但这背离了针对那些仍然被拒绝的大龄女子的偏见。莎士比亚的同时代人之一，伯顿牧师大人（Rev. Robert Burton），概括了他那个时代的态度："老妇与少男相配是不合适的。"我很怀疑是否存在禁止此种结合的神学基础。指出这一点就够了：伯顿对主持老夫少妻的婚礼没有什么不安。他相信这种安排不违反生物学，因为他认为年轻女子能重新唤起性激情，给老年男人注入新的活力。"老年男人将陶醉于这种有时与休息一样美好的性活动中；性爱的热量将融化他们冰冷的爱慕之情，融解年龄的冰块，及改善迄今为止他们的性无能，尽管男方60岁以上而女方30岁不到……"这里没有假正经的牧师，他在金西公布其研究成果之前许久就已认识到两性关系中新鲜事物的力量。伯顿的一位同时代人，荷兰内科医师布尔哈夫（Boerhave）为体衰的领主开具了一个著名药方：让每位老年男人睡在两个少女中间。私通不一定需要实际的肉体交合，因为少女的"气息"有时足以唤起老年绅士的生命力。在圣经中已有先例，在大卫王的晚年，来自书念的少女亚比煞被送到他身边，"他没有与她亲近"。

只有少数研究人员探究过人性交的生理学，更少的研究人员考察过衰老的影响。在一些研究中，研究人员有自己受试者，他们认为人的性反应在已确立关系的性行为中得到充分研究。当动机明确后，这种安排远不令人满意，因为那些经挑选离开卧室到实验室的受试者很难像平常那样扮演女士与先生的角色，随着年龄段的提高很可能出现不耐烦。

20世纪60年代的大开放，有助于着手进行深入的性研究，进入被视作个人隐私的领域。美国圣路易斯的一对性学家夫妇因招募有偿志愿者在实验室条件下研究性反应生理学而著称。一些人对马斯特斯（Masters）和约翰逊（Johnson）使用的方法感到不快，另一些人则对把性交降格为许多阶段和像其他身体机能那样的生理反射感到愤慨。此种研究的正当理由，无论当时还是现在，都在于性问题会导致两性关系的痛苦，积极治疗比消极接受更可能得到恢复。

也许这些发现对受试者不像对研究人员那么令人惊奇。50多岁的健康人被发现能享受与年轻人一样多的性满足,男人和妇女都能达到充分的性反应,即使性高潮延迟,其强度减弱。可以预见,那些获得最大性满足的人会更有规律地参与性活动。

在老年性激情方面,动物与人无甚差异。雄性实验室大鼠逐渐丧失交配兴趣,而雌鼠则长期保持其受孕能力,只要它们继续其生育周期。因此,产生了一个原则:雌性奋力贯彻始终,它的卵巢仍然起作用,即与上文介绍的进化论据相一致。雄性鼠在青春期后尽可能繁殖,一旦达到充沛体魄与力量时,便将它的遗传资本投入下一代。延迟生殖没有任何好处,尤其是对在野外状态易受攻击的啮齿类物种。妊娠是一种投资,雌性一生中只有几次机会,她会仔细地挑选配偶进行交配,并等待生殖机会。

与人相比,动物的性接受力更多地与雌激素含量的周期性上升相关。雌性仅在处于动情期才接受雄性;反过来,雄性会探查其配偶表示已做好准备的信号。任何一位宠物的主人都知道,发情的母狗会发出催欲气味,把自己的性状态向四周每只狗做"通告"。这些信息素是体内激素的挥发性盟友,为增加生殖成功机会服务。要找到人的信息素很困难,探寻活动已受挫。即使它们存在的话,我们的反应很可能是钝化的,男人相对不灵敏的鼻子会被一片除臭剂和香水气味所淹没。除非男人想方设法探查,否则他们就不知道他们的妻子某月某日最能受精——大多数妇女也不知道。

妇女比动物更不受性激素的束缚。除了偶然的排卵疼痛外,大多数妇女在排卵期间都不知不觉,这真令人惊奇,因为破裂的卵泡有一颗葡萄那么大。这一过程如此讳莫如深,直到20世纪30年代人们还公认最易受精的时间是在月经期间而不是在两次月经之间。这个错误产生于月经与发情期母狗阴道血渗出物之间一个错误的类比,从一开始便给安全期避孕法背上了黑锅。

实际上与所有动物不同,妇女在其月经周期非受精期间并不丧失她们的性欲;尽管在排卵受到抑制的妊娠期和母乳喂养期间不大有激情,但她们还是参与性活动。某些长寿动物,如大猩猩和大象,可能在两次交配之间要隔1—2年,但人不同。如果妇女的性渴望感随其雌激素水平的变化而波动,则性活动应当在月经周期开始后约14天时达到高峰,但没有什么过硬的证据证实普遍如此。大多数研究结果表明,不存在完全禁欲的时间,除非出于宗教禁忌的需要。在某些研究中发现,接近月经周期的中期有略高的性交频率,尽管在其他妇女中此种高峰出现得更早,甚至在行经期间。雌激素显然不决定何时做爱和做爱的频率。

人类生物学特征比我们习惯上所认为的要更为复杂,男人并不是有些人想当然认为的睾酮的奴隶。不接受雄激素替代疗法的阉人,并非完全对异性不感兴趣,而且能够性交,即使他不想性交,并且不能射精。同样,对性罪犯的强制阉割并不能保证其不重犯。有争论认为引入阉割这种措施,更多是出于惩罚的目的,而不是一种合理的治疗。睾酮被认为要对大量人类侵犯行为承担责任,青少年的谋财害命行为被认为是主要证据。尽管这是一种粗略的过于简单化的观点,事实上人类侵犯行为比一般所想象的有更多社会环境因素,很少由激素决定。那些质疑还有比睾酮更重要的引起侵犯行为的因素的人,难道从来没遇到过一只性情暴躁的雌仓鼠或一只在大门口狂吠的母狗吗?

假如人的性欲也像动物那样有赖于雌激素,则夫妻同居关系将在绝经期时消散,因为摘除卵巢后的雌性动物缺失性感。金西指出,妇女与这种情况截然不同,尽管最近的研究表明这种生理变化对性感觉确有某种影响。在瑞典和澳大利亚从事的多项研究表明,绝经期比衰老本身对阻抑性激情有大得多的作用,这等于向"中年之火"的古老神话泼了一盆冷水。

看似有理的解释是，较低的雌激素水平不能维持阴道黏液内衬及泌尿系统下部的厚度。该处组织因此变干和更易受损与易受感染。性交期间的插入会引起疼痛，而且黏膜可能发炎。幸运的是，这些细胞如同以前一样对雌激素敏感，上述症状可用含雌激素的乳膏或激素替代疗法的药丸与膏药而获得改善。

然而，妇女的精神状态很可能比她干涩的阴道更多地支配她的性感觉，而精神状态出了问题更难治疗。在澳大利亚墨尔本地区对妇女进行的一项研究表明，就满足性关系而言，良好的精神状态，要比用激素替代疗法更重要。为性满足开的药方，是身强体健、不抽烟以及与配偶的良好关系。那些在所有这些方面都幸运的人，通常能更平静地度过绝经期及以后的日子。

激素替代疗法对妇女性欲是否有影响尚有争论，不仅是因为这个问题已进入性政治学的交叉火力。激素水平变化和衰老的作用已混淆得不易分清，但来自年轻妇女手术绝经的某些研究表明，性欲可由雌激素的使用而获增强。小剂量用药有助于保持正常的性兴趣，但加大剂量并不具有累加效应。由于雌激素掺加少量睾酮，据说可提高衰退中的性欲。人们想知道绝经期后雌激素水平比雄激素水平下降幅度更大，是否也会使妇女更自信及增强性接受力。但出于已被给出的原因，这是一种不必要的担心——或一厢情愿。

正如妇女可能需要微量雌激素以维持性欲，每个男人皆需要一定阈值水平的睾酮以"激发性欲"。但正像阉人所知道的，激素水平并不是一切。大剂量给药不能成比例地增强性欲，或引起淫荡行为和男性色情狂，并且是有害的。大多数男人在年轻时的激素水平处于安全边缘状态，只要其阈值不向上升，男人即使在其老年时激素水平略有下降，仍有足够的量。那些不幸充分拥有高阈值和低水平睾酮的人，可能在其老年时处在性冷淡的危险处境。但测定男人的激素阈值比测定其激素水平更困难,大多数男人很可能对这一问题茫然无知。目前,在美国从事的试验旨在测定睾酮对老年男人的合成作用,为启蒙和结束一个世纪来对激素与引发性欲之间关系的推测提供了一种非预期机会。

阳痿在健康的男人中很少见,直至中年后期,它一旦出现,常常被认为是不健康表现或药物的不良反应。年龄本身是一种不大可能的原因,而且阳痿并非由雄性激素不足所引起。阳痿曾经被认为主要是一种性心理问题,其实常常具有器质性原因。夜间发生的某些生理现象揭示了其原因。在睡眠期间,每90分钟左右再现做梦情节。在不考虑做梦内容的情况下,肌肉会变得僵硬,两眼颤动,性健康男人的阴茎变得肿胀。男人醒来时经常发现阴茎勃起现象,想知道原因。事实上,阴茎始终处于松弛状态的男人,倒应该为这是阳痿的信号而感到担心。这里存在着多种可能的原因。酒精和诸如抗抑郁剂等某些处方药是众所周知的性欲抑制剂,尽管它们的作用是可逆的。疾病也往往是原因,因为性健康与机体健康状况密切相关。

人的阴茎像某些动物那样不含骨(或阴茎骨),但通过充血而有显著的伸张能力。这一过程由神经冲动所引发,神经冲动引起动脉壁松弛,使得更多的血液流入阴茎的容量血管,即海绵体。随着容量血管充盈,来自阴茎的静脉血流被阻断,就好像用止血带结扎阴茎基部一般。糖尿病患者和截瘫患者不能勃起,是因为神经损害,而循环系统疾病男性患者的勃起失败,则归因于其无法由阻塞的动脉提供足够的血液。

当脊神经被切断,性器官与血管健康状况不佳时,仍可能用电刺激或药物治疗模拟神经冲动正常发放来引发勃起和射精。这是另一个由自体实验证实有效的领域。英国伦敦一位医师就在自己的阴茎上试验了多种药物。经注射3毫克α阻遏剂或肌肉松弛剂,获得了极为显著的结果。他的阴茎不仅不松弛,而且在注意力集中的情况下保持坚挺达两整天,尽管他设法通过读柏拉图(Plato)的《理想国》来分散注意力。这些作用最终会逐渐消失,但拮抗药可使阴茎迅速疲软。这种药理平衡作用似乎非常可笑,也是对性交的一种嘲弄,但如果它有助于受伤者履行一种适宜的性角色,为什么不试试呢?目前用于克服性功能障碍的系列药物和电装置,无疑会变得更周到和更精致,但它们的有效性将有赖于维持良好的血管,然而这对老年男人来说是个问题。

对已进入老龄期的人们欲享有规律的性生活的看法,多少有点矛盾。性有时被认为可促进健康,尽管与其说它是健康良好的一种信号,而不如说健康是它的起因。更常见的是对性表示不满,此种历史观点是一种悲观论调。约450年前,宗教改革家塔弗纳(Richard Taverner)写道:"绿色常春藤,缠住一株老树,像火一样迅速向上蔓延,又似一位无支撑的美丽女人,催促老人走向他的坟墓。"对此,老人害怕慢慢死去。一位读者写信给一家妇女杂志咨询,她的丈夫67岁,比她年长20岁,他们一天做爱两三次,她担心这可能对他的心脏不利。专栏的知心阿姨看来排除了恶作剧的可能,明智地安慰她,并祝贺她幸运拥有如此健康状况良好的丈夫。对于性满足并不存在年龄限制,特别是配偶双方都健康之时。当然,一方想继续做爱,而另一方则希望从中退出时可能会有些问题,在性经历了长期的禁忌,现已成为需求的当今社会,这确是一件憾事。任何年龄配偶之间的信任结合所增加的好处,比一次成功性交的获益要多得多。

生命的性二分法是自然的基本原理之一,它不会被年龄或绝经期所击败。我们不能忽视机体年龄的钟声,但我们至少能愉快地反映自己对性激素变化的独立程度——至少在性行为领域是这样。绝经期是妇女生命中的一个里程碑,尽管男人可能会走一段额外的路程,但激素变化最终也会赶上他们。在生命后期拥有较低雌激素或睾酮水平不存在什么生物学**目的**,但有很重要的作用。从生命之初就帮助我们塑造机体的类固醇,持续作用于我们自身,并远远超出生殖的直接需要。为什么会这样,它对老年有什么后果,我们将在下一章讨论。

 第十章

类固醇的塑形作用

> 好,愿上帝下次送毛发的时候,给你一把胡须。
> ——小丑对女扮男装的薇奥拉(Viola)说,
> 见莎士比亚的《第十二夜》

差异万岁!

男孩在出生时,就个头比例而言,有比女孩更大的脑,但幼年期间女孩慢慢追赶并在青春期赶上了男孩。无论你怎样看待这种结果,都不能否认在男人与女人之间还存在许多其他器官的差异。在整个生命期间,女子的肝比男子的肝相对更大些,而且有一个自早年就较大的脾。这些差异结果证明不是天生的,而有赖于出生前及出生后处处存在的性类固醇的平衡。

所有这些,乍一看似乎有点令人困惑,因为这些器官主要参与除生殖以外的许多生理活动。睾酮和雌激素影响性器官的说法是可理解的,因为女性的子宫与输卵管和男性的阴茎与前列腺存在的理由是为生殖需要服务,但发现机体的大部分器官对这些激素远非无关紧要,则令人惊奇。在其他器官中,肝、脾、脑、肾、心、肺和皮肤,男性与女性之间有所不同,而且这条鸿沟有时很大。雄性小鼠的唾液腺比雌性小鼠

重2—3倍,而在仓鼠中是相反的。此种身体差异常常与生物化学方面匹配。这似乎表明,整个机体在某种程度上都服务于生殖需要,并且到所有器官皆"有性"的程度。这种情况重要性在于,机体组织能在对激素涨落反应过程中发生变化。使人烦恼的是,任何变化可能不仅影响我们的外貌,而且影响我们的健康。

青春期激素水平的上升有助于机体为其未来生殖角色而长大、加强和塑造体形。它们促成了对异性更具吸引力以及众人皆求的迷人外貌,虽然这些是短暂易逝的。性激素最初可能烹制一道非常可口的佳肴,但后来则制定了一个不大诱人的食谱。这常常是激素水平下降的直接结果,但不受欢迎的变化有时不被注意,因为生物学时间并未停顿。某些关注是美容方面的,男性和女性皆关注:身体一个部位毛发或脂肪太多,而在另一个部位则不足。其他变化导致骨(也许还有肌肉)生长较弱。最后,还有些变化通过促进癌症发生或血凝块堵塞狭窄的血管,诱发心脏病或脑卒中,而缩短人的寿命。

我们已经看到这些变化并非生物学基本原则,事实上只有生命早期才处于进化选择的第一线。自然选择几乎或根本没有能力阻止衰退,它无法阻止生命逐渐发育直至最后阶段的全部不受欢迎的变化。那就是我们在青年的兴旺时期,最健康和最精力充沛的原因。尽管进化论把衰老与生殖联系起来,然而把全部老龄问题与我们的性生理学相关的说法,不论过去还是现在,都不完全正确。本章试图解释这些情况是什么,它们在男性和女性中为什么往往有差异,以及它们可能如何演变。

一旦围绕进化问题的争论平息下来,达尔文就思索为什么某些动物(尽管并非全部动物)看上去有与其他动物截然不同的性生理学。如果男性与女性性腺之间的原初差异对某些物种是足够的,那么其他物种为什么特意制造特殊的装饰和武器?既然物种可以随时间的推移而变化,作为第一步,他可以接受两性之间不存在任何永久性机体相似性和差异性的观点。但它们最初究竟为什么进化呢?

雄性感觉到竞争的压力,因为它们只有通过自己的特征成功地赢得配偶以产生下一代。交配竞争的失败者无法传宗接代,它们独特的基因组合就成了进化的死胡同。达尔文将雄性的这种竞争压力称为"性选择"。它是进化变易总驱动力的自然选择的对应物。达尔文指出:

> 任何动物物种的雌性与雄性都具有其相同的生命一般习性,但在结构、色彩或装饰方面有所不同,这样的差异主要由性选择所造成:雄性个体在武器、防御手段或仅仅传给其雄性后代的魅力等方面,连续几代拥有某些胜过其他雄性的少量优势。

到了19世纪60年代末,距达尔文环球科学考察的日子已过去很长时间,但他不必通过回忆旅途中见过的异国动物来形成他的论点。在他家后院里,就有性选择的范例。就像鸟翼是自然选择的手工制品一样,雄孔雀的尾羽也是性选择结果的众多产品之一。每根尾羽都为其主人在求得交尾的狡猾求爱策略和在严峻与充满竞争的世界里兴旺发展而增加优势。鉴于生殖是自然界中的全部,如果需要的话,机体几乎任何部位都会为这个目的服务。尾羽与鹿角并不总是在雄性和雌性中如此与众不同。在它们的新角色中,这些组织变得对性激素更加敏感,使得它们能与性腺协调,从而增加成功交配的机会。

有吸引力的体表和高大的身躯,是赢得性成功的重要组成部分。皮肤、骨及其附肢是激素的某些更重要的目标,因为它们的信号可被旁观者清晰地看到。全身披着艳丽羽毛的公鸡和具有最坚固鹿角的牡鹿,它们获得胜过竞争者的生殖优势,从而为后代奉献更多的基因。由于机灵的求爱行为被认为与雅致和体格一样重要,故脑也是性激素的一个目标。求婚者作出最难忘的求偶夸耀行为，显示出崭新竞争状态，穿上一件无寄生虫的漂亮精致的外衣，可成为雌禽的幼雏的最好父亲。同样，吼叫的牡鹿是要消除雌鹿在其领地的疑虑，在这里它是强大的保护者。物种第二性征的背后，呈现出一部争斗的雄性与挑剔的雌性的历史。

多配偶物种面临最为艰难的考验，因为赌本对它们来说最大。少数入选的雄性设法建立起自己的一个领地，聚集配偶们以排斥所有即将来犯者。获胜者得到一切。达尔文了解"多配偶性与第二性征的进化发生之间存在的某种关系"。竞争越大，对雄性夸大其雄性生殖力象征的压力就越大。受战争蹂躏的雄海象是一个极端实例，"海滩之主"使雌海象在体格与凶猛程度上均相形见绌。这种两性之间的体格差异甚至可用来衡量不同物种多配偶性的程度。这一规则在灵长类中符合得相当好，证实了我们所知道的人类这个物种有明显的多配偶和对婚姻不忠的倾向。

但是，雄性之间进化"军备竞赛"不可能不受约束地永远进行下去而不威胁个体的成功和物种的利益。雄海象进行性选择到这样的程度，它们肥大的身躯和侵略行为开始逐渐削弱它们已经取得的生殖优势。它们笨重的步态严重限制其领地的大小，并且有时候为保卫领地而践踏它们自己的幼海象。因此，一个群体中最强有力的雄性成员独占雌性和取食地的程度会存在限制。成功的动物必须在自然选择与性选择之间的刀刃上取得平衡。

我们对性选择压力象征的了解并不比斗鸡了解得更多。在无路可逃的情况下，雄性必须战斗到底，与其说像男性选美比赛中的参赛者，不如说更像角斗士。动物进化了各种各样的姿势和求偶夸耀行为，试图避免陷入殊死战斗中的蠢行。即便如此，仗势压服仍将付出代价。与那些社会地位较低的成员相比，达到较高社会地位的狒狒，具有较高水平的皮质类固醇。这些来自肾上腺的应激激素可能在某些方面是天然的和有益的,但它们降低了生殖效率。雄孔雀和鸟类世界的其他花花公子也必须谨慎小心。如果它们太显眼或笨拙,它们将更易招致捕食者的攻击。同样,来自墨西哥的雄性大尾鹩哥下垂的饰带,阻碍了它在强风中翱翔的能力。尽管这种雄鸟的死亡率是其配偶的两倍,但性吸引力比这一较差的存活前景更重要,不然它的装饰物就无法持久。但并不存在什么自然法则,要求代价高的交易始终必须与获得生殖优势达成妥协。雄雉可以夸耀其较大的距,对雌性有更大的吸引力,产生更多的后代,甚至活得更长些。距对于鸟类相当于肩衬和华丽的丝带,但显然不是穿戴者隐藏的价格标签。

在母权制社会,雌性的形态与生理机能也隶属性选择。雌性斑点鬣狗比其配偶更重和更具侵略性,甚至能够在幼兽期争斗并咬死同胞姐妹。出现雄性性征及其代价并不总是雄性的特权,雌性鬣狗的阴蒂像其配偶的阴茎一样肥大并能勃起,其阴唇融合成一个阴囊状袋结构。尽管有这些障碍,它仍然设法交配,在内阳茎末端穿孔产卵。这种非正常行为和生理机能归因于雌性体内(甚至在出世前)特别高的雄激素水平。很显然,性激素并非严格地区别对待不同性别。

由卵巢或肾上腺产生异常大量雄激素的妇女表现为多毛和男性化,并且也患男性疾病。相反,从未被施加睾酮的男性,只具有少许潜能,其躯体发育较接近于正常女性体形。两方面都有例外。被人们冷嘲热讽地始终看作有雄性生殖能力的象征之一的种马,可产生大量的雌激素。它们并未被其雌性激素水平所雌性化,不过男人如果接受了如此大剂量的雌激素将发生女性化。男性和女性都产生雄激素和雌激素并对两者产生反应,两者之间的差异主要有赖于激素浓度与作用的平衡。

假如我们从头开始设计一个新物种,有选择地创造雌性和雄性,那么对我们来说理论上有两种选择。我们也许能安排几千个基因来实现我们想在两性体细胞之间制造的每一种区别。性基因为控制生殖器和机体差异的所有细节所需要。另一种办法，我们可以向两性提供相同的一组基因，除了设计用于起性别开关作用的唯一一类基因外。我们不需要非凡的智慧就能采纳第二种选择，因为这是更经济的规划。男性与女性之间的差异随胚胎中某个开关的轻按而开始出现。此后，激素信号开始指引机体按一种或另一种模式塑造工作。

这个开关如何控制的细节因不同动物群体而异，但这一原理是普遍的。在哺乳动物中，胎儿的性别在受孕时便已被决定，取决于致育精子携带X(雌性)染色体还是Y(雄性)染色体。这种性别决定在子宫内生命的最初6周仍然保密。性腺在期待卵或精子的祖先——原生殖细胞——的到来时保持疑性和中空。

不可思议的是，不是迁入的生殖细胞，而是存留的体细胞，决定性腺将发育成卵巢还是睾丸。如果这种未来的抚育细胞携带一个Y染色体，则一个称为SRY的基因将短暂打开对指令细胞开关，制造适合于滋养精子的小管。在缺乏Y染色体的情况下，这些抚育细胞就形成紧扣在未来卵细胞四周的一圈圈颗粒细胞以制造卵泡。假如国籍根据与性别一样的基础决定，则我们的家族起源还比不上入籍国的作用。

SRY基因对性别的重要性，已确凿无疑地得到证实。将这种基因注入已受精小鼠由两条X染色体遗传上注定成为雌性的卵里，结果把它们转变成具有无可争辩的睾丸的雄性。一旦性腺的性别被指明向睾丸或卵巢的方向发展，机体其余部分的性别命运也就被决定了。

巴黎已故的若斯特(Alfred Jost)指出，当决定机体性别形态时，睾丸对性腺影响最大。他阉割了妊娠兔的胎儿，在其他胎儿之间交换了卵巢和睾丸，以研究对将来机体形态的作用。在出生前排除睾丸激素比出生后排除有更显著的作用，不仅阻碍了部分生殖道的发育，而且完全停止了幼崽长大后的性行为。雌性对摘除其卵巢更不在乎,保持一种永久的未成熟状态。睾丸移植对雌性机体具有一种持久的作用。它遏制子宫和输卵管的形成,而促进输精管的发育,通常促进雄性"性征"的发育。很久以前,一项自然实验引起了亨特的注意,一位牧民抱怨他的母牛怀了相反性别的孪生犊,却产下雄性化的雌性牛犊。形成这些不育"雄化牝犊"的原因不在于那个时刻的睾酮,而在于另一种睾丸激素,但它进一步证实了睾丸的支配作用。由于雄性激素给机体结构留下几乎难以去除的印记,因此,生物学家用稍带贬义的"默认性别"一词来称呼雌性。用外交辞令来说,基本规划是一个雌性规划,雄性性征则是额外选择。无论如何,它与亚当肋骨造夏娃的神话大相径庭。

若斯特的实验结束了使细胞对睾酮作出反应的基因定位于Y染色体上的说法。女性可以像男性一样作为这种激素的受试者。雄激素的受体分子由X染色体所编码,使得每一个人或几乎每一个人都能对雄性激素作出反应。想象一下当一名医师被召去为一位已婚不育妇女作诊断所面临的窘境:发现"她"有短小、一端不通的阴道并且无子宫,正常男性的睾酮水平以及一对未下降的睾丸!所幸的是,这种被称为假两性畸形的情况极为罕见,仅仅在调控接受雄激素的基因突变受挫时才会偶然发生。由于男性只有一条X染色体,因此也只有该基因的一个拷贝,他们在这种情况下无可依靠。不管他们的睾酮水平如何升高,他们看上去仍然像女性。

自然的缺陷有时候用几年费力的实验就可以揭示基因的作用,虽然这对那些受基因作用影响者不会有什么安慰。后来发表的另一个实例显示,由男人所产生的少量雌激素很可能至关重要。一位28岁的美国男子身高已达204厘米,并且在自愿接受研究时仍在长高。他在十多年前已进入青春期,但是他的骨龄仍然与15岁男孩一样。在青春期急剧生长期间,长骨在性类固醇和生长激素的综合作用下伸长,但在达到足够强度时类固醇导致长骨两端的生长带骨化。这就限定了高度的上限。这位男子的骨况并未达到这个阶段，但令人吃惊的是，他的睾酮水平正常，根本性问题在于缺乏雌激素受体。他对雌激素完全没有反应。教科书中有关骨生长的描述可能因他这个实例的出现而须作修改，这个实例表明雌激素在这方面比睾酮更为重要。

青春期不仅是生命中生殖期的开始，而且是体形与外貌发育以及生理机能与人生观的一个里程碑。从那时起，两性日益趋异。由性腺产生的类固醇激素是这一变化的动因，在某种程度上，几乎影响机体的所有部分。来自睾丸的雄激素刺激胡须的毛囊，产生长的终毛以替换纤细的毫毛，他们皮脂腺的激活和侵染常常产生不雅观的痤疮。对少女而言，未来乳房中的腺组织和脂肪组织对来自卵巢上升的雌激素水平作出反应，使乳头耸起。这些不过是某些司空见惯的变化。两性之间无论何时都存在着一种始终如一的差异，我们完全可以肯定有一种或另一种性类固醇在其背后起作用，靶细胞有能产生反应的必要受体。这些性征的进化根源，是几百万年经受的性选择压力所造成的。

对绝经期和衰老的担忧之一，是性激素水平的下降会逆转这些差异。这又回到了原来的主题，即衰老如同一种阉割，这在一定程度上是真的。年轻时形成的器官，没有一种能完全不受生命的中年期或老年期性激素消退的影响，甚至骨架后来都会感到枯竭。这些变化是复壮者企图遏制的变化。尽管他们错误地把所有虚弱归因于激素缺乏，但他们正确地假设老年机体对激素的反应能力与年轻人相同。甚至在我们的暮年，细胞仍含有大量性类固醇和其他激素的受体。假如它不这样，复壮是无效的，即使尝试替代雌激素或雄激素也是如此。

具有最多受体的组织，最先处于激素消退的困境——并对激素替代疗法最敏感。阴道内壁层对雌激素极其敏感，所以在绝经后，此种皱缩细胞对性交期间磨损不提供保护，因此这种性交疼痛被医师称之为性交困难。少量剩余的润滑液的酸度也低于过去,在令人沮丧的感染发生时显得不十分有效,因为细胞中的碳水化合物贮备已降至最低点。甚至连水的通过都会产生不适感,因为尿道由对雌激素敏感的细胞作内壁。所有这些变化,皆可经雌激素治疗而迅速扭转。如果性激素作用对机体内其他各种细胞类型都十分显著,则复壮者最狂妄的梦想就会得以实现,但有一点很清楚,不论是性类固醇,还是其他任何激素,都不是长生不老药。

当机体内发生一系列变化时,其体表更容易背叛我们的生物学年龄。尽管不稳定,但作为接触性器官的皮肤,对性激素敏感。胡须、腋窝和阴部三角区的毛囊有如头皮上的毛囊,对雄激素敏感——但那里的事件向相反方向发展。皮肤的其他区域都不大敏感,并且反应因个体而异。雄激素水平通常保持足够高,以维持性毛的密度直至老龄,而奇怪的是,中年期机体与脸部这种覆盖物比以往任何时候都更浓密。

雌激素对皮肤的作用比雄激素对皮肤的作用更加微妙,目前尚未得到充分认识。在进化论早期,关于妇女之美的来源有许多推测,它们现在理所当然被遗忘了。雌激素的作用是否归因于达尔文意义上的性选择令人生疑,因为在自然界中难得看到没有配偶的雌性。

当时,那个推测把雌激素的作用夸大为美容。使用雌激素美容膏是否能增美添色,只有旁观者一目了然:生物学家明智地对这个问题保持沉默,他们使自己与护肤品的伪科学广告保持一定的距离。我们能以一种肯定的语气有把握地说,绝经后皮肤变得较薄,是因为其细胞不频繁分裂,其纤维逐渐变得较稀疏和缺少弹性。皮肤经历了与骨骼中发生的骨质疏松类似的所谓皮肤疏松。确实,雌激素受体如同在骨骼中一样也存在于皮肤中,但这绝不意味着雌激素有什么复原养颜作用。那些对激素替代疗法的美容作用抱有高期望值的人,注定会大失所望。中年期表现出的粉刺与皱纹有许多原因——特别是暴露在强烈的阳光下——但它们用激素替代疗法既得不到预防也得不到逆转。维多利亚时代的人十分爱好苍白皮肤而造了阳伞,这种伞所起的作用在比目前提供的任何激素花费都要少的情况下,保护了很多女人的脸。

苹果与梨

皮肤下较肥厚的脂肪和肌肉层为机体提供轮廓,它们也是性激素的鉴别者。不幸的是,对这些细胞类型的任何讨论,很可能受到自我形象考虑的胁迫。普遍的看法认为有较多肌肉的男人发育较好,而对妇女中脂肪的看法则完全相反。没有什么健康组织比脂肪组织更有害,但撇开名流人物的口述不论,生物学以新观点揭示了脂肪细胞——它与肥胖的形状确实大有关系。

就整体而言,人类是一个多脂肪的物种:我们有像家猪一样多的脂肪,而且脂肪比除鲸以外的任何野生动物都更多。由于脂肪适用作一种御寒绝缘层,又是贮能的一种高效途径,因此它是一种有用的组织。在每克产生热量方面,它是碳水化合物或蛋白质的两倍以上,且很经济。这意味着携带脂肪的重量较轻,值得赞颂——虽然不能过分。

但脂肪有一个坏名声。我们大多数脂肪细胞在生命早期形成,处于储备状态,直到被要求去贮存过剩的能量。它们的容量如此之大,使得人类肥胖症患者能贮存高达体重50%以上的脂肪。肥胖症是食物丰富或极少活动的生活方式,或两者皆有的一种征兆。我们不能很好地适应过重的体重,因为我们的祖先(像当今的狩猎者一样)精瘦但能勉强糊口。并不令人惊奇的是,体重过重与许多疾病相联系,如糖尿病和心脏病(只举两种为例)。很久以前,哲学家培根有种模糊的想法,即体形和外貌能成为健康不佳的预兆:"瘦,情绪稳定,冷静平和……[预示]长寿,但青少年期肥胖则预示短命;到老年时,倒是无关紧要了。"

不管这个"苗条时代"如何设法约束天然的身体曲线,少量的脂肪对我们都是有益的。脂肪太少和脂肪太多都会在以后出现一些问题,但健康最佳的限额对妇女来说比男人更大。现代妇女脂肪贮存量几乎是相同年龄男人的两倍,约占其体重25%(即15千克左右)。这与饮食选择无关,有关斯普拉特(Jack Spratt)及其妻子的歌谣将使我们相信:她的慷慨大方、乐于助人有赖于她的激素。即使要做到相当困难,然而用限制饮食和有规律的锻炼还是有可能抑制脂肪的形成,但如果妇女的脂肪贮存量下降到与青年男子的相应量一样低时,将损害其生育力。在职业芭蕾舞演员和职业运动员中,卵巢经常闭锁,月经干涸,由于脂肪不足(它通常对升高激素水平有一定影响)更加重了来自卵巢的雌激素急性缺乏。青年女子激素缺乏在以后会引起问题,尤其是吃得较差和不经常参加锻炼者。

脂肪在过去作为对付饥荒循环的一种缓冲物而具有更重要的生物学意义。在食物丰富的年代,脂肪细胞装满脂肪;而当食物变得短缺时,饥饿会引发激素的释放,激素刺激酶以释放贮存的能量。脂肪是一份保险单,它有助于人们在变幻莫测的环境中生存,妇女在饥饿状态下平均生存时间比男人长久。她需要更多的储备以承担妊娠和母乳喂养的额外能量消耗。丰满曾经是一种优点,在某些地区至今仍如此。25 000年前的克罗马努艺术家在他的雕塑《维伦多尔夫的维纳斯》中雕刻了丰乳肥臀,就足以说明这一点。直到后来,人们仍相信需要配偶生育一个后代时,瘦弱是没有魅力的。

女孩和男孩直至他们的性腺于青春期发育为止,在脂肪组织的数量及分布方面有粗略的相似。随后,雌激素与其他激素一起,通过对女孩的脂肪细胞、骨骼以及新陈代谢和生殖器官的作用,来确定这位妇女未来的体形。过多的脂肪沉积在胸、臀与大腿部,如果她怀孕了,这些部位能提供很大的帮助。除非已超重,否则阻挠大自然的慷慨恩赐可能是愚蠢的,因为在我们生活优裕的社会里,妊娠期获得脂肪仍是重要的。对于妊娠妇女来说,这些脂肪可能不受欢迎,因为她担心以后难以消除。这种看法可以理解,但这个问题主要是现代生活尤其是奶瓶喂养时尚的一种典型产物。母乳不仅对婴儿是最好的,而且是妊娠后变苗条的自然途径,因此,母乳喂养对母亲和孩子双方皆有利。哺乳期间释放的某些激素作用于她的妊娠期贮存脂肪,为喂养其婴儿而释放额外的热量。

男人从一开始就比女人有较少的脂肪,因为他绝不可能被要求去支撑一次妊娠,但随着我们趋于衰老,我们同样面临保持老来瘦的艰苦斗争。这与性激素水平的任何变化无关,而与难以调整我们的生活方式有关,过剩的几乎所有热量都集结在脂肪层。随着我们年纪增大,较少考虑体力活动,我们应该减少自己的饮食摄入量,逐步降低基础代谢率。这同样适用于阉割后不大活动的宠物。

与青春期女性脂肪相比,"男性脂肪"较晚在机体的不同部位积累,并在腹部集中体现出来——大腹便便。男子体重增加远高于妇女:他们的重心在腰围附近,而大多数女子则较大量集中于髋部与大腿。我们把男人的肥胖体形比作苹果,称为"男性"体形,而把妇女的传统外表比作梨形,称为"女性"体形——就像戈雅使宗教法庭审判官大怒的画《裸体的马哈》。在上述两种体形之间不存在明显界线,它们对性激素的依赖意味着体形并非永恒不变。当给予男性变性者含雌激素药丸后,身体下部有较多脂肪积累;当给予女性睾酮时则情况相反。脂肪分布取决于激素配比。

直到20世纪50年代,人们才认识到脂肪分布在健康方面比脂肪数量更为重要。法国马赛的一位医师瓦格(Jean Vague)在医院常规工作期间发现了这一重要事实,但这一结果起先被讲英语的科学界所忽视,因为他是用法文发表其论文的。他注意到他那些糖尿病、心血管疾病或痛风患者大多具有男性脂肪分布,不管他们是男是女。我们不再怀疑男性脂肪有一种健康警示作用。

注意体重应当被注意体形所替代。医师们用所谓身体质量指数[体重(kg)除以身高(m)的平方得出的数值]来粗略衡量机体脂肪,但与腰围和髋围的比相比,这是一个较弱的指标。这个比率越大,腹部就越大,风险亦越大。具有过多男性脂肪分布的妇女,患男性类型疾病的概率高于她们自身患妇科病的概率。她们的问题往往在于,雄激素产生过多。她们有时候会因为受孕困难,或因为脸部和身体上毛发太多,头皮上毛发太少,而到生殖诊所或内分泌科就诊。大多数妇女更关心她们当前的容貌,却未意识到今后将面临的疾病威胁,也未意识到如果她们进行减肥会改善她们的境况或成功怀孕。

在这些选择中只有一种对那些想要消除自己的男性脂肪的男人可行。如果他获得成功,他将会减少患西方男人易患的许多疾病——高血压、脑卒中、心血管病及糖尿病——的机会。假如癌症未首先侵袭我们,则上述这些疾病就是最可能夺去我们生命的魔鬼。美国加利福尼亚州斯坦福大学的里文(Gerald Reaven)把这一组疾病称为现代愚昧的一种标志——"X综合征"。我们知道的一件事,是脂肪细胞对胰岛素的抗性,随之发生的血胰岛素与血糖水平上升,这很可能是上述疾病的诱发因素。早期,我们如果谨慎地生活,可能尚有一些余地以逆转它们对循环系统的有害作用。患病后减少睾酮是否会有好处,是令人怀疑的。

英国南安普敦的巴克注意到了患有上述疾病的人与那些出生体重轻的人趋向于寿命缩短之间的联系(见第三章)。他提出另一种名称"小体重婴儿综合征",以引起人们对那些最危险的人的关注。事情不可能如此简单,假如出生体重轻就是心脏病、脑卒中和糖尿病的唯一病因,这些疾病应当在发展中国家多见,而不像目前主要是富裕人口的疾病。

肌肉是占据机体较大份额的另一种组织,它像脂肪一样,是一种复杂的组织,对性类固醇并非无关紧要。在体内存在着三种类型的肌肉,它们各自对激素的反应因所处机体位置不同而异。平滑肌和心肌不受我们意识的控制,但易受多种激素以及神经的影响。这些包裹在我们生殖器官周围的肌肉,对雌激素和雄激素以及(在某些情况下的)孕酮高度敏感。它们在阉割和绝经后有较少活性并收缩,但这是可逆的,即接受激素治疗的绝经后妇女如果获得了供体的卵,可以再次妊娠。肠与血管里的平滑肌细胞不大受性激素的影响,激素替代疗法的任何作用至多可能是微妙的。据说心肌对性激素敏感,尽管这带有浪漫色彩,但研究尚未向我们揭示其原因或方式。

第三类肌肉被称为骨骼肌,因为它驱动我们的骨骼,处在我们的意识控制之下。其强度在中年之前不大显示衰退迹象,甚至这种衰退可经锻炼而恢复。按照某些最新研究结果,绝经期双手握力强度的略微下降可通过激素替代疗法治疗而部分得到恢复,这表明雌激素可能扮演了一个次要角色。

男子在青春期,当雄激素水平上升时肌肉就生长,但有一定限度。关于滥用睾酮之类促蛋白合成类固醇的消息经常用大字标题在新闻媒体上大作宣传,使得这些类固醇的名声有点言过其实了。几乎没有独立的研究人员专注于这一领域,我们有愤怒的体育机构及其顾问来处理。没有人质疑这些激素在男孩或女子或激素缺乏男子体内的显著作用,也无人证实它们对暴力和侵犯行为有巨大影响。类固醇滥用对肌肉的作用比对公众意见的作用要小得多,但它仍然使某些运动项目背上了坏名声。更糟糕的是,那些元凶还因大剂量使用而导致中毒或抑制生育力的危险。即使药物试验证明是阴性的,但肌肉发达的举重运动员身上一对缩小版的睾丸,就足以引起人们的怀疑。

睾酮是最不受重视的激素,但有可能会恢复名誉。美国国立卫生研究院目前正在探索其可能的用途,以便阻止老年人因体内睾酮水平降低而导致肌肉与骨的损耗。肌肉的损耗会导致褥疮,而骨质疏松症能使一个虚弱的老人面临骨折的危险。一定剂量的睾酮可能会缓解疼痛,恢复些许自尊。上述作用中的某些可能归因于生长激素,因为睾酮有助于增强衰退的脑垂体。是否首先服用生长激素,尚有待研究。

所有这一切都使人联想到100多年前布朗-塞加尔的声称。然而,我们不知道某些不良反应是什么,包括对性兴趣与性潜能的不良反应。我们只能说睾酮的名声通常领先于事实。一个想要肌肉发达的健康人,最好坚持充分的体育锻炼加上营养丰富的食物。道理很简单——用进废退,这对老年人同样适用。性激素有显著作用,但即使再多也不能弥补懒散的生活方式或找回失去的青春。

浓密的胡须和光秃的头顶

一种不相称的人类骄傲心态,被投在几克装饰我们头皮的蛋白质上。考虑到花在理发上的现金数额堪与用在健康护理上的花费相比,一位天外来客可能想知道,我们用梳子、剪刀、卷发夹和护发剂在避免何种凶疾。那位假想的天外来客也会对人体的毛发分布感兴趣,这种分布比其他任何物种的毛发分布明显更不均衡。连科学家也对毛发现在履行何种生物学目的(如果有的话)意见不一。

在某些时候,毛发应具有御寒及防晒的价值。一旦人们开始着装,这些获益便成为累赘。但某些毛发仍附着——但仅在某些时候和某些特殊部位。大多数情况下在男人与妇女中是相同的,但有某些不同,猜想是作为引起配偶注意的装饰物服务的。但这纯属推测。

最初信号之一是,皮毛失去光泽的宠物令人不舒服。对于我们来说,所谓一头好发体现了活力、俊美和年轻,是看不见的那部分机体的品质的标志。美髯显示主人的性别,年轻男子的多毛象征着坚忍不拔的独立性格。在《圣经》中，以扫(Esau)是个"狡猾的猎人"和"一个多毛的男人"，而他的兄弟雅各则是性情温和的、"居住在帐篷中"和"一个无胡须的男人"。剃头与留发皆被用作宗教承诺与誓约的表达。参孙(Samson)被剃发后的力量耗尽，象征了屈从于迷恋的虚弱信念。

人到中年，男人通常失去一些头发，妇女也有同样现象，剩下的头发开始变白(不是"灰白")。到老年，机体其余部位的毛发也会这样，但无论男女皆更缓慢。许多人发现这些变化令人沮丧，因为它们是老龄的前兆。像衰老的其他早期信号一样，它们有时被看成是行为不检点的惩罚手段。亚里士多德就谴责纵情声色的秃顶男人和在名声不佳场所狂欢作乐的男人。这种脱发其实是性成熟的结果，同样影响独身男人与性乱男人。猴也会有稀疏的头顶，但很少有与人一样的白发。

三四十岁的白种人的头顶开始出现少量白发，大多数人到60岁才两鬓斑白。这种变化率因人种和个体而有很大差异，与遗传的相关性高于其他因素。头发"灰白"是因为色素细胞无法侵入发根，但没有人知道为什么发生这种现象。然而，不幸中却又有一线希望，因为早生白发的黑发男人倾向于免于秃顶。这种令人困惑的联系可能与未着色头发更硬直有关，同一原因可以用来解释因遭受打击而头发变白的人。布朗-塞加尔认为，淡色头发不可能一夜间变白，但比其相邻的无色素头发率先脱落。早生白发对于妇女可能不是一种好兆头，它被认为是衰老的生物标记，因为受影响的个体具有较薄的骨，连同早期绝经期加剧了骨质疏松症的危险。除非把维生素D看成公因子，否则认为在毛发与骨之间存在任何联系的说法都是奇怪的，但激素替代疗法和维生素补充物应当被作为一种预防措施。

男性秃发不表示什么已知的健康危机，但与灰白发相比，它是对男性骄傲的更大打击，也更难躲避。之前一个时期流行于某些青少年的莫希干"鸟羽"发型，不啻是给中年男子的一记耳光，因为这是中年男人最难保持其毛发的部位。皮肤是人类和动物传达信息的一种器官,而毛发是皮肤"词汇"的组成部分。

中年男人至少从这个事实中得到些许安慰,即在身体的其他地方,他的毛发比以前长得更茁壮,尽管其中有些并不总受欢迎。自相矛盾的是,随着他头顶上的"自豪"正在缩减,而与头顶相距几厘米的胡须,却在不断蔓延并茂盛地增生。可以理解他可能会怀疑这是由于此消彼长,但是这并不正确。每个毛囊都有其自身受激素影响的命运,这些在青春期被唤醒的毛囊,随时间推移而更茁壮地生长。我们再次看到,不是所有年龄变化均导致青春期后不可阻挡地趋向衰老。一个处于相对休眠的毛囊仅有一根很困难地从其小凹陷中伸出的纤细的毫毛,而现在则产生一根长长的具有坚韧末梢的毛发。此种毛发在躯干与四肢,甚至在鼻孔与耳中快速生长。因为男人性激素水平相当稳定,所以我们必须在其他方面寻找对此现象的解释。

尽管这些变化已引起人们注意,但只有几位重要科学家研究了毛发的生长。政府机构与医学团体不愿将资金投入他们感到这一涉及导致助长虚荣心的美容研究。这或许过于谨慎了,因为历史上有很多神秘研究意外发现实际应用的例子。凡是诱发毛囊活性或无活性的,都与其他衰老变化或激素变化有关。此外,秃顶会导致人们真正的痛苦。除非有更多的推动,否则毛发研究仍然在薄弱的基础上进行,任何发现很可能锁在少数几家化妆品与制药公司的机密档案柜里。普通学院知识分子对毛发的生物学知识不比理发师知道得更多,尽管有些事实是得到认可的。

毛发需要毛囊就像卵需要卵泡一样,两者在出生前只形成有限的数量。最初在头皮里约有10万个毛囊,它们经历许多活动与静息的周期。每个毛囊里都有一个生物钟,这个生物钟在毛囊处于休眠前两三年内运转,使毛发脱落并开始整个再生过程。生长率因不同毛发而异,但头发每天约长0.2毫米。因此，一根毛发能生长的最大长度，主要依靠持续时间，而不是依靠生长率。造成头发与睫毛长度之间差异的，是毛囊生物钟长期运转的结果，而不是生长率的结果。

每天，在我们头顶上不断长出总长大约40米的头发——在我这个年纪稍少些。每天头顶上会脱落约100根头发，但再次活动的毛囊会很快地长出相等数目的新头发。时间与雄激素的破坏，可能使每天的脱落量增加到110—120根却不相应增加更新率。在淋浴盆中，这种天平的略微失衡可能不显著，但它将在头顶发际线退缩和（或）头发稀疏的形成时间方面很显著。像表示季节变化的秋风扫落叶一样，脱发逐渐发生，给了我们调整自我形象的时间。从这个意义上说，衰老对我们够温和了，其他很多疾病则像晴天霹雳一样。

秃顶在男人中很普遍，大多数人见到秃顶现象连眉头都不会皱一下。有人告诉我，发际线不是妇女关心或甚至注意男人的首要事件。但秃顶发生在妇女中则是不寻常的，是一个严重得多的问题——如不是生物学问题就是社会问题。如果一位妇女像男人那样秃顶，她的头皮虽然是健康的，但很可能是体内产生太多的雄激素，或是在某个时期接受了有雄性激素不良反应的激素治疗。无论是哪种情况，妇女秃顶像男人秃顶一样是不可逆的，妇女必须依靠自己的机灵以避免对这个问题的注意——她通常比男人做得更成功。

就男性秃顶的发生而言，高水平的雄激素是必要条件，但不是充分条件。男人必须通过遗传获得一个对雄激素产生敏感的毛囊基因。由于这是一个显性基因，秃顶只需要一个拷贝就可表现出来，因此，不存在如隐性基因那样经常隔代发生的倾向。在快速扫描男性亲属的头发生长情况后，我们可向一位年轻男子提供如何保持他的头发的简单指导。由于他母亲并不表现为秃顶，因此，很难讲秃顶基因是否正是通过母系遗传下来的，除非她体内产生了比她应当产生的更多的雄激素。

秃顶不是衰老必然发生的变化之一，因为在雄激素水平上升得过高之前切除产生该激素的主要源头，则可阻止秃顶。哈密顿的54名阉人中没有一人在中年时秃顶，他们的皮肤油脂含量或痤疮发生率均比平常人更少。如果阉割在青春期前进行，则将不会产生性毛，正如乔叟（Chaucer）所准确观察到的："他的嗓音变得像山羊一样细声细气，然而没有胡须，而且永远不会有胡须。但他的整个脸光泽发亮像被剃刀剃过一样。"如果阉割在青春期后进行，则会生出少许胡须，但不会完全消失。其他毛囊，如眉毛等不受影响，不论是男性还是女性，像腋窝及阴部三角区皆如此。这些部位对青春期后由肾上腺产生的（甚至由未发育的儿童产生的）低水平雄激素敏感。

在胎儿中最初所有毛囊很可能非常相似，但后期，它们将根据遗传程序在特定部位生长。有些长得更快些、更密些和更长些。基于这个原因，来自机体某一部位的皮肤中的毛发类型不会在植入另一机体部位后发生变化。如来自胸部与阴部区域的毛囊在植给秃子后仍将产生短而鬈曲的毛发——它受睾酮的刺激而不是抑制。造成这些显著差异的基因或是独特的，或是起不同控制作用的相同基因。当查明病因时，新疗法可能有助于毛发生长。于是秃顶和剃须将成为过去。

一旦丧失恢复毛发的机会怎么办？秃头并不像看上去那样无生气，有点使人联想到潮水退去后的海滩——它隐藏着一批极小的毛发，就像蠕虫潜伏在它们的洞穴里一样。对毛发研究的重大挑战，是设法找到可导致潮水再次涌来的办法，使毛发重新出现。这在毛囊退缩得太远之前也许是可行的，但存在着一去不返的时刻。

所谓专利生发剂，是江湖医生特别喜爱的旧货，因为始终存在着一大批轻信这类东西的顾客。据古埃及文献记载，等量的鳄、狮、河马及蛇的脂肪混合物被推荐用于治疗头发稀疏症。尽管没有一个处方经得起时间的检验，但处方越稀奇古怪，在抱有希望的买主看来便越相信。

在中世纪,据说男人们大概出于绝望而求助于砷和祈祷。卡尔佩珀一度恢复了使用多毛动物部分机体的想法:"熊脂能阻抑脱发。"每一代人都喜爱自身的特殊疗法。在美国禁酒时期,纯净的酒精被用于头皮治疗,也许期望禁果能见效。

以上简述足以使我们被定为怀疑论者,但并非所有声称都是伪造的或是一厢情愿。阻止毛发衰退是有可能的——以未发展成太严重为条件。睾酮影响下的毛囊,逐渐萎缩直至消失。与卵在不育卵巢中可以再现相比,处在这阶段的毛囊无法在皮肤中得到恢复。对那些不愿顺从自然途径的人来说,也许可以买来假发,或植入捐赠的抗雄激素头皮皮瓣。当然,并非每位顾客都对这些结果满意。

我们也许能猜想,这种利益诱惑会使任何一家制药公司意识到用于治愈秃顶的产品的商业化可能性。实际上并非如此。美国米诺地尔(minoxidil)的制造商记录了用于治疗高血压的新药令人不快的不良反应刺激了额外的毛发生长,却不急于保护这项发现。两位皮肤病学家发现了这种潜力,抢先申请了专利,然后把专利权回售给同一家公司!最初的药名不吸引人,他们不得不想出一个新药名。他们极力战胜了使用那种谐音药名"恢根"(联想到在他那种年龄拥有满头好发的前总统里根)的诱惑,后来在全国的电视台以一种稍有不同的药品名称销售这一产品。无人怀疑它的药效,但它存在着某些缺点:需要不断用药,而且毛发会在不需要的部位快速生长。

雄激素对头皮的作用也可以通过使用一些有抗睾酮活性的药物来消除,但糟糕的是,这是一种化学性阉割,使用者会失去自己的男性性征,也会降低性欲及引发潮热的产生。用含雌激素的药膏处理头皮,这对男人是不合适的,因为该激素能被吸收进入血液,导致机体其他器官的女性化。此外,雌激素在某些动物中显示出阻止毛发生长,因此不能作为向人们推荐的一种良药。

一种更有希望的疗法，是能阻止皮肤中5-α还原酶活性的药物。这种酶能将睾酮改变成更具活性的形式——双氢睾酮，它主要影响毛发和前列腺增生，但不影响对性的兴趣，不影响性功能状态。除非男人想要满脸胡须，否则，该药只攻击雄激素的某些不需要的作用。该药也有望作为患有多毛症妇女体毛过度生长的一种抑制剂，但化妆品世界的目光却坚定地盯住男人的头皮。尽管远未恢复到引以为自豪的满头头发的目标，但在人类与猴中所进行的最初试验已在头顶产生促进快速生长的结果。

对秃顶的治疗是维多利亚时代人们梦寐以求的，虽然他们相当熟练地使用无效的专利药物。达尔文是否妒忌他的朋友赫胥黎（Thomas Henry Huxley）满头鬈发不得而知，但秃顶似乎不是将来几代人所必须忍受的。

老年贵妇人的驼背

悬挂在解剖博物馆内的骨骼标本，无法给人有关它们在生命过程中如何进行新陈代谢的印象。死后的遗体主要是矿物质结构，但活着的骨则有血液供应，富含像不断忙碌在建筑工地的建筑工人一般的骨细胞。一组骨细胞能蚀刻骨，而另一组骨细胞可用新骨填充裂口。它们似乎彼此对着干，但只有通过经常更新才能保持结构强健、推迟衰退。理论上，这种安排可以使骨骼始终保持强壮，但遗憾的是并非如此。

骨在成年早期达到其最大强度，妇女在中年时骨开始趋于衰退，男人在稍后期开始这一过程，但更为缓慢。绝经期在骨衰老过程中是一个特别重要的预备阶段，因为该时期的损耗过程显著加快。妇女在最后一次月经期前后的1—2年内，每年可丧失其全部骨盐质量的2%—3%以上。此后在她的余生中丧失率保持在1%，这可不是一个小数字。

如果她在通常的50岁时进入绝经期,则她到70岁时将丧失其骨骼量的1/4,而一位百岁老人将丧失一半。提前进入绝经期的妇女更易受到损害,因为骨盐丧失过程相应更早开始,结果导致后期受到更严重的威胁。患有唐氏综合征的妇女将处于更糟糕的困境,因为她的卵巢先天发育不全,她在40岁时可能拥有相当于80岁妇女的骨骼。骨盐的不断损耗,把骨密质的内部支撑变成类似瑞士干酪的东西。这种状况自然被称为骨质疏松症。

骨质疏松症是在溶骨细胞与成骨细胞之间出现前者略占上风时开始发生。钙从骨骼中缓慢丧失,经尿液排出机体。骨皮质变薄,但内部支撑的侵蚀更加严重。不用说,较弱的骨更易骨折。骨盐丧失百分率转化为疼痛、不能活动乃至造成老年妇女意外死亡。

这现象在动物中也存在,并具有福利意义。每年在英国有4000万只鸡被宰杀,估计其中有30%在运抵商店时检查出骨折。产蛋母鸡每天需要2克钙以维持其骨内的钙平衡,但甚至饲料添加剂也无法阻止骨质疏松症带来的危险——它们就像在蛋壳上散步。对母鸡而言,这个问题更多归因于它们不能良好地适应而不是雌激素缺乏;对于现代妇女来说,这两者都与骨质疏松症有关。

跌跤在骨易碎时后果严重,在老年人群中非常普遍。因为他们腿脚不便往往是视力欠佳、关节病及某些处方药催眠作用的后果。这个问题仅在过去的几十年内便发展到如此严重地步,其规模已得到充分的认识。仅在美国,1996年已有2000万人受到骨质疏松症的影响,导致每年有150万人骨折——多见于绝经期后的妇女。总而言之,由健康经济学家测算,社会承担的花费已高达几十亿美元,这还不包括未透露姓名的患者。

腕部骨折在绝经期后几年内最先增加。髋部骨折稍后开始增长,但妇女到达80岁时,她们中的1/3可能发生此类骨折。有15%的病例在几周内会发生致命的并发症,其中幸存的许多人将行动不便。患有骨质疏松症的妇女甚至不必跌断骨头：一旦支撑被严重腐蚀,则颈部与脊柱的椎骨会在自身体重下发生自然坍塌。假如骨折压迫脊柱出口点处的神经,则导致疼痛,使身高降低。脊柱在这过程中变得明显畸形,这就会产生"老年贵妇人的驼背"——在医学领域里用生硬的名称"胸脊柱后凸"来表达。

考虑到我们生活在西方世界骨质疏松症流行时期,居然直至1941年才发现它与绝经期的联系,实在令人惊讶。作出这一发现的美国哈佛大学内分泌学家奥尔布赖特(Fuller Albright),因在治疗帕金森病的实验神经外科手术中犯了悲剧性的错误而过早地结束了他辉煌的职业生涯。目前已知道其他激素和维生素也影响骨的成分与强度,但他第一个提出雌激素应被增加到名单中去。他错误地(尽管可以理解)假定雌激素为维持骨的生长所必需。直到后来人们才明确这种激素抑制了那些参与不断蚕食骨质的细胞。睾酮在男人中有相似的作用,但因为激素水平下降更慢,所以在衰老过程中不明显。除非存在着另一种潜在的病因,否则男人的骨比妇女晚10—20年出现骨质疏松。

雌激素不是绝经期或卵巢摘除后产生水平变化的唯一激素,但对骨而言,它是一种决定性的激素。当进行激素替代疗法时,骨质疏松症几乎无踪影了,因此为该疗法提供了最明确的证据。某些研究还显示出在骨质量方面略有增加,尽管没有恢复到足够的强度。上述作用是显著的,长期雌激素治疗能减少骨折率多达70%。即使只进行了几年的激素替代疗法仍可保留部分骨质,事实上每个实行该法的人都能从中获益。

激素替代疗法的保护性作用的证据目前无懈可击,然而只有少数妇女有机会得益——也许因为当骨折或心脏病发作的危险尚远时不易为人感知。对激素替代疗法的诸多反应是可理解的,为此围绕它展开了一场争论。专家指出,不是所有对骨质疏松症的责难都归因于雌激素的缺乏。骨质疏松症是一个复杂难题,它能因为较差的饮食、少锻炼以及激素缺乏而加重。

雌激素当然不会是全部原委,因为妇女的骨质量在她30岁时便开始下降,某些妇女则早在绝经期前20年就已下降。骨质疏松症的危险因人而异,因为某些人在青春期就开始有比其他人更强的骨。白种人和东方血统的妇女有更多的危险,而黑人妇女的危险最小,其他亚洲国家的妇女的危险则居中。个体在年轻时形成的骨量也许是上述差异较大的一个原因。这有助于解释到老龄时男人的骨为什么有较大的强度,因为在它们达到骨折点之前,粗骨比细骨经受得住较大的骨盐丧失。这是衰老之祸植根于生命早期的另一个例证。年轻时充分的锻炼和良好的饮食,有助于妇女建立骨盐储备,日后对她们更为有利。

易碎骨的信号不能完全怪罪于绝经期。在之前对伦敦斯皮特尔菲尔兹的基督教堂地下室的文物发掘期间,出土了1729—1852年埋葬的胡格诺派教徒的大量骨骼。X射线分析结果揭示了中年期的骨盐丧失出人意料地少。更有甚者,生命后期的丧失率比如今的相应丧失率低。造成这历史差异的原因,似乎取决于生活方式,而不是激素。在那年代,妇女大量步行,妊娠和母乳喂养更为普遍。这些全有助于骨。鱼、肉和奶在她们的饮食中扮演了重要的角色,这些全都富含钙;而且胡格诺派女教徒们既不吸烟,也不酗酒。

现代妇女为什么面临如此大的骨质疏松症危险,似乎应归因于那些不适合于我们的消费选择和极少活动的生活方式。妇女们可通过良好的饮食和年轻时的锻炼,在绝经期后增加钙与维生素D摄入量来帮助自己。不幸的是,这些简单的措施并不足以补偿所有生活方式中的不利因素,以为单单饮食调节便可预防骨盐丧失是错误的。最主要的权威之一,丹麦哥本哈根的克里斯琴森(Claus Christiansen)指出,雌激素迄今仍是预防骨质疏松症的最好疗法,而这是对使用激素替代疗法的最强有力的支持。

相同的篇幅可以专用于讨论性类固醇对其他组织的作用,而我选择毛发与骨作为主要实例,这是因为我们既担忧前者又应当关注后者。无论哪种情况,这些结果都有赖于长期的激素平衡。细节是复杂的,而在毛发病例中又自相矛盾,可能无法始终预言激素的衰退及替换的效果。一个主要原则是,这些细胞在青年时期最依赖于上述激素,很可能是妇女绝经期后或男人雄激素下降期间产生了最大变化。雄性与雌性性激素的置换是控制衰老的一个成功的故事,但它不应使我们不去探讨更玄乎的可能性——有朝一日会通过修补我们的基因来达到目的。

第十一章

一个极度不育的物种

> 拉结见自己不给雅各生子,就……对雅各说,你给我孩子,不然我就死了。
>
> ——《创世记》(30:1)

责任止于何处

我经常接到来自那些通过常规药物已作最大努力但仍证实是不育的人们期望获得帮助的恳求。这封信来自英格兰西米德兰兹郡的一位42岁妇女,其内容相当典型:

> 在经历多年的不育和10次采用体外受精法的不成功尝试后,我几乎对自己怀上孩子不再抱有任何希望。我们的家庭与婚姻似乎因没有孩子而显得空落落。去年,医生劝告我们不要再作任何进一步的无谓尝试了。一则有关你的研究工作的新闻报道为我们带来了一线希望……

评价各不相同,但之前在英国布里斯托尔和阿伯丁开展的研究结果表明,每10对年轻夫妇中就有1对将在某个时期出现生育力问题,尽管他们中仅约有一半转变为永久的不育。许多人决心经历令人不快甚至是危险而成功机会又渺茫的治疗。实现妊娠成为一种倾家荡产的追求,拥有一个婴儿是生活中一件重大事件,而那些不育者可能觉得孤寂和受骗。

过去,生殖过程被看作是极为不可思议、甚至唤起神圣感情的事,但即使在神话故事里,也并不总是排斥人为的解决方案。雅各爱上美丽的拉结是《圣经》中最具浪漫色彩的故事之一。但拉结的子宫是不育的,她感到没有孩子的一生活得毫无意义。雅各满不在乎地断然拒绝她乞求帮助的令人绝望的呼吁,因为他已使他的第一位妻子、拉结的姐姐利亚(Leah)怀孕。为了不被她的姐姐超越,拉结向雅各提供她的使女辟拉(Bilhah),作为她的代表去生孩子。

替身的先例已由雅各的祖父母所开创。亚伯拉罕(Abraham)及其妻子"年纪老迈,撒拉的月经已断绝了"。撒拉将她的埃及使女夏甲(Hagar)提供给85岁的丈夫。他听从了撒拉的话,与夏甲同房,生下了以实玛利(Ishmael)。但第三者介入夫妻关系,会酿成后果。我们无法证实撒拉的年龄,也不知道她的卵巢是处于严格的绝经期,还是恰巧处于休眠期,但她显然具有较迟的排卵,甚至更幸运的是,她设法怀了一个儿子以撒(Isaac)。这对于夏甲和以实玛利无疑是个坏消息,她把她们赶入沙漠,这些妇女的子孙不和至今。

妇女不仅承受妊娠的负担,而且通常还承担不育婚姻的责任。直至现代,仍不大可能讲明妻子或丈夫谁是不育的,除非他俩中的一个或另一个在其他地方结识了某个能育的性伙伴。11世纪意大利萨勒诺的传奇式的助产士乔图拉(Trotula)是最先拒绝不明就里地非难女性的人:

> 如果一位妇女向往怀孕,她必须首先查明自己是否有能力实现其愿望,了解男女双方中一人或两人是否存在任何缺陷。也许可如此这般予以查明:取两只像芥末罐一样的小罐,在每只罐里……装满麦麸……男方的〔尿液〕盛在一只罐内……女方的尿液盛在另一只罐里。把这些小罐静置9天以

上时间。如果缺陷在男方身上……你将在尿里发现蠕虫及可怕的气味。如果缺陷在女方身上,你可发现相同的证据。如果蠕虫出现在两罐尿罐中,则男女双方都应接受治疗。

鉴于乔图拉仅要求妇女服用解毒药——晒干的猪睾丸,因此平等并未延伸至治疗阶段!至少乔图拉试图认识这个问题和找到解决办法。在对她粗糙的实验室测试进行嘲笑之前,我们应该考虑后代可能会如何看待我们自己的技术水平。毕竟,曾经在医院里作的标准妊娠测试,亦需要将妇女的尿液注入蟾蜍,以观察它是否会排卵。乔图拉对将不育的原因总是归咎于妇女的假设提出疑问是正确的。于是,这转变为妻子仅承担病因的1/3责任,另外1/3应由她的配偶承担,其余1/3则归入共同的责任或无法解释的不育性。

生殖过程如此复杂,令人惊异的是,它居然能常胜不败。几乎每个可想象到的问题,皆会在其他地方出现。不仅仅是多种多样的疾病问题,因为人的生育力甚至很大程度上取决于环境的优劣。在妇女中不存在什么可确保性交发生在最佳时刻受孕的动情期,使得成熟的卵常常错过受精时刻并遭抛弃。性交像是一种类似于俄罗斯轮盘赌的游戏,在许多场游戏中只有一次成功。然而,在大多数动物与鸟类中,首次射精通常就能命中。

我在小时候靠自己的努力学会了这一课,那种经验就是点燃我对生殖过程终生着迷的火花。在我12岁时,一位邻居送给我两只兔"兄弟"作为宠物。它们是同卵的,我们让它们幸运地住在同一个兔笼内。第一个月相安无事。随后在一天早晨,我弟弟从花园狂奔而来。从他那语无伦次的话里,我们意识到他看到兔子的内脏落到地上那骇人的一幕。我们在兔笼角落的窝里发现产下的10只肉乎乎的仔兔后,紧张顿时释然。在那些日子里,生命的真相对于小学年龄的小孩来说完全茫然无知,但这一事件比任何课程更让人难忘。

当这只雄兔被鉴定后,立即被移到单身汉的住处——我们迅速地在它的姐妹的笼子边上建造了一个新兔笼。我们非常喜欢自己的手工制品,但完全低估了它交配欲的强烈程度及它切牙的锋利程度。2个月后,雄兔夜袭了雌兔的兔笼,在30天后产下了另外12只仔兔。更糟的是,甚至在加固了雄兔的兔笼之后,这整个周期仍再次重复。我们的双亲对发生在后院的"兔口爆炸"抱有悲观的看法。我们这些男孩更觉惊奇的是,雄兔想接近雌兔的欲望比其前往菜园和自由取食的愿望更强烈。

兔的性欲与生殖力旺盛的名声带有传奇色彩。在一年中的大部分时间,雌兔随时可与雄兔交配,因为它们不断保持动情期,直至它们怀孕为止。每个卵巢含有一串成熟的卵泡,卵巢产生的雌激素渗入血液,直至发出排卵的激素信号。雌兔的这种信号并不像人类那样在一个月的某天自发地发出,而由交配活动激发的神经发放。由阴道与子宫颈增强的神经冲动沿脊髓上升并抵达大脑,在那里有一种中间信使(促性腺激素释放激素或简称GNRH)导致脑垂体分泌促黄体素水平激增。促黄体素使卵泡破裂,释放它们的卵进入输卵管,卵在那里受到恭候多时的精子的迎接。兔的排卵反射尽管在12小时内完成,但可像我们的膝跳反射一样被预知。这一过程在安排每次交配时新配子怦然会合方面惊人地有效。

不出所料,许多其他物种也采用这种安排。雪貂、田鼠与猫亦属不同程度的反射性排卵者。甚至通常具有持续4—5天动情期的大白鼠,如果实验室的灯整夜粗心大意地开着,也将导致它反射性排卵。周期性排卵与反射性排卵之间的界限不是绝对的,某些小动物能根据环境而选择其中最好的一种。尽管不存在有关的证据,但有人提出,性交能促进人的排卵(这肯定给主张安全期避孕法的人出了难题)。

反射排卵不具有无可争辩的优点,否则自然选择会设法使之普遍。

它的不容置疑的价值将成为长期存活的障碍。雌兔保持未交配之身将有患子宫癌的危险,因为它不产生足够数量的孕酮以减缓由其卵巢产生的雌激素的连续不断的攻击。在野外经频繁妊娠通常可避免这个问题,而且亦有助于解释为什么大多数家养动物与人类进化到一次只有一两天具有生育价值的卵巢周期。这种天生的等待时间似乎使大鼠和小鼠之类寿命较短的动物具有生殖不利条件,而它们的周期短暂,几乎每次交配皆成功。

生殖是一项重大交易,因为个体的遗传前景处于危急关头。在充满危险的世界中,在无法保证下一餐食物的情况下,动物无法承受在愉悦性活动中花费的时间。如果它们丧失了机会,就不可能再进行第二次交配。如此巨大的产生后裔的成功压力,使生育力经自然选择的长期磨砺已达到一种高度可靠性。

动物园动物乃至某些宠物中相当普遍的生育力问题,似乎与这种情况相矛盾,但它们具有多种原因,大多数是人为现象。动物饲养者通过施加他们自己的价值观和适应判据,以钝化自然选择的锋利刀刃。获奖乳牛、比赛用马或克鲁弗兹犬赛冠军的优良品质与最佳生育力完全不相称。对于动物园样本,在我们可以在樊笼状况下妥善利用它们,以及它们可以在野生条件下照料自己之前,我们有更多东西要学习。如果未给予应有的关注,则反复的近亲繁殖将导致一种引起生育力逐渐减弱的遗传瓶颈。

有一个与家庭密切相关的好例子。苏格兰边界以南坦克维勒的厄尔庄园,在1225年圈养了凶猛的半野生牛群。历经几个世纪未经补充新鲜血液后,于1947年严冬之后,该牛群减至只剩13头。恢复是缓慢的,因为生育力低下且有点变异。这个瓶颈口甚至比实际数量所显示的更紧,因为一只雄性要为赢得与所有雌性交配的权利而争斗。

直到后来,仍有不少人与其邻居和近亲结婚。当今,这种在某些关系密切的社区里简直无法避免的婚配习俗还在继续。达尔文娶了他的堂妹韦奇伍德(Emma Wedgwood)为妻,尽管他们生了够多的孩子,但家庭健康问题加重该家族血统内的疑病症。如今,鉴于人们在世界各地迁居,选择无亲戚关系的配偶,近亲生育问题大大减少了。我们也许能期望人类的生育力得到改善,但事实上生育力仍执拗地保持偏低,使得我们有可能成为现存的最不育的物种。这在很大程度上出于自择,部分原因是我们的生殖器官未受保护、易受伤害的后果。即使把这些情况置于一旁,同样存在着大量不育问题有待解释。令人感到惊讶的是,生物学结构和进化是其主要因素,而不育是我们之为人所付出的代价。

一种长寿和较强的K选择物种(详见第五章)能承受偶然的性遭遇失败,因为有着足够的时间可以再次尝试。如果这种不利因素能为相应的存活有利条件及较长耐久的机体所抵消,它也许就是完美的生殖者。尽管这种性悲观论已求助于复壮者,但据我所知,没有人研究过健壮男青年是否将具有比普通男子更短的寿命。有关细节虽然很少,但存在的某些证据证实K俱乐部成员共同具有不育的特性。尽管有高度雌雄乱交的习性,大多数灵长类动物的妊娠失败比啮齿类动物更为常见,黑猩猩平均需要3—4个月经周期以实现妊娠。

很难估价目前典型的人的生育力,因为我们如此易变且常常故意尝试阻挠怀孕。有很强生育力的男人与妇女同床,也许会出现像兔那样繁殖后代,由此怀疑我对我们人如此不育的断言。但让他们等到40岁时,他们将可能明白我的意思。总的说来,选择配偶是一种缘分。正如亨利八世(King Henry Ⅷ)所发现的,外貌与血统是选择一个有生育力配偶的较差判据。一个有很强生育力的配偶能部分补偿性交能力较差的配偶,但这种差距很不利于双方都有生育力问题的夫妇。连如今大肆宣扬的生育力疗法,亦仅为双方不利条件者提供一种很小的成功机会。撇开绝经期卵储备的耗尽不谈,衰老对生育力的影响是多方面的,造成了现存的诸多问题。

健康年轻人有规则地、不加防护地性交,在一个月经周期期间就妊娠的机会远小于一半。法国开展的一项针对新婚夫妇的研究表明,只有50%的人在婚后头3个月内受孕。这就是为什么医生推迟对想获得孩子的夫妇进行彻底检查与治疗,直到他们尝试了一整年。30—40岁的夫妇必须期望等待较长时间以自然受孕,但随着时间逐渐耗完,他们迟早要求助于医学。

阳性妊娠测试结果并不能保证一个健康的婴儿降生,因为有相当比例的胚胎遭遇不测。在年轻妇女中,大约有1/6的妊娠导致流产,年长妇女中则多达1/3。这种比率似乎偏高,但更多的胚胎在妇女可能还未认识到其妊娠失败时早已死亡。超灵敏测试已表明月经期之前妊娠激素HCG(人绒毛膜促性腺素)水平的短暂增加,揭示了胚胎已存在并植入,尽管时间短暂。失败的胚胎总数高于50%,这比健康的野生动物胚胎死亡率要高得多。流产虽然是一种悲惨的经历,但它是排除有缺陷胚胎的一种自然途径,要不然生下的极可能是有严重身体或精神缺陷的婴儿。假如不**在子宫内**进行筛选,肯定将生下多得多的具有遗传病的婴儿。

过去,不可能说清为什么有如此多的胚胎死亡,但后来通过对试管受孕胚胎的研究,人们已搞清楚了这个问题。英国爱丁堡的安杰尔(Ros Angell)指出,上述流产中许多是因染色体畸变所致,这同样适用于体内受孕。尽管一种类似于唐氏综合征的病症发生于黑猩猩,但我们不知道为什么遗传缺陷如此频繁发生于其他灵长类动物的胚胎之中。在实验室对啮齿类动物进行更多的研究是可行的,发现它们所怀胚胎只有不足1%是异常的,相比之下,人类的生殖更倾向发生错误。

对于性功能旺盛的年轻人来说,生殖器感染是不育的主要原因之一。甚至当致病菌被抗生素及其他药物所成功地治愈时,留在输卵管里的瘢痕仍能阻抑精子和胚胎前进。动物也会受性病感染,但其对生育力的影响却很少如此严重,而且绝不会像在我们人当中那样普遍。同样,异位妊娠在动物中几乎闻所未闻,而在世界的某些地区,在骨盆感染普遍存在的情况下,每30例人妊娠中就有1例异位妊娠。

另一种把动物与人类分开的生殖危险,是分娩过程本身。我们现在认为在西方国家中圆满的分娩结果是理所当然的,但在20世纪初,比现在多50倍的妇女死于分娩期或分娩后不久。许多妇女是出血或发热的受害者,直至新的药物和无菌助产法使这大量不幸事件成为过去。生命的第一天比任何其他日子更危险,且人类的分娩比任何其他灵长类动物的分娩更危险。婴儿翻转身体以使他较大的头部和肩膀安全通过母亲的产道;如果婴儿受阻,则他和他的母亲将危在旦夕。无尾猿和猴用其前肢帮助分娩自己的婴儿,但对妇女来说,独力尝试此举是困难而又危险的。这就是助产学成为所有职业中最古老职业的原因。

我也能提到人类生殖的其他许多苦恼与危险,但它们更适合于其他书籍和称职的作者。生物学家对普遍问题的兴趣,要大于对因地而异的特殊综合征和传染病的兴趣。生殖细胞的质量具有特殊的魅力,因为它们是生命之轮转动的枢轴。不管生殖过程中的后继事件如何有效,都无法弥补首要的卵或精子不佳。

优劣兼备之物

人类生殖细胞有点像优劣兼备之物——部分是好的。它们中的大部分质量如此低劣,使得它们在遇上"配偶"体和形成胚胎方面很难成功,这种结果常常令人怀疑。研究人员关注着生长在培养皿中的人胚胎,它对培养物条件极为挑剔,而质量比小鼠胚胎的质量要更混杂得多。

单个精子要获胜,须付出巨大的努力,因为一个正常男人在其一生中可产生2万亿个（2×10^{12}个）精子。这是一个"大量应召,少数中选"的实例。数量巨大的这些极小的精子暴风雨般大量进入阴道、子宫和输卵管的空间。这种抵达卵的马拉松比赛有助于去掉劣质精子,增加最优精子获得成功并形成健康胚胎的机会。许多精子在形成时是有缺陷的,或是因为它们携带了一组异常染色体,或是因为它们有结构上的缺陷。缺陷不难在显微镜下被发现,因为精子游泅运动能将缺点展露无遗。不能很好游泅的精子就像一名受伤运动员,无法获胜乃至无法完成竞争。

我们对精子质量比对卵质量了解得更多,因为精子更丰富,较容易获得。假如男人排队检测他们的精子质量,就像对得奖公牛施行人工授精服务那样,则大多数男人将被否决,送去宰杀。诱使公猪排出一大杯精液,可观察到具有活性的几十亿个精子惊人的起伏运动。相比之下,男人所能提供的仅是可怜的2—3毫升看上去像是一种无生命的黏液样本。

在显微镜下,人精子看上去相对弱小。不到一半的精子强健得足以完成抵达妇女子宫颈的第一阶段游泅。奇形怪状的精子亦常见:某些精子具有双头或干脆无头,另一些则具有双尾且作无目标的绕圈摆动。人睾丸的这种产物,不仅在质量上不够合格且在数量上也太少。事实上,其他各种哺乳动物在其有效的生产线上每天每克睾丸产生大约2500万个精子。相比之下,男人相同量的睾丸组织仅产生400万个精子,而且结构形式不佳。假如不是我们经年累月性亢奋,我们的妇女能生殖35年,那么我们这一物种决不会维持这么长久。

睾丸是易损器官,原因并不仅仅是它们的位置易导致损伤,而是它们在最佳时期几乎得不到足够的血液供应。用生理学术语来说,它们在来自血液的氧和营养不足的风险与过热和产生过多自由基的危险之间不安全地悬挂着。不难想象,当通过变窄和变硬动脉的血液严重受阻时,这种平衡将被打破。虽然仍由它们的主人深切地爱护着,但健康的睾丸随后变质为比装饰价值略高些的纤维化球。毫无疑问,性健康状况很大程度上取决于男人的循环和一般机能状况。

在阴囊皮肤中只有较少的绝热脂肪,表面血管有助于保持睾丸凉快。为什么睾丸被保持在阴囊里,而不是安全地藏在暖和几摄氏度的体腔内,这仍然是个谜。也许较低的体温能降低精子突变的数量,减少患癌症的危险,这对于解释为什么男孩睾丸在出生时就下降十分重要。如果它们未下降,就需要提供激素治疗或用外科手术帮助。这些有利条件也许足以解释阴囊的进化,但不能解释并非所有动物把它们的睾丸保持在阴囊里。尽管对此可以理解,但许多例外令人困惑,如刺猬就是舒适地把它们柔嫩的睾丸隐藏在体内。

如果人的睾丸未能下降,则不育的机会将增加,因为精子不能耐受较高的温度。同样,热水浴、紧身裤乃至长时间开车都会加热睾丸,均被认为能降低精子的产量。佩皮斯(Samuel Pepys)因劝告想要孩子的夫妇穿着凉爽的荷兰亚麻布内裤而招致许多怀疑。甚至在盘腿端坐20分钟后,阴囊就会变得过热,所以宽松的衣服,哪怕是苏格兰短裙都无法保证男人一定具有生育力。人类的体面和北方气候阻止我们裸体,但我们至少为自己的睾酮产量未受高温影响而感到欣慰。

当有关最合理饮食的无休无止争论激烈进行时,现在没有什么人不赞成不明智的消费会损害我们健康和生育力的观点。我们皆已对下述观念习以为常:任何愉快的事都有代价。生物医学界认为连续狂欢不止的娱乐习惯将加强一种犯罪感。除了更广为人知的吸烟者肺和心脏的问题外,还可以加上"吸烟者睾丸"问题,烟草制品无疑将降低精子的质量。吸烟也明显损害卵,因为重度吸烟者通常预期可比其他不吸烟者早两年进入绝经期。酒精亦有害于精子和卵,尽管带有安全提示,但当饮用过量时,会抑制性功能,因此其作用变成自我限制。这些效应一直延伸到整个妊娠期间——从生殖细胞和胚胎中染色体的畸变到临近分娩期胎儿的致病。早在《圣经·旧约》时代，就提出了有关酒精危害的告诫。参孙已不育的母亲被告知："所以你当谨慎，清酒浓酒都不可喝，一切不洁之物也不可吃。你必怀孕生一个儿子。"

尽管研究人员通常把注意力集中在滥用药物的危害上，但就非法的消遣性药物对生育力与性功能的影响只进行了少量研究。首先对这个问题引起注意的一位研究人员是绝经期研究的先驱者蒂尔特(Edward Tilt)。19世纪50年代他去国外旅行期间就注意到，所到之国比英国故乡有更高的阳痿发病率，但他拒绝接受传统的维多利亚时代有关其原因是过分性沉溺的观点：

> 在相当一部分年轻男子中存在的阳痿，是因为过度纵欲；如果与巴黎和维也纳相比，阳痿更多地在君士坦丁堡和开罗被发现，我认为这不是过多的不道德性行为所致，而是因为不断使用鸦片和印度大麻制剂，它们具有显著的制欲作用。

精子与卵细胞的制造是机体内最复杂的过程之一，在许多阶段会发生差错。生殖细胞至少像其他细胞一样对毒物敏感，如果不是在更大程度上如此的话。某些职业性工作经常接触铅、镉和汞等重金属以及某些杀虫剂，可导致矿工和农场工人的不育。有一种化肥二溴氯丙烷(DBCP)，因其生殖毒性而在美国成为首批被禁止使用的农药，其他一些有毒农药亦随后遭禁。诸如油漆、清漆乃至塑料包装材料等家庭日用品，最近几年也成为公众注意的焦点，因为已怀疑它们对精子产量具有损害作用。在我们食品储藏室和汽车库中无疑潜伏着有待揭示和相应重新标明的危险。

一条普遍适用的原则是，遭受的损害越早，其后果将越严重。这对卵巢亦适用，因为胎儿或儿童受到损害的卵无法在后期得到修补。精子似乎较为幸运,因为干细胞在整个一生期间不断制造新精子。但它们的抚育细胞在生出前就已形成且无法更新,这使得其数量上的任何下降都会导致较低的精子生产率。

有越来越多的证据表明,在几个国家中,人精子产量在一两代人后呈下降趋势。丹麦男性学家斯卡科贝克(Niels Skakkebaek)发现,平均精子数由1940年每毫升1亿1300万降至1990年的6600万。而且,被试者一次射精量亦由前者的3.4毫升降至1996年的2.75毫升。这种下降后来亦在比利时和法国得到进一步证实,无论精子质量还是精子数量均发现下降。在50年里下降了40%。如果这些数字是整个人口的代表,而且势头不减的话,再过50年,精子数量将降至低于生育力所需的每毫升2000万的临界值。到了那时,大多数受孕将要求助于医学。人口中不育夫妇的比例仍未显示上升迹象,所以这种暗淡的前景不大可能成为现实。尽管如此,精子数量的任何进一步的下降都是令人担忧的,因为它危及性交能力最弱的个体(包括许多老年个体)。

不育并不被每个人认为是一种残疾,但甚至那些仍满足于保持不生育孩子的人来说亦可能为此而担忧。较少的精子,是我们生活方式中某些有害因素的一种预警。与生育力相关的问题并非孤立存在,它常常是伴随其他问题一起的不祥预兆。近年来,年轻男子日益增多的生殖器官畸形,以及睾丸癌成为年轻男子中最常见的癌症,绝不是偶然的。对其肇因的探寻正在进行中。

主要候选者之一是雌激素。雌激素过多,显然是不受欢迎的,尽管少量这种激素对男人可能是重要的。它不仅使机体女性化,而且亦损害为精子功能所需的抚育细胞,这些细胞能使自己发生癌变。如果某些报道是可信的话,雌激素在我们的环境中已泛滥,我们的机体常常暴露于来自饮食和医药方面的雌激素环境中。

胎盘中具有强大的酶,可以使任何试图通过的激素失活,因此胎儿通常被保护而不受其母亲血液中高水平的雌激素影响。已烯雌酚,一种早先用于预防频发性流产的合成雌激素,可通过胎盘给婴儿(无论男孩还是女孩)未来的健康和生育力带来不良影响。它已被禁用了20年,但仍然存在着我们置身于其中的其他大量非天然来源的雌激素。某些家用清洁剂有雌激素效力,连同服用避孕药丸的人排出的激素,会渗透到净水系统污染公众的饮用水。之前还出现了惊人的消息:栖息在英国内陆水中雄性鱼发生性别变化。自来水中的雌激素水平并未高到足以引起人们关注的程度,但我们必须对我们的水源与食品生产方法保持警觉。令人遗憾的是,生态毒理学常常必须通过与商业抵制和冷漠态度作斗争而获得注意。

为了不使我们对雌激素污染过于偏执,应当记住,我们在大豆和其他蔬菜制品以及奶制品中消费了少量的天然雌激素,这些雌激素并未显示对我们有害。牛奶是高营养的,但它不是婴儿期后的一种天然食品,并且采自妊娠母牛的牛乳中所含硫酸雌酮比来自其他动物的乳品要高70倍。这是否要紧尚未确定,但至少对于需要这种激素和额外补充钙的绝经期妇女是有利的。至少使人们放心的是,雌激素活性在婴儿配方奶粉加工过程中已丧失。

不论怎么说,雌激素的危害可能会因环境或饮食影响而自然增大,但它与某些癌症疗法对性腺的剧烈作用相比则显得微不足道了。不大可能要求化疗和放疗精确到只杀伤恶性肿瘤细胞,骨髓、肠、毛囊和性腺中的健康细胞亦同样敏感,尤其是当它们处在生长阶段。某些病人在治疗后的几个月中经历过精子生产的间歇或月经周期的暂停,而其他一些病人则产生不可逆的不育,他们的睾丸或卵巢萎缩。男人唯一可感安慰的是,他们通常可恢复睾酮水平并能过正常的性生活。作为对不育的一种预防措施,年轻男子最好能在治疗前把精液样本储存在精子库里,日后为自己提供做孩子父亲的机会。年轻女子的卵巢中的卵如遭到破坏将无法恢复，她将出其不意地提前十几年绝经。这些牺牲似乎是为获得存活机会而支付的小代价，它可能迅速地改善某些白血病、淋巴瘤和实体瘤。虽然如此，如果治疗对未来的生育力具有最坏的预后，少数病人仍会拒绝最好的治疗。1986年4月切尔诺贝利核电站爆炸的某些受害者对他们的生育力和性生活感到不安，经受的忧虑与抑郁甚至达到了自杀的程度。他们（有时无来由）的害怕突出反映了许多人把生育作为优先考虑的事情，从而更强调预防早期不育研究的重要性。

实际上任何破坏生殖细胞的事件，都会加快性腺衰老的速率，而且比细胞消失更有过之——配子的质量也发生变化。卵与精子具有不同的生成途径，它们各自有不同的一些问题，对此不感到意外。

精子是细胞长期分裂史的产物，男子年龄越大，细胞将经历越多的周期。每次一个细胞分裂成两个，基因被复制，并存在着缺陷逐渐增加的机会，因此，男子年纪越大，其精子发生突变的危险也越大。这就是高龄父亲很可能会生下（可能性是年轻父亲5倍以上）患有诸如软骨发育不全之类骨骼畸形孩子的原因。在此病例中，骨骼对生长激素不敏感，四肢异常短小。幸运的是，这种危险性仍然较小。

卵的基因突变比精子的突变要少些，且发生频率并不随年龄增长而上升；妊娠前经历放疗或化疗的妇女生下的孩子也不存在更大的危险。这都令人非常放心，但怎么解释卵的这种优势呢？与精子不同，卵已完成所有的分裂过程，在婴儿生下前一直处于休眠状态，因此只有很少的机会发生缺陷。作为机体中最重要的细胞，卵可能具有特别良好的修复机制，但通常分娩产下的健康婴儿亦取决于去除母亲机体内劣质卵与胚胎。这与人胚胎的天然废弃物密切相关，此种废弃物在上述癌症患者及老年妇女中含量较高。

有时，单独的基因发生错误和严重的会影响染色体数目的错误之间的重要差别会被忽略。前者更多是老化精子的特征，后者是老化卵的特征。额外增加或缺失一条染色体的卵会出现严重问题,因为它上调或下调了几千个基因的步调。染色体数目异常总是以某种方式阻碍婴儿的生存。

对高龄母亲而言,也许最大的忧虑是她的婴儿会患唐氏综合征。事实上,大多数患病婴儿是由年轻母亲生下的,因为她们有更多次的生殖活动,但对高龄产妇来说则有大得多的风险。这种出生缺陷由第21对染色体额外复制所造成,其影响已被充分认识,这里无须详述。与在受精时或在受精前不久发生的其他染色体缺陷一样,这种悲剧经由机体中每个细胞遗传而得。尽管这婴儿始终注定有精神障碍,不大可能在整个一生期间有充分的健康,但这种胚胎常常存活下来,因为他们与其他染色体错误相比,只是相对轻微地受附加小染色体的影响。

年轻女子生下患唐氏综合征婴儿的危险较小,但在30岁之后其病婴出生率则迅速上升,这就增加了卵巢作为机体中衰老最快器官(胎盘除外)的可疑名声。母亲们在其20多岁时的受影响率仅每2000—3000例妊娠中有1例,但到了40多岁时,这种风险则几乎上升100倍。尽管有对唐氏综合征的较好、较早的产前检查,但我们仍然对它为何发生或怎样预防知之甚少。卵的衰老是其中的主要问题,尽管偶尔有精子可能会携带这条额外的染色体。在美国,随着目前倾向于推迟生育和强烈反对终止妊娠,我们可以预期将来会看到更多的唐氏综合征患儿。如果在道德层面阻止流产,那么这个国家理应确保一种已知的不幸不为另一种不幸所取代,即忽略那些需要特殊照顾的孩子。

对生育缺陷的关注主要集中于细胞核的突变上,而对线粒体中基因的注意却相对较少。这是可理解的,因为与细胞核中约7万个基因相比,这些极小的细胞器中仅有少量基因。然而,由于它们处于能量产生中心,具有特别高的突变风险,因此它们的重要性超出了数量的比例关系。

精子中部的这种螺旋形线粒体,为推动精子朝卵前进提供能量。

它不仅是精子最具活力的部分，而且是历时3个月完成的高耗能加工过程的产物。因此，顺理成章的是，除非高龄男子的线粒体基因能完全摆脱自由基活动造成的突变，否则他们的精子最容易受害。后来进行的一些试验，测试了抗氧化剂维生素E如何通过抑制线粒体中生命加工过程中产生的自由基来改善精子质量。

一旦精子找到目标，形成受精卵，线粒体的状态就不具有进一步的重要性。这种雄性线粒体与精子尾部脱离——有点像宇宙飞船飞离地球大气层时抛弃推进火箭。只要卵把线粒体传给了胚胎，我们就以人们继承犹太人特点的相同方式继承了这些细胞器——从母亲那里。这条规则在自然界几乎普遍适用（巨杉树是罕见的例外之一），有待解释。

因此，卵的线粒体质量保证是决定性的，因为已经证明它的突变会在后期起破坏作用。来自这些细胞发电站的低能输出，会对诸如眼和脑这样有最高能量需求的组织产生最为严重的影响，可能导致神经病学方面的问题。幸运的是，我们母亲的线粒体遗产通常是高质量的，因此上述疾病很少。与精细胞中少量存在的线粒体相对比，有几千个线粒体存在于卵中，对卵极为有益。

进化也许使我们母亲的线粒体具有胜过我们父亲线粒体的有利遗传特征，因为卵在其生命的大多数时间内一直处于休眠状态，而在细胞休眠期间极少产生自由基。据英国生物学家肖特（Roger Short）指出，这种预备措施可解释生命初始阶段的卵储备。一旦一个精子与之接触，就像王子亲吻睡美人一样，卵便呈现活跃状态，几乎不分年龄地从长睡中苏醒过来。

我们必须等待进一步旨在阐明这种美妙理论是否站得住脚的研究结果。卵并非免于衰老，我们将看到，它们的生育力实际上退化得相当快。线粒体发生突变（不管多么慢）似乎不可避免，因为连静息细胞也会产生某些自由基。如果老化卵的低生育力是一个能量产生问题，我们就可通过注射来自年轻卵的健康线粒体来克服它。这远远达不到克隆人类，但由于它涉及线粒体DNA向生殖细胞的转移，这种实践必将导致争论不休。

永不太晚？

妇女推迟到三四十岁才做母亲有许多可以理解的理由：职业需要，承担财政义务，健康问题，以及寻找理想的配偶等。或许她从来没有想到生育的选择会由于卵老化、卵巢趋于绝经期而终结。她敢等待多晚呢？即使她的月经周期仍然很有规律，但她可能发现自己难以甚至不可能受孕。她的困境得不到应有的同情。大多数人赞成帮助夫妇生育孩子，但对于太晚获得孩子问题的意见存在着分歧。亚里士多德认为，"女子18岁，男子37岁以下结婚是合适的"，因为这些年龄是产生最佳后代的年龄。要想彻底揭开掩饰妇女最佳生育力时期避孕与文化禁忌的面纱，暴露其背后真相是困难的，而描绘人类行为的挂毯式的画面又如此丰富多彩，以致通常存在着一个阐明我们生物学的社会群体。

哈特派教徒是再洗礼派的一支排他派别，由不足100名难民于19世纪70年代从欧洲移民到美国南达科他州附近地区而建立。直到后来，他们仍然采取远离社会其他人的做法，排除所有的节育措施。哈特派信徒与世界不发达地区缺乏避孕的群体不同，他们是富裕的，且享受高标准的住宅、饮食和卫生保健。他们的潜在生育力会得到充分实现，假如他们并不限定在20岁时结婚并且不早婚的话。20世纪50年代开展的首次详细研究结果表明，哈特派女教徒在其一生期间平均分娩11个婴儿。这种出生率后来稍微降低了些——是因为近亲繁殖还是因为避孕规则放宽还很难说——但他们的生育力仍居世界比赛名次之首。直至大约30岁时，哈特派女教徒变得差不多每两年妊娠一次，因为她

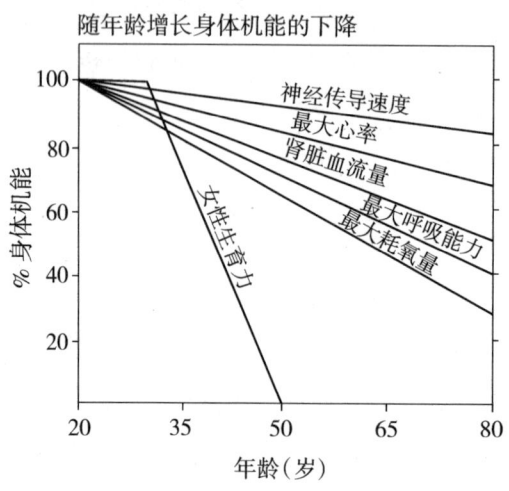

图11　本图显示,随年龄增长,人体机能逐渐衰退

们在母乳喂养早期给其婴儿断奶。30岁后的分娩间隔拉大了,而流产率也同时上升。最后一次分娩发生在正常绝经期年龄之前不久的大约50岁时。这对我们来说是一种警告,即直至最后一个月经周期明确结束,生育力才能被认为已完全丧失。

据哈特派教徒的记载,在绝经期出现前,即不规则的且常常是不育的月经周期之前一个相当长时期内,人的生育力已开始下降。这些记载未揭示生育力高峰出现的具体时间,在大多数情况下我们认为它应当在青春期后几年与30岁之间的某个时期,但生育力不大可能在这些年里会有相当大的改变。正如我们不必为自己30岁之前死亡斜率的略微移动而感到烦恼,我们不必过度关心衰老对自己几年后生育力的影响,尽管妇女应当准备等待一个稍长的时期以获得妊娠。然而,过了另一个10年之后,情况将截然不同。女性生殖系统作为一个整体比机体要老得更快些,据说,妇女45岁生殖系统的状态已与其他器官在80岁后达到的状态相仿。对于成为母亲来说,所剩时间已不多了,但对她的配偶来说又如何呢?

许多生育力测试是有效的,但唯一紧要的明确指示物应该是一个健康婴儿的降生。鉴于这是一种婚姻活动的产物,因此生育力问题出于配偶的一方还是双方往往不明显。生育力是一种涉及男女双方的事,如果他的女方还很年轻,那么男方往往要对不育承担责任。尽管存在着少数例外,但认为男方能够在任何年龄同样好地使较年轻的配偶妊娠的说法则是一种神话。有记载引证了美国北卡罗来纳州一位93岁农场主的实例,他牙齿全掉了,皮肤坚韧得像皮革,居然成功让一位27岁的新娘为他生了个孩子。难以排除他的年轻妻子有外遇的可能性。尽管这里未列举一位英国人的实例,他在1994年以相同年龄做了一个孩子的父亲。精子产生能持续到生命终结,所以在如此年龄做父亲并非不可能,即使它已接近可信性的限度。

这还在德国的尼施拉格(Eberhard Nieschlag)从事的对有良好健康状况的祖父们的一项研究中得到证实。像他们的睾酮水平一样,其精子计数与他们的子孙们水平相似。在某些老年男人中,精子的能动性下降,但这被归因为性节制,因为如果精子在小管里长时间逗留,那么精细胞将变得疲惫。并非所有老年男子都老当益壮,精子质量通常有一个范围——有的样本有高精子计数,有的则在每毫升2000万个以下,并且可能不育。在正常情况下,30岁男子睾丸内90%的生精小管能制造精子,但这在90岁老人中可降至10%以下。在概括这一普遍状况时,芬奇指出:"这一证据确定了精子产量随年龄下降的一种渐进倾向指标物,值得注意的是个体差异,表明不存在可与绝经期相比拟的男性生育力的年龄限度。"其他方面亦然,年轻时是良好生精者的男子比那些不具优势的人能更好地挫败时间的影响。

在实验室动物中,由老年雌性小鼠与年轻雄性小鼠交配揭示了父母衰老的各自贡献,相反的交配组合亦然。老年雄鼠具有较多的性惰性,但在克服性惰性后,它们能像显示出充沛精力的年轻雄鼠那样成功地使年轻雌鼠妊娠。反过来的实验显示雌鼠的年龄影响巨大，它们的仔鼠比年轻雌鼠的仔鼠大为衰退，无论雄鼠是年轻的还是老年的。

对人类中女性因素进行研究是困难的，但供体授精（简称AID）研究（丈夫不育而妻子具有很好的生殖能力）是近乎理想的实验。生育力诊所募集的供体是年轻男子，且证实是优质精子的产生者。1982年，负责协调AID计划的CECOS组织在法国公布了2000例结果。它们无可置疑地表明，妇女的年龄（即使开头只有一些影响）影响治疗结果。与30岁以下的妇女6次逐月授精试验后妊娠相比，35岁以上的妇女则需要12次以上逐月授精尝试后才能妊娠。这种妊娠力下降与已确认的传统方式怀孕的妇女的情况相似。像其他大多数老年变化一样，生育力丧失也是渐进的，但其作用逐年增强，到45岁时，每20个妇女中有1人的卵巢将永久终止其功能。在这一阶段，自然需要一些帮助。

没有什么地方比诊所提供的体外受精服务具有更明显的年龄因素。体外受精技术最初由英国兰开夏郡奥尔德姆的爱德华兹（Robert Edwards）和斯特普托（Patrick Steptoe）发明，专为具有健康的卵巢但输卵管堵塞的妇女提供帮助。自从第一名体外受精婴儿布朗（Louise Brown）出生后，它被证明有多方面的用途，以致许多其他类型的不育也能被战胜。体外受精能够揭示生殖衰老，并能通过使用来自年轻供体的卵使少数妇女克服绝经期。

体外受精为许多不育夫妇带来了妊娠的最好希望，但并不能保证一定成功。实际得到的婴儿比率——对有成功希望双亲至关重要的唯一评判标准——因不同医院而异，在20多岁妇女中每个疗程的成功机会极少超过30%。大多数女病人在其40岁出头仍能产生可体外受精的卵，但当胚胎被植入子宫后，则很少能妊娠成功。如此低的成功率，是由于美国治疗中心42岁以上病人自身的卵比年轻供体自愿提供的卵质量更差的结果。在英国，捐赠卵是珍贵的，因为年轻妇女通常拒绝捐出。卵供体作用的成功进一步证实,不仅卵的数量,而且卵的质量,都将限制老年妇女的生育力。在美国有较多的卵可供利用,因为供体被支付了相当可观的钱,以补偿不适和少许风险。假如不存在供体与受体之间肤色不般配,则对遗传争论少于其他地区的民族大熔炉加利福尼亚州来说,卵捐赠几乎没有造成什么困难。查出一个人的几代血统背景这一点是重要的,如在日本(或英国王室),来自一个无名氏的卵或精子捐赠是令人厌恶的,但这就减少了不育个体的选择。

即使较大数目的胚胎将增加妊娠的可能,英国官方也只允许一次最多将(来自她自己或供体卵的)三个胚胎移入一位妇女的子宫内。英国官方的这种立场是在提供一个成功的良机与可能需要终止某些胚胎以确保另一些胚胎正常生长的多胎妊娠的风险之间的一种妥协。存在着一种补偿衰老作用的浮动计算法。比如,与30岁妇女相比较,要为40岁妇女提供单胎妊娠的相同机会,如果她使用自己的卵,则可能需要用5个胚胎而不是3个。如果她使用供体卵,该尺度就不合适了,因为它们能提供比较有把握的成功机会。

人工授精由亨特首先倡导,到首次成功地将捐赠卵从一位年轻妇女身上获得已花去另一个150年时间。几年后,50多岁的妇女皆得到了帮助。卵供体作用比我们所想象的更为成功,并且中年子宫比我们所假设的更易受孕。雌激素与孕酮使绝经期后妇女中的生殖衰老处于短期逆转状态,使其子宫准备接受利用试管授精的供体卵进行妊娠。在失去每月经期的几年之后,这个器官仍无严重的不利影响,激素静息史也许为成功地生下婴儿作出贡献。

20世纪70年代初,当我对衰老对生殖的影响产生兴趣时,这一课题被广泛认为是一种不相干的过激设想。到1996年,研究处在中间阶段。避开衰老难题,为更多人推迟生育他们的子女,或决定与另一个新配偶生育孩子,提供了较大的优先权。当绝经期后妊娠变得极为常见,以至于它们不再引起新闻媒体的注意时，就是否应当确定一个年龄上限以及（如果应当确定）上限应为多少，仍未达成一致。显然，生物学未确定一个年龄上限。在决定一对成熟夫妇是否应接受生育力治疗时，似乎应站在公正合理立场考虑对生育孩子感兴趣的夫妇双方的组合年龄。也许一种百岁组合年龄是目前合情合理的限制，但在与他们的医师和顾问商讨时，最好把这些敏感的决定交给所涉及的个体。

拥有一个婴儿的想法，很可能使大多数50岁以上的妇女充满恐惧。绝经期的补偿之一，是自然界持久而有保证的避孕。但始终存在着有少数个体错过在其年轻时接受生育力治疗的机会，或直到相当晚才接受治疗。撒拉的妊娠被认为是一个奇迹，并且使她成为一个民族的母亲。那些想要实现《圣经》预言"它们衰老后仍能结出充满汁液的果实"的人，可能很难找到比近来高龄母亲的案例更好的例子了。古怪的执业医生似乎愿意——某种说法是不顾后果地——企图刷新接受治疗的高龄患者的纪录，到1996年的纪录是一位63岁的意大利妇女。

妇科学家使用"高龄初孕妇"一词来指任何一位35岁以上的初为人母者。只要考虑到卵供体作用，则没有什么特定的年份作为一个生物学分水岭，但年龄仍然是医生头脑中鸣响的警钟。母亲年龄越大，她在分娩期间面临高血压、糖尿病和并发症的风险就越大。但一位60岁妇女也能像另一位40岁妇女那样强健，而且能比这位较年轻妇女更长寿。不同的生物学衰老速率，通常不仅为绝经期后妇女而且甚至为超过56岁自然生育纪录的妇女，提供生育力服务的辩护。尽管这些妇女不是很典型，但她们被批准治疗前经历了严格的体检与咨询。只要精心挑选，按照相当年轻妇女的标准，结果可以非常好。在经南加利福尼亚大学索尔（Mark Sauer）治疗的首批14位50—59岁病人中，有9位妊娠，只有1位流产。

尽管存在新的机会，但超过50岁老年妇女的妊娠很可能仍然是例外,更重要的社会变革是人口统计发现母亲渐趋高龄。这种趋势仍然是轻微的,坐在产前检查诊所候诊室里的妇女年龄差异不大可能很明显。然而,国家统计资料分析显示,在英国,几十年来20—25岁年龄段的分娩率缓慢下降,而30—40岁年龄段的分娩率则呈上升趋势。尽管家庭与经济的原因完全不同,但在美国的繁华地区存在一种更加明显的转变,类似于大萧条期间发生的情况。30—34岁拥有第一个孩子的妇女比例加倍,而34岁时仍无孩子的妇女由18%上升至28%。还可以看到她们中的许多人选择坚持不要孩子或推迟生育孩子,直至她们青春不再。

我们应当赞赏当今人们为生殖作出决定的严肃性,但对老年母亲的看法却令人失望。晚育孩子的出生仍被当作笑料,老年妈妈仍不受赞许,她们害怕在学校大门口被旁人错认为奶奶(外婆)。不用说,老年父亲在展示他们的成就(孩子)时的自豪表情中显然带有一种矫饰成分。我们也看到,中年妇女在生物学上比过去更年轻和更健康。寿命仍在增长,而绝经期年龄仍然保持在50岁左右。如果调查是根据事实来作判断,那么老年双亲及其孩子的经历通常是得到肯定的。这些夫妇很可能有能力比许多年轻夫妇为孩子之需承担更多的义务,毕竟他们更加明智而又更加坚定。

改变对生殖的社会态度,连同对活得更长和更好的期待,已被作为生物医学研究的一些优先考虑的关键课题,并将持续到21世纪。居于前列的正是这些问题。假如目前向妇女提供的选择权是选择何时妊娠和妊娠次数,那么什么能使生殖系统处于两者之间的最佳状态呢？如果人们推迟生孩子的意愿日益增长,如果她们的生殖系统在其做好准备之前已失效,还有什么更好的技术能帮助她们吗？诸如此类问题无疑将使研究人员在即将到来的许多年里埋头研究。

第十二章

美丽新时代？

> 科学的真正目标是发现从长生不老（如果可能的话）到最有意义机械活动的所有操作。
>
> ——培根

在王尔德的一篇心理描写小说里，一个英俊的年轻男子坐着让他的一位朋友为其画肖像。当道林·格雷（Dorian Gray）的目光落在这幅已完成的作品上时，他低声说：

> 多么悲哀！我将变老，变得可怕和令人畏惧。但这幅肖像将永远保持年轻。它绝不会比6月的这个特别日子更老……要是反过来就好了……为此——我可提供任何东西！是的，我愿献出世上的一切！我愿提供我的灵魂去交换！

《道林·格雷的肖像》发表于布朗-塞加尔公布其复壮实验2年后的1891年。一个世纪后，我们只是最低限度使青春之花免于凋谢，但我们长寿的机会有了显著增加。公众健康的改善及医学的进展，使世界发达地区的预期寿命几乎成倍增加。较暖和与较干燥的住宅，较洁净的饮水，子宫内及出生后较好的营养，与各种疾病作斗争的接种和药物，所有这些综合起来意味着生命比以往任何时期都更安全。但健康并未被平分，社会差距亦未缩小。

富裕阶层不仅在物质条件上把穷人抛在身后,还在享受的时间上比后者更长。如果说在弥合本国社会差距方面还有很长的路要走,那么这在世界的发展中国家更是一项艰巨的工作。生活在贫困之中的那些人,优先考虑的是如何竭力维持日常的生计,而不是关心未来。我们之中有人将获得理所当然的美好前景,但又产生许多不安,如我们衰老时期的慢性伤残疾病和依靠等个人和社会问题。

1981年,斯坦福大学的弗里斯(James Fries)医生在他发表于《新英格兰医学杂志》上的一篇论文中,对未来提出了一种非常乐观的预测。他指出,从出生到老年的这种生存曲线较接近于矩形。这意味着几乎每个人将尽享天命并随后突然去世。设想一大群"人类旅鼠"从伦敦向多佛尔迁移100千米,1千米相当于生命中的1年。如果排除路途及来自捕食者的危险,事实上每只啮齿动物将设法到达海岸,因此它们将一起越过悬崖峭壁。

弗里斯认为,对于我们来说使生命更安全的结果是,平均寿命被推向其生物学极限。大多数人将在85岁前后的一两年内死亡,尽管有少数特殊个体能活过一个更长的时期。疾病与伤残将被压缩到这一生命末期,所以未来几代人能期待一个较长的跨度拥有充沛的精力与强健的身体。衰老将被较长地延迟,即使它最终获胜。正如霍姆斯(Oliver Wendell Holmes)在其绝妙故事中所描绘的单马车(one-hoss-shay),一切事物几乎都将寿终正寝——届时突然解体。

果真如此该有多好。大多数证据相反,把内禀衰老过程与其表现形式截然分开是荒谬的。即便有,我们目前正获得比精力更长久的残疾。我们暂时无能为力,除了给孩子一个尽可能好的生活开端,并且逐一解决之后出现的难题。控制像结核病之类的传染病已经降低了所有年龄段的死亡率,但退行性疾病的趋势则随我们年龄变大而继续上升。对于一个50岁男人来说,他具有比其曾祖父同龄时更少的生命风险,但他们两者每过8年的死亡机会皆加倍。衰老傲然不败，除非其根本原因能被解决，否则我们就无法绕开它。唯一能尝试的是缓和衰老的打击。

如果衰老速率无变化，就不会存在什么最长寿命。除了神话般长寿的玛土撒拉及其他《圣经·旧约》名人以外，无人能活到120岁以上。不错，我们能看到比以往任何时候更多的百岁老翁，卡尔门特将无法长期保持她的长寿纪录。但这种解释是简单的，即从未有过如此多的老人有望被载入《吉尼斯世界纪录大全》排行榜。总的说来，我们并不比直立人更向前，因为100万年前确定生命上限的这些基因如今依然与我们同在。"经济人"在创造一种较安全的环境和在消除过去往往使人们生命早期受挫的障碍（诸如瘟疫、天花和结核病）方面获得了成功。但随着我们变得越来越老，这些障碍则来得更快更厉害，我们如果不被一个障碍所绊倒，就将被另一个障碍所绊倒。医学科学家必须设法推迟这种终点线，但他们中只有很少人曾深思熟虑过这个问题。

心血管疾病与癌症已成为我们面临的巨大障碍，但未来几代人必将面临一组不同的危险。出乎人们意料的是，我们已大大减弱了心脏病的威胁，经调查，1996年美国该病的死亡率比20世纪60年代下降了34%以上。但就算心脏病被完全消灭，我们的生命预期也将仅提高15年而已。

战胜那些使人英年早逝的疾病的任何进展都是吸引人的，但我不知道心血管疾病的彻底消除是否会大受欢迎。当一组加拿大医生被问及当自己的大限到来，他们希望以什么方式离开这个世界时，他们选择了心脏病发作。他们显然都赞同小说家埃米斯（Kingsley Amis）的名言："不值得为了在滨海韦斯顿老年公寓多待两年而放弃任何乐趣。"大多数人则认为有比死更糟的命运。如果今日的主要杀手能像昨日杀手那样被成功地制服，另外某些疾病也将取而代之——例如肾脏病或各种各样的癌症。甚至所有这些威胁的幸存者,都将迟早陷入生物学老人的境地。人们不仅担心什么时候死去,还开始同样担心怎样死去,这也导致安乐死合法化的呼声日益高涨。

随着更多的人尽享天年,这个世界几乎到处越来越老龄化。这种人口转变的重要性无以复加,并且无法与任何其他物种或地球任何年代相提并论。人口老龄化不久将取代人口增长,成为公共政策制订者主要关心的问题。这颗社会经济时代炸弹的导火线,将在出生率开始下降与寿命显著延长时被点燃。第二次世界大战后出现的生育高峰年代,为我们提供了喘息的空间,以便我们这一代人在2010年后正式退休以前接受这种可能的结果。

人口老龄化影响,在那些可看到出生率下降幅度最大的国家中最为显著。不久以后,日本65岁以上的人将比15岁以下的人更多。作为世界人口最多的国家,中国实施的独生子女政策最终将使其从一个以年轻人口为主的国家变成一个以老龄人口为主的国家。1996年,只有6%的中国人超过65岁,但这一数字到2050年将上升至20%,即2.7亿人——比美国全部人口还要多。如此巨大的转变将对已有政治、社会、经济局势和家庭产生重大影响。但愿后来反对年龄歧视的进步将不被推翻,而随着重新发现老年人可以作出独特的贡献,社会也将不会老是议论老年人的保健费用。长者提供了某些道德与创造性领导才能的样板——曼德拉(Nelson Mandela)、特蕾莎修女(Mother Theresa)、鲁宾斯坦(Artur Rubinstein),以及在其职业生涯几乎结束时在生育力治疗方面倡导两项革命的斯特普托。

即使某些老寿星的秘诀稍带个人癖性,但大多数老寿星都过于热衷与人分享长寿的秘诀。我们听到土产威士忌与嚼烟草的好处的同时,亦听到步行和天然酸奶的益处。政府关心的是为老年体衰人口提供服务所支付的费用,并分发了大量的饮食建议。毋庸讳言,我们在一定意义上就是所吃之物的产物。在英国,之前的建议是人们每天食用5份新鲜水果和蔬菜。对于某些人来说,这是提倡改变饮食习惯,因为已有越来越多的人对良好饮食习惯产生了浓厚的兴趣。

素食主义日益普及,家用冰箱架子上皆是有机栽培的食物,"替代药物"和一批维生素药片与胶囊——至少在生活宽裕的家庭中开始流行。我们处处成为低热量、高纤维,或低脂肪、高维生素,或其混合物的保健品和食品广告商的目标。据说其优点是改善循环系统,免患癌症,阻遏自由基产生。我们发现天然食品更吸引人,即使以反常的数量加以推荐。我们是那些一味否认我们曾认为健康饮食便已足够的简单口号的轻信受害者,但如果我们一本正经地获取营养,一丝不苟地查阅文献,更将大惑不解,因为连专家们也众说纷纭。正如梅达沃曾经讥讽过的,营养是"厨房科学"。

关于适合我们物种的天然饮食,我们能够承受多大的紧张压力,应当进行多大程度的锻炼,我们敢得失多少体重,围绕此类话题的争论未有穷期。这有点令人沮丧,但当研究人员争论时,我们至少能为他们的努力而举杯致贺。牛津大学流行病学老前辈理查德·多尔爵士(Sir Richard Doll)之前发表的一篇论文,提供了一个完全令人信服的实例:酒精——**有节制地**饮酒——实际上将降低死亡率。不大有争议的是他在证明吸烟有害于健康方面的巨大成就,最初对其则持抵制态度。他在有关这一论题的论文中,提出有规律吸烟者中的一半人将由于他们抽烟习惯的直接结果而缩短其寿命。

除了那些从后往前读书的读者(我有时就这么做)外,读者目前将了解到这本书是对生命系统的描述,而不是一帖长寿处方。我不敢就健康饮食和生活方式的更加特殊内容说三道四。我个人认为,不论如何,我们在探索最适生活条件时都应当注意自己的进化根源。尽管我们的基因与生理机能几乎没有改变,但我们从事耕种的500代人之前的祖先将很难认可现代生活方式。在漫长的进化过程中,眨眼之间我们已经改变了自身物种已适应的习惯与环境,而我们无疑在付出代价。但我们的原始状态从来就不是健康与和谐的牧歌,没有哪个头脑清醒的人真的想用大代价换取狩猎者生活,除非他们非常不幸地居住在不友好的西方住宅区或者第三世界的贫民窟。我们在现代世界里冒险,尽可能防止有害的不良反应。

在选择采取什么样的最谨慎道路时,必须考虑我们的起源及科学证据与我们自身经验之所知之间的一种平衡。一般来说,对我们年轻时有利的将可能亦对老年人有利,但不一定皆如此。衰老是自然界的一个疏漏,因为进化选择并不适合我们长寿。对我们年轻时有利的健康饮食、锻炼和激素水平也是晚年的指南——仅此而已。我们唯有不断探索,才能发现适合我们勇敢新时代的模式。

造成当今社会老年人数量较大的原因更多是社会的而不是生物学方面的,这有点像这些年来牙齿的改善一样。较好的口腔卫生、水的氟化及牙科学皆有助于比以往任何时候更长期使牙齿保持较好的齿形,但它们最终仍将磨损。相当于减缓衰老过程的,是长出第三副白齿。由于这将要求细胞从基因上重新"编程",并且远不可能,因此老年医学被认为是生命科学中最没有希望的。但反过来,我们也应当记得,不久以前,人们曾嘲笑过消灭天花和人卵在试管中进行体外受精的设想。

被广泛报道的对生殖过程的干预已经产生了生物学时间限度如何可被打破的某些更为显著的迹象。现在没有人怀疑60岁老妇可以通过接受帮助而怀孕,尽管许多人怀疑其是否明智。生殖被公认是一个特例,因为性器官不像心脏和肾脏那样生死攸关。我们的寿命不会因阉割或绝经而锐减,虽然机体其余部分对性激素减少并非漠然置之。

如果说妊娠能提供某些无法刻写在石碑上有关衰老作用的确凿证据,那是因为生殖非常依赖于激素。复壮者认为性激素是包治各种病痛的灵丹妙药,但老龄的诸多事实无法正好与一种激素的缺乏相一致,不管这种激素如何重要。激素在衰老过程中扮演的角色有时被夸大了,但它们确实具有一种极大的效力:我们不必忍受自然规定的激素水平,我们认为不足的不难变为好事。基因疗法在效率方面取代激素疗法之前还有很长一段路要走,在可预见到的未来,不管怎样,我们无法摆脱自己的基因。但假如我们能聪敏地控制自己的激素水平,我们就能以多赢几墩牌的招数来对付自然界的"变牌",长久保持健康。

对老人进行雌激素与睾酮的替代疗法立刻闪现在头脑中,但这些并不是我们所能调节的唯一激素。人们永远抱有找到一种能治愈所有与衰老有关的神秘病痛的新激素的希望,但我们将更可能先发现诸如生长激素等旧激素的新应用。

生长激素是最先被发现的垂体激素之一,因为它贮存的数量比其余垂体激素大得多。侏儒症作为其缺乏的必然结果而被迅速认识,注射生长激素可显著增加矮个儿童的身高。在它仍需从尸体中提取的情况下,从来没有足够的生长激素可供利用,但人们后来已可通过基因工程菌对生长激素进行工业化生产,获得的生长激素已足够治疗所有年龄组的患者。

生长激素由青春期垂体在睡眠期间以大脉冲释放。某些人的生长激素水平下降得比其他人更多,但许多人每隔10年丧失10%—15%,而它在老年人血液中更为迅速地被清除。最终结果是老龄时的水平要比除性类固醇以外的其他任何激素下降得更多。青春期后其产量自然逐渐减少似乎是一种明智的节约。果真如此吗?

较低的激素水平导致较少的瘦肌肉和较多的脂肪,尤其是不健康的雄性变种。额外的体重将加剧激素亏缺,引起一种会促进更多脂肪沉积的恶性循环。顺其自然并非总是最佳做法,因为我们生死攸关的利益可能不在每个年龄段得到维护。增加生长激素水平有如激素替代疗法一样不合乎自然规律，但对缺乏生长激素的老年人来说，它将改善体力并增强精瘦程度。有人说它甚至能作为一种精神补剂提供给人们，但是它不会导致上瘾。如果它能由积累脂肪到积累蛋白质的转换代谢的作用得到证实，那么为它呼吁的将不仅限于老年人了。但是，额外的激素并不一定要靠注射针筒。接受激素替代疗法的绝经期妇女已享受着一种意外收获，因为雌激素将促进垂体——甚至一个老化垂体——释放生长激素。睾酮在男人中具有相同作用。

生长激素并不是新闻报道中用于治疗衰老的唯一激素。已倡导使用的是两种激素，一种是肾上腺类固醇脱氢表雄酮（简称DHEA），另一种是松果体的褪黑素。这些"发现"遵循了一种可预料的进程，使人联想起一个世纪前由睾丸提取物创造的最初激素疗法。给征募志愿者注射提纯的激素，并接受希望获得成功的研究人员的测试。由于人类变异特性的缘故，上述结果通常是混合的，但某些获益常常被报道，有的甚至是接受安慰剂注射受试者的结果。尽管我们应该保持无先入之见直至获得所有证据，但了解复壮科学史的人都嘲笑有关简易疗法的新闻报道。即使额外生长激素与性类固醇的有效性无可争辩，我们亦必须提防有关生命后期的每种激素缺乏都必须进行治疗的谬误。

我们皆习惯于阻挠自然必受惩罚的思想，以致人们对好消息喜出望外。避孕药之前受到重视不仅因其高避孕效果，而且还因其为一种偶然发现的额外健康获益。低雌激素处方不仅减缓了难以忍受的经期与贫血，而且如期减少了子宫癌与卵巢癌的危险。连乳腺良性肿块都不常见了。每次因长期过度紧张而抑制排卵，并不像我们认为的那样不自然。最初对于我们物种的标准是，生育力与雌激素含量低的时候，一系列妊娠夹杂着母乳喂养的长间隔，正如在我们灵长类远亲——大型无尾猿等少数群体中，仍是这种模式。女性癌症的流行，目前正蹂躏着西方许多很可能具有较多排卵数并暴露于较高雌激素水平的现代妇女们。上述问题由于当今提前的青春期及可能推迟的绝经期而变得更糟。目前看来,让卵巢处于休眠状态似乎是一种健康的选择,甚至连独身妇女都可以考虑。

没有任何理由认为妇女必须具有月经周期及随之一起的高水平雌激素。生殖所需要的激素水平比控制骨质疏松症、心脏病及其他处于困境的缺乏症状所需的水平要高得多。通过与低水平雌激素结合使用孕激素来抑制卵巢自身的激素,可使妇女在各方面得到保护。然而,避孕药仍含有比保持健康所需量(尽管其水平可能偏低)更多的雌激素。从理论上讲,较安全的避孕策略应该是使用一种药物并给予激素替代疗法以闭锁卵巢,因为这提供了妇女维护健康所需的最少量。

美国南加利福尼亚大学的派克(Malcolm Pike)在临床试验中检验了这种理论。他的目标是,在进一步降低令人忧虑的乳腺癌(在美国某些地区每7名妇女中就有1名患乳腺癌)危险的情况下,实现100%避孕。参试的志愿者服用一种药物,通过抑制下丘脑促性腺激素释放激素以中止垂体释放促卵泡素和促黄体素。少量雌激素被添加,以抵消化学阉割作用。孕激素无法预防乳腺癌,但每4个月服用一次则可通过允许月经发生而排除患子宫癌的危险。两次经期之间较长的间隔,作为对月经的一种缓解而受到某些妇女的欢迎。少量雄激素被添加以保护骨骼,还有助于增强性欲。

迄今为止,这些结果是令人鼓舞的。避孕不仅有效,而且可逆。更重要的是,乳腺组织在低雌激素标准下比较健康。这种激素"鸡尾酒"过于复杂,难以获得广泛认可,但如果换一种形式出现,它能引起面临乳腺癌危险的妇女们的兴趣。男人是否将在服用男性避孕药的同时享有减少患前列腺疾病危险的有利条件,更值得怀疑。他们不像妻子那样渴望参与实验,只要他们乐意接受吸烟的危害和危险的运动,他们就不大可能在乎睾酮在遥远未来可能产生的强烈反应。

当今更多的人想要在步入中年时（如果不是中年以后的话）保持他们的生殖选择。两性的绝育手术数量创了历史最高纪录，恢复生育的要求亦然。甚至绝经期也不再被看作是单向门。随着卵细胞捐赠的出现，任何年龄妇女可通过激素替代疗法的帮助而获得怀孕的机会（仅此而已）。这也许是惊人的，但这项被称为辅助生殖技术的革命仍将以某种方式继续进行下去。它像异想天开，但冷藏卵巢至绝经期后具有潜在的一种独特可能性。

冷冻卵巢组织已为因某种治疗而面临不育的年轻癌症患者带来了一线希望。患者还没有从意识到自己患有致命疾病的震惊中恢复过来，就被告知挽救自己生命的疗法也许包括骤然永久性绝育。这是因为，化疗或放疗不仅杀死了癌细胞，也破坏了生长中的卵和精子，同时加速衰老过程。讨论这些事情的任何人，都不能不被强烈希望有朝一日为人父母者（甚至他或她的生命正像风中稻草般摇动）的辛酸事所打动。

如果一位女性癌症患者有配偶，在她开始接受癌症治疗前有时间做准备的话，则她可能选择离体受精治疗并冷藏她的胚胎。然而，这种可能性很小，部分卵巢冷藏的成功机会更吸引人，因为它能立刻进行，使她有机会为自己的卵选择一个配偶体。如果置于温度接近零下200℃的液氮罐内进行保存，无论是卵还是胚胎，其生殖潜力都应有保证。这种温度对尚处于未定状态的生命来说是足够冷了。

如果她已处在绝经期期间，其解冻后的胚胎在用激素替代疗法起动后有机会植入子宫。某些人为卵巢贮藏的想法感到幸运，因为它不会将胚胎作为随时可失去之物。假如母亲死去，对胚胎会发生什么，谁作决定？由于冰晶破坏的缘故，整个卵巢不可冷冻，只有含有大多数贮藏卵的表"皮"可供利用。该组织能在适当的时候像皮肤移植那样恢复其原有功能。之前，只有少数病人将组织存放于冷藏库中，在她们取回它之前将冷藏几年。当她们取回时，我们希望她们在中止了10—20年之后能够恢复月经周期。作出任何保证为时尚早,但如果羔羊因冷冻卵而受孕是普普通通的事,就将有可能重新激发卵巢的生命。

如果证明这是可靠的,其他妇女也许想要尝试这项技术。它是否可取,则是另一回事。如果乳腺癌患者想要"以防万一"地在冷藏库中存放卵巢,她们就必须承担恢复雌激素以及产生也许会加剧旧病的危险。健康妇女亦可能考虑贮藏卵巢组织以作为防止不育的一份保险单,特别是如果她们有绝经期提前的家族史,或者她无法接受卵捐赠。虽然卵将依然保持与它们冷藏之时一样年轻与新鲜,但官方无疑想要规定卵的保存期限。

考虑到一次妊娠所需各种技术的时间、困难与花费,妇女的生殖治疗看上去就像抽中了下下签。健康男人可以随意释放他的精子以供冷藏。但患有癌症的男人却可能难以产生一个样本,即使他能产生,其质量也可能低劣得无法对其有所指望。即使他已有某些组织贮存在冷藏库中,他亦很可能担心其生殖腺在化疗后处于干枯状态。对他而言,还有什么其他可供选择的措施吗?

睾丸喜凉怕热,但像卵巢那样,怀着恢复的任何希望把它们整个地冷藏则显得太大。一种比较好的前景是收集在睾丸活组织检查中的干细胞,有点像为某些癌症患者所作的常规骨髓冷藏。趁它安全时将睾丸细胞运回其原先小管,很可能比注射骨髓细胞更加困难,但如果证明是成功的,则该病人将为重新获得他的生育力及其原先性器官而感到骄傲。

癌症治疗可能导致精子生产的消失,但幸运的是,它不过对睾酮有短暂影响。然而,某些老年男人甚至在没有化疗危险时,出现激素水平下降,这就有必要予以提高。这可以通过移植睾酮加以解决,但自然的解决办法是让性器官中充满间质细胞。如果能找到合适的供体(这很不容易),只要有良好的血液供应,则细胞能躲避免疫系统的排斥而成长。睾丸是能接受外来组织移植的少数器官之一，也能容留其他激素移植物。如果胰腺的胰岛细胞能在此处幸运地生存，糖尿病患者就无须注射胰岛素了。

当卵巢接受来自非亲属供者的细胞时，它将处于一种不利地位，因为它无法像睾丸那样获得免疫特许。某些极想要孩子的妇女，会抓住卵巢移植的机会，作为避开等待批准获得供体卵的一大串申请名单的一种途径。移植还有一种好处，那就是比卵捐赠更廉价，而且一次手术就可能使月经周期延续几十年，使绝经期一去不复返。这是由于垂体腺经得住衰老，能产生足够多的促性腺激素以刺激卵巢移植物生长。

这一切听起来像是大胆的先锋派，但这观念一点也不新鲜。事实上，1995年是美国纽约的莫里斯（Robert Morris）首次尝试实施移植卵巢100周年。一位过早步入绝经期的妇女，据说在接受另一位妇女的卵巢移植后已成功地妊娠。当人们认识到外来器官通常被受体的免疫系统所排斥，莫里斯的声称就令人怀疑，也没了后续。如今，这个难题可通过使用类固醇和药物以抑制免疫系统而被克服。为挽救生命而甘冒这种危险去进行心脏或骨髓移植是值得的，但仅为不育而其他方面显然健康的人去承担类似冒险移植则很难说是合理的。

因此，这项技术正在等待免疫学的突破。一旦免疫系统被劝诱接受外来移植物，而不解除它们对感染及恶性细胞的战斗力，那么我们会看到更多的卵巢移植。唯有一大障碍依然存在。如果近亲不能或不愿捐赠卵巢，那谁将愿意捐赠？卵巢移植的判据比心脏和肾脏移植更加严格：供体必须是年轻女性，且具有与受体相适合的机体特性。鉴于只存在着少数志愿者，因此将有赖于死后供体。目前被浪费掉的卵的最大来源是流产胎儿的卵巢，但将它们用于不育治疗在1994年的英国是不合法的，所以从未被尝试。如果死者年龄大于18岁，使用获自事故受害者的遗留组织至少在原则上已获批准。

生殖医学的反对者可能想象消费者像在超级市场的冷柜中选购食用肉那样选择移植器官而感到恐惧,但他们的恐惧是多余的。那些冷藏卵巢组织的妇女们只能满足她们自己的需求,卵捐赠将仍然是治疗不育的主要途径。移植物也许是对激素缺乏症的一种天然疗法,但对于激素替代疗法来说却不是一种特别健康的选择,因为它延长了雌激素充分作用的时间。如果仅仅是为了防止雌激素缺乏,激素替代疗法仍是最好的疗法。

较大的问题有时隐藏在对拥有婴儿新途径进行异乎寻常和耸人听闻报道的背后。现在的妇女比自己的母亲更迟生儿育女,这开始对生育力义务的优先权产生影响。我们必然会看到来自老年父亲更多的突变及来自老年母亲更多的唐氏综合征婴儿,但我们是否看到了老年双亲提供给后代的任何遗传获益呢?罗斯通过果蝇实验表明,对于仅仅来自老年雌果蝇繁育的群体,连续多代衰老减慢,新生一代比上一代活得稍长些。我们在人类历史上从事过与此相似的实验吗?

我对此表示极大的怀疑。回顾整个20世纪,生殖倾向变化无常,在下一代我们可能会看到推迟成家的倾向逆转。总的说来,生儿育女被视作一项不可剥夺的人权,我们都希望人类的生殖永远不要成为像罗斯的果蝇那样被严格控制。尽管如此,长寿还是非常缓慢地不知不觉到来。妇女的排卵能力由于绝经期提前到来而被剥夺,而果蝇至死还保持生育能力。我们人类的生殖机会之窗相当窄小。最终,人类作为社会性生物,只要任何先天生物学优势一出现,很可能就会被削弱。对于人口中出现的越来越多的长寿者来说,老年母亲的后代生下她们的孩子,长大之后又选择具有相似背景的配偶。实际上,晚育的人通常拥有较小的家庭。总是有许许多多无法预见的因素影响对配偶的选择,使得任何生育偏见皆站不住脚。

作为目前的我们,对未来的担忧延伸不到下一代或下二代。我们无法(也许不敢)希望寿命在我们所处的时代得到太多延长。预防疾病而非治疗衰老,是充分利用我们的生理机能情况下的方案。通过调整基因,我们有朝一日将可能战胜衰老过程,但即便在我们生活的生物学与分子医学取得引人瞩目的成就以及充满期望的时代,这仍是一种过高的要求。我们可以期望在对付衰老方面取得更多的进展,但仍然无法对付导致衰老的原因。于是,使用激素与药物治疗在20世纪占据了主导地位,基因疗法则将主宰21世纪。日益增长的看法是,它将有可能用有益基因取代有害基因,甚至能彻底改变我们原本认为已达到尽善尽美的疗法。

自从卡雷尔开创器官移植时代以来,器官移植手术已成为治疗器官衰竭的一种有效途径,但它目前正处在如何进一步发展,克服供体不足的重要阶段。用基因工程获得胚胎培育出的猪,可以提供人体能接受的器官。在南非施行的首例人心脏移植手术曾引起过一阵喧嚣,起因于这种器官在感情上和传统上相矛盾的问题。当我们看到猪的心脏在人的胸腔内跳动时,会产生多少不安?猪心能超过30年生存极限的机会又有多大?生物学与医学的大门向未知领域敞开,我们只能说将在越来越多的动物器官中发现新的医学用途——除了动物的抗议以外。将会存在一些令人反感的反应,但利用动物器官来挽救人的生命,当然比星期天烧烤聚餐会上结束动物的生命更加高尚。

不少人认为,假如动物无须用于研究与治疗会更好,但科学常常能解决它带来的许多难题。有朝一日,人们可能会在培养皿中按预定目标来培养人的细胞以完成较小的修复手术。我们的每个细胞都拥有在受孕之日就获得的相同纯正的遗传密码。理论上说,如果遗传编码指令序列能再次启动,那么也许能制造替换的细胞与器官。损失一个细胞(比如皮肤细胞),我们可以制造另一个细胞(比如肌细胞)以修补心脏,看来是很诱人的。应当承认,要把一个细胞类型变成另一个细胞类型，是生物学更难逾越的问题之一，即使这个难题被突破，好比你驾车沿单向系统往北开，结果发现你应当往南，随后迷失在归途中。仍然存在着细胞可能诱发为恶性病变的隐忧。也许最好从利用新鲜胚胎干细胞出发，因为它们在采集自不育患者捐赠的"备用"胚胎后能在离体条件下不断生长。鉴于这些细胞并未被托付任何特殊使命，它们或许能从基因上被培育以制造骨髓、神经或机体移植需要的其他细胞。

植物与动物分子遗传学的首批成果，为治疗几千种遗传病患者带来了一线希望。转基因作物的生长周期和抗病力，甚至固氮能力都得到了改善，这将减少化肥需求量，应当大受欢迎。水果与蔬菜的新品种已运抵美国的超级商场，包括品质极佳的西红柿，它不易软化腐烂，因为在西红柿内已淘汰了一个涉及乙烯产生的基因。但愿我们自身的早衰状况能够如此容易被改观！

要使动物发生新的遗传变异，需要向卵或胚胎内转入基因，这叫作种系技术。这项技术在实验室里已取得某种成功，但是目前在医学里无法应用，因为基因无法把目标对准染色体的精确部位，即便有这种尝试，也许导致灾难性后果。基因技术比较容易被接受的是体细胞基因疗法，因为它的目标在于治疗诸如囊性纤维化、亨廷顿病及肌营养不良等遗传病。然而不幸的是，那些病人仍会将一个突变基因遗传给他们的孩子，唯一能提供的预防措施，是胚胎或胎儿的产前诊断和妊娠终止。

在人类DNA"大草垛"里筛选，以期找到造成遗传病的"针"，是一项艰巨的任务，尽管如此，每月仍然有越来越多的遗传密码被查明，新的基因疗法试验成果不断被报道。但怎样转入这些基因仍然是一个重大问题，我们无疑将把头一批随意尝试视为相当粗糙的做法。极微小的脂肪泡或脂质体目前特别受到偏爱，因为它们能被吸入囊性纤维化患者的肺而达到治疗目的，但由于大多数DNA不能抵达肺细胞的细胞核,因此这样操作是劳而无功的。造成支气管疾病的某些病毒是令人感兴趣的载体,因为它们能携带基因直接进入肺的内衬——只要他们全家不被感冒所撂倒!这项技术目前仍处于摸索阶段,它距魔弹相去甚远。

患癌症和心血管疾病的人比先天性遗传病患者多得多,这些人亦会从有关基因的知识中获益。自从波特(Percival Pott)医生在18世纪末提出英国伦敦烟囱清扫工的阴囊癌与煤烟有关以来,认识到环境与癌症之间存在相关性走过了漫长的路途。长期以来一直认为,机会决定了暴露于相同危险物质环境之中的一个人可能会患癌症,而另一个人则可能不患癌症,但我们目前已较好地了解了个中原因。某些人有灌铅骰子般的幸运。例如,乳腺癌偶尔发生在家族中,两个基因引起全部病例的5%,尤其是较年轻的患者。我的一位男性同事首先提出应当向那些高危人群施行预防性乳房切除术时,新闻媒体曾掀起一阵喧嚣,但这种激进做法的意义目前已被接受。遗憾的是,大规模探查这些基因看来是一个费用高昂得承受不起的过程。

癌症治疗也可通过基因疗法而产生突破性的变革,因为癌症植根于遗传机制。单个变异细胞的一系列变化会影响生长或死亡相关基因,会使它及其所有后代细胞能生长并像野蛮的入侵者那样任意散布在机体的四面八方。这些细胞亦可能会对药物、辐射及机体免疫监督细胞的杀伤作用有强的抗性。如果这种错误能得到及时纠正,则肿瘤将缩小,而且免除了化疗、放疗及外科手术所造成的痛苦。

但是这项新技术的应用能帮助我们阻挡衰老吗?在今后10年内,我们将能在光盘中从头到尾地读出人类DNA密码。这将使医生们能够预测、诊断和治疗遗传病,但尚难以看到衰老过程如何被变更。对付单个突变是相当有挑战性的,但与衰老过程的错综复杂相比,那简直是小巫见大巫了。也许未老先衰的症状因为这是由更易控制,单个基因所致，不过最终征服它们绝非易事。马丁估计，在1000个基因中，有1个基因突变就可能产生未老先衰的症状。

分子生物学走过了40年的漫长路途，但目前仍是一门年轻学科，发现与确定与我们寿命有关的众多基因将有待努力。许多人被这种前景所吓倒，但亦有像芬奇那样的乐观主义者，他指出："衰老的许多方面应当通过对基因表达水平的干预而大大变更。"但是进展将来之不易。如果事情像遏制少数衰老基因或转移有益基因来暂时延缓衰老那样"简单"，那么我们将是幸运的。对通过使用年轻线粒体侵染来更新我们细胞的想法，我们不予置评，但它作为地球早期生命的一种重演方式，至少有某种带有诗意的吸引人之处。

除了怪人，没有人会说根治衰老行将到来。对地球这颗行星来说幸运的是，对这一最后和最具挑战性的生物学问题的进展将逐步取得，这就给予社会以调整的时间以适应其结果。未来学不是科学，更不用说是一门精密科学了，它难以预测什么地方和什么时候将出现重大突破。但科学像自然界那样充满着意外，进展常常不期而至。100年的激素研究目前已完成，在接下去的几十年里我们无疑将看到在分子遗传学方面取得激动人心的进展。我分享芬奇的信念：我们不必接受衰老之不可避免性。因为有通过人的精神战胜衰老的极好实例，但如果把精神凌驾于物质之上是我们唯一的选择，则我将陷入更加悲观的境地。生物学为我们提供了改善器官功能的希望，以及丰富的精神食粮，并非所有生物都易衰老。衰退也不是生命的必然事实，退化的速率差异甚大。此外，至少我们已有在一段时间战胜衰老的激动人心的实例。

危险之一在于，一个雄心勃勃的探索会孕育必胜信念。长寿也许不是禁果，但我们应提防为活得更长而必然付出的代价。关上当今疾病与伤残的大门，却会敞开另一扇门，让装扮一新的"魔鬼"乘虚而入。衰老比遗传创伤和缺陷的简单累积要复杂得多，涉及的许多基因对我们在某个时期(特别是当我们处于年轻时期)可能有益。如果代价是年轻时的不育或丑陋,我们会选择长寿吗?我怀疑道林·格雷会愿意。无论如何,我们必须记住超额增加寿命无法得到保证,因为即使生物学上的完美之物也会被闪电或马车所击倒。

江湖医生对衰老的治疗从来没有廉价过,实际上是昂贵的。那些质疑将人力物力用于探索生物学之深远的人说对了。全世界儿童的接种具有较高的优先权,但老年医学仍优于"三叉戟"核潜艇。战胜衰老的承诺总是令人趋之若鹜和有利可图,其中隐含着危险。一些人会为他们的遗体冷藏支付15万美元,期望若干年后获得新生——那只表明上当的人永远都有。

现实状况是,没有任何重大冒险单靠理想主义能够成功,所以需要私人与社团在这方面投资。我们经常听到在学术研究人员与产业家之间达成的伙伴关系。追逐利润是达成上述一致的原因,这种常常被强令的保密对传统科学的公开性造成了威胁。假如阻挡衰老的基因被找到,你能想象出蜂拥前往专利局的景象吗?科幻小说作家最大的担心不久将成为现实,奖杯将黯然失色。科学家们有时被描绘成怪物,物质财富更常常是人们的大敌。

一个多世纪前,布朗-塞加尔认为他发现了一种衰老疗法。除了作为点燃对性激素与激素替代疗法进行研究的那一星点火花之外,他的所谓疗法毫无价值,但我们应当暂停一下回味他的实例。与当时报刊夸张的报道相反,他既未提出过分的主张,也没有为他的配方保密或申请专利,甚至免费提供他的"长生不老药"样品。到21世纪后叶,我们的子孙也许能看到战胜时间,但我想知道我们是否能看到他那样的人物再次出现。

进一步的读物

上篇 时间的种子

第一章 疯狂的交配

1. Lee, A. K. & Cockburn, A., *Evolutionary Ecology of Marsupials* (Monographs in Marsupial Biology) (Cambridge University Press, Cambridge, 1985)

Renfree, M. B., "Diapausing dilemmas, sexual stress and mating madness in marsupials." In K. E. Sheppard, J. H. Baublik & J. W. Funder (eds), *Stress and Reproduction* (Serono Symposium No. 86), pp. 347—360 (Raven Press, New York, 1992)

第二章 狗的生命

Brooke, M. & Birkhead, T. (eds), *The Cambridge Encyclopedia of Ornithology* (Cambridge University Press, Cambridge, 1991)

Calder, W. A. III, *Size, Function and Life History* (Harvard University Press, Cambridge, Mass., 1984)

Comfort, Alex, *The Biology of Senescence*, 3rd edn (Churchill Livingstone, Edinburgh, 1979)

Davies, Paul, *God and The New Physics* (J. M. Dent, London & Melbourne, 1983)

Dunnet, G. M., "Population studies of the fulmar on Eynhallow, Orkney Islands", *Ibis* **133**, Supplement 1, 24—27 (1991)

Finch, C. E., *Longevity, Senescence and the Genome* (University of Chicago Press, Chicago, 1990)

Finch, C. E., Pike, M. C. & Witten, M., "Slow increases in the Gompertz mortality rate during aging in humans also occur in other animals and in birds", *Science* **249**, 901—904 (1990)

Fraser, J. T., *Time: The Familiar Stranger* (University of Massachusetts Press, Boston, 1987)

Lindstedt, S. L. & Calder, W. A. III, "Body size and longevity in birds", *Condor* **78**, 91—94 (1976)

Masters, P. M., "Stereochemically altered noncollagenous protein from human dentin", *Calcified Tissue International* **35**,43—47 (1983)

Sacher, G. A., "Relation of lifespan to brain weight and body weight in mammals",in G. E. W. Wolstenholme & M. O'Connor (eds), *The Lifespan of Animals*(Ciba Foundation Colloquia on Ageing, Vol. 5), pp. 115—133 (Churchill, London,1959)

Sacher, G. A., "Life table modification and life prolongation", in C. E. Finch & L. Haylick (eds), *Handbook of the Biology of Aging*, pp. 582—638 (Van Nostrand Reinhold, New York,1977)

Schrödinger, E., *What is Life? The Physical Aspect of the Living Cell*(Cambridge University Press, Cambridge,1951)

第三章 威廉老爹

Abbot, M. H., Abbey, H., Bolling, D. R. & Murphy, E. A., "The familial component in longevity-a study of offspring of nonagenarians ", Ⅲ. Intrafamilial studies, *American Journal of Medical Genetics* **2**,105—120 (1978)

Baker, G. T. & Sprott, R. L., "Biomarkers of aging", *Experimental Gerontology* **23**,223—239 (1988)

Barker, D. J. P., Winter, P. D., Osmond, C., Margetts, B. & Simmonds,S. J., "Weight in infancy and death from ischaemic heart disease", *Lancet* **ii**, 577—580 (1989)

Bean, W. B.,"Nail growth: Thirty five years of observation", *Archives of Internal Medicine* **140**,73—76 (1980)

Doty, R. L., Shaman, P., Applebaum, S., Giberson, R., Sikorski, L. & Rosenberg, L., "Smell identification ability: changes with age", *Science* **226**, 1441—1443 (1984)

Finch, C. E., *Longevity, Senescence and the Genome* (University of Chicago Press, Chicago,1990)

Gompertz, B.,"On the nature of the function expressive of the law of human mortality, and on a new mode of determining the values of life contingencies", *Philosophical Transactions of the Royal Society of London* **115**,513—585 (1825)

Jones, Hardin B., "Mechanism of aging suggested from study of altered death risks", in J. Neyman (ed.), *Proceedings of Fourth Berkeley Symposium on Mathematical Statistics and Probability*, Vol. 4, pp. 267—292 (1962)

Kallman, F. J. & Sander, G., "Twin studies on aging and longevity", *Journal of Heredity* **39**,349—357 (1948)

Katzman, R., Terry, R., DeTeresa, R., Brown, T., Davies, P., Fuld, P., Renbing, X. & Peck, A.,"Clinical, pathological, and neurochemical changes in dementia: a subgroup with preserved mental status and numerous neocortical plaques", *Annals of Neurology* **23**, 138—144 (1988)

Kohn, R. R., "Cause of death in very old people", *Journal of the American Medical Association* **247**, 2793—2797 (1982)

Lack, D., *Population Studies of Birds* (Clarendon Press, Oxford, 1966)

Orentreich, N. & Sharp, N.J., "Keratin replacement as an aging parameter", *Journal of the Society of Cosmetic Chemists* **18**, 537—547 (1967)

Rees, T. S. & Duckert, L. G., "Auditory and vestibular dysfunction in aging", in W. R. Hazzard, R. Andres, E. L. Bierman & J. P. Blass (eds), *Principles of Geriatric Medicine and Gerontology*, 2nd edn, pp. 432—444 (McGraw-Hill, New York, 1990)

Rosen, S., Bergman, M., Plester, D., El-Mofty, A. & Satti, M. H., "Presbycusis study of a relatively noise-free population in the Sudan", *Annals of Oto-Rhino-Laryngology* **71**, 727—743 (1962)

Schneider, E. L. & Rowe, J. W., *Handbook of the Biology of Aging*, 3rd edn (Academic Press, New York, 1990)

Smith, D. W. E., "Is greater female longevity a general finding among animals?", *Biological Reviews* **64**, 1—12 (1989)

Weindruch, R. & Walford, R. L., *The Retardation of Aging and Disease by Dietary Restriction* (C. C. Thomas, Springfield, Illinois, 1988)

第四章 编程性衰老

Abbott, M. H., Abbey, H., Boling, D. R. & Murphy, E. A., "The familial component in longevity-a study of offspring in nonagenarians", Ⅲ. Intrafamilial studies, *American Journal of Medical Genetics* **2**, 105—120 (1978)

Adelman, R., Saul, R. L. & Ames, B. N., "Oxidative damage to DNA: relation to species metabolic rate and lifespan", *Proceedings of the National Academy of Sciences of the USA* **85**, 2706—2708 (1988)

Alpha-Tocopherol, Beta Carotene Cancer Prevention Study Group, "The effect of vitamin E and beta carotene on the incidence of lung cancer and other cancers in male smokers", *New England Journal of Medicine* **330**, 1029—1035 (1994)

Burness, G. *The White Badger* (George G. Harrap, London, 1970)

Carrel, A., *Man, the Unknown* (Harper & Bros, New York, 1935)

Dexter, T. M., Raff, M. C. & Wyllie, A. H. (eds), "Death from inside out: the role of apoptosis in development, tissue homeostasis and malignancy", *Philosophical Transactions of the Royal Society Series B* **345**, 231—333 (1994)

Finch, C. E., *Longevity, Senescence and the Genome* (University of Chicago Press, Chicago, 1990)

Gelman, R. E., Watson, A. L., Bronson, R. T. & Yunis, E. J., "Murine chromosomal regions correlated with longevity", *Genetics* **118**, 693—704 (1988)

Goldstein, S., "Replicative senescence: the human fibroblast comes of age", *Science* **249**, 1129—1133 (1990)

Goodrick, C. L., "Life span and the inheritance of longevity in inbred mice", *Journal of Gerontology* **30**, 257—263 (1975)

Halliwell, B. & Gutteridge, J. M. C., *Free Radicals in Biology and Medicine* (Clarendon Press, Oxford, 1985)

Harman, D., "Free radicals in aging", *Molecular and Cellular Biochemistry* **84**, 155—161 (1988)

Hayflick, L. & Moorhead, P. S., "The serial cultivation of human diploid cell strains", *Experimental Cell Research* **25**, 585—621 (1961)

Johnson, T. E., "The increased life-span of *age-1* mutants in *Caenorhabditis elegans* results from lowering the Gompertz rate of aging", *Science* **249**, 908—912 (1990)

Kleiber, M., *The Fire of Life* (Wiley, New York, 1961)

Lane, D. P., "*p53*, guardian of the genome", *Nature* **358**, 15—16 (1992)

Leaf, A., "Long-lived populations (extreme old age)", in W. R. Hazzard, R. Andres, E. L. Bierman & J. P. Blass (eds), *Principles of Geriatric Medicine and Gerontology*, 2nd edn, pp. 142—145 (McGraw-Hill, New York, 1990)

Martin, G. M., "Genetic syndromes in man with potential relevance to the pathobiology of aging", in D. E. Harrison (ed.), *Genetic Effects on Aging*, Birth Defects (Original Article Series, Vol. 14), pp. 5—39 (Alan R. Liss, New York, 1978)

Masoro, E. J., Yu, B. P. & Bertrand, H., "Action of food restriction in delaying the aging process", *Proceedings of the National Academy of Sciences of the USA* **79**, 4239—4241 (1982)

Metchnikoff, E., *The Prolongation of Life* (Putnam's Sons, New York, 1910)

Pearl, R., *The Rate of Living* (Knopf, New York, 1928)

Pereira-Smith, O. M. & Smith, J. R., "Evidence for the recessive nature of cellular immortality", *Science* **221**, 964—966 (1983)

Rubner, M., *Das Problem der Lebensdauer und seine Beziehungen zu Wachstum und Ernährung* (Munich and Berlin, 1908)

Rusting, Ricki L., "Why do we age?" *Scientific American*, pp. 86—95 (December 1992)

Takata, H., Susuki, M., Ishii, T., Sekiguchi, S. & Iri, H., "Influence of major histocompatibility complex region genes on human longevity among Okinawan-Japanese centenarians and nonagenarians", *Lancet* **ii**, 824—826 (1987)

Tolmasoff, J. M., Ono, T. & Cutler, R. G., "Superoxide dismutase: correlation with lifespan and specific metabolic rate in primate species", *Proceedings of the National Academy of Sciences of the USA* **77**, 2777—2781 (1980)

Vaziri, H., Dragowska, W., Allsopp, R. C., Thomas, T. E., Harley, C. B. & Lansdorp, P. M., "Evidence for a mitotic clock in human hematopoietic stem cells: loss of telomeric DNA with age", *Proceedings of the National Academy of Sciences of the USA* **91**, 9857—9860 (1994)

Wallace, D. C., "Mitochondrial DNA sequence variation in human evolution and disease", *Proceedings of the National Academy of Sciences of the USA* **91**, 8739—8746 (1994)

第五章 大交易

Austad, S. N., "Retarded senescence in an insular population of Virginia opossums (*Didelphis virginiana*)", *Journal of Zoology* **229**, 695—708 (1993)

Calow, P., "The cost of reproduction-a physiological approach", *Biological Reviews* 54, 23—40 (1979)

Charlesworth, B., *Evolution in Age-Structured, Populations* (Cambridge University Press, Cambridge, 1980)

Darwin, C., *On the Origin of Species by Means of Natural Selection*, 6th edn (John Murray, London, 1876)

Desmond, A. & Moore, J., *Darwin* (Michael Joseph, London, 1991)

Eisenberg, J. F., *The Mammalian Radiations* (University of Chicago Press, Chicago, 1981)

Haldane, J. B. S., *New Paths in Genetics* (Allen & Unwin, London, 1941)

Hamilton, W. D., "The moulding of senescence by natural selection", *Journal of Theoretical Biology* **12**, 12—45 (1966)

Kirkwood, T. B. L., "Comparative life spans of species: why do species have the life spans they do?" *American Journal of Clinical Nutrition* **55**, 1191S~1195S (1992)

MacArthur, R. H. & Wilson, E. O., *The Theory of Island Biogeography* (Princeton University Press, Princeton, 1967)

Maynard Smith, J., "The effects of temperature and of egg-laying on the longevity of *Drosophila subobscura*", *Journal of Experimental Biology* **35**, 832—842 (1958)

Medawar, P. B., *An Unsolved Problem*, in *Biology* (H. K. Lewis, London, 1952)

Medawar, P. B., *Memoir of a Thinking Radish* (Oxford University Press, Oxford, 1986)

Orr, W. C. & Sohal, R. S., "Extension of life-span by overexpression of superoxide dismutase and catalase in *Drosophila melanogaster*", *Science* 263, 1128—1130 (1994)

Partridge, L. & Barton, N. H., "Optimality, mutation and the evolution of ageing", *Nature* **362**, 305—311 (1993)

Pianka, E. R., "On r and K selection", *American Naturalist* **104**, 592—597 (1970)

Promislow, D. E. L. & Harvey, P. H., "Living fast and dying young: a comparative analysis of life-history variation among mammals", *Journal of Zoology* **220**, 417—437 (1990)

Rose, M. R., *The Evolutionary Biology of Aging* (Oxford University Press, Oxford, 1991)

Rose, M. & Charlesworth, B., "A test of evolutionary theories of senescence", *Nature* **287**, 141—142 (1980)

Steams, S. C., "Life-history tactics: a review of the ideas", *Quarterly Review of Biology* **51**, 3—47 (1976)

Tuttle, M. D. & Stephenson, D., "Growth and survival of bats", in T. H. Kunz (ed.), *Ecology of Bats* (Plenum Press, New York, 1982)

Weismann, A., "The duration of life", in E. B. Poulton, S. Schonland & A. E. Shipley (eds), *Essays upon Heredity and Kindred Biological Problems*, pp. 1~66 (Clarendon Press, Oxford, 1889)

Williams, G. C., "Pleiotropy, natural selection and the evolution of senescence", *Evolution* **11**, 398—411 (1957)

Williams, G. C., *Adaptation and Natural Selection: A Critique of Some Current Evolutionary Thought* (Princeton University Press, Princeton, 1966)

第六章 布朗-塞加尔的长生不老药

Aminoff, M. J., *Brown-Séquard. A Visionary of Science* (Raven Press, New York, 1993)

Borell, Merriley, "Organotherapy and the emergence of reproductive endocrinology", *Journal of the History of Biology* **18**, 1—30 (1985)

Brown-Séquard, C. E., "Du rôle physiologique et thérapeutique d'un suc extrait de testicules d'animaux d'après nombre observés chez l'homme", *Archives de physiologie normale et pathologique* (5e sér.) **1**, 739—746 (1889)

Olmsted, J. M. D., *Charles-Edourd Brown-Séquard: A Nineteenth-Century Neurologist and Endocrinologist* (Johns Hopkins Press, Baltimore, 1946)

Ranke-Heinemann, Uta, *Eunuchs for Heaven: the Catholic Church and Sexuality*, trans. John Brownjohn (André Deutsch, London, 1990)

第七章 腺体移植者

Carson, Gerald, *The Roguish World of Doctor Brinkley* (Reinhardt & Co., Inc., New York & Toronto, 1960)

Gosden, R. G. & Aubard, Y., *Transplantation of Ovarian and Testicular Tissues* (R. G. Landes Co., Austin, Texas, 1996)

Hamilton, J. B., *The Monkey Gland affair* (Chatto & Windus, London, 1986)

Lydston, G. F., "Sex gland implantation: Additional cases and conclusions to date", *Journal of the American Medical Association* **66**, 1540—1543 (1916)

Marshall, F. H. A., et al., *Report on Dr Serge Voronoff-s Experiments on the Improvement of Livestock* (Ministry of Agriculture and Fisheries, Board of Agriculture for Scotland) (HMSO, London, 1928)

Medvei, V. C., *The History of Clinical Endocrinology* (Parthenon Press, Carnforth, Lancashire, 1993)

Morris, R. T., "A case of heteroplastic ovarian grafting, followed by pregnancy, and the delivery of a living child", *Medical Record, New York* **69**, 697—698 (1906)

Stall, S., *What a Man of Forty-Five Ought to Know* (Vir Publishing Co., Philadelphia, 1929)

Steinach, E., *Sex and Life: Forty Years of Biological and Medical Experiments* (Viking Press, New York, 1940)

Voronoff, Serge, "Can old age be deferred?", *Scientific American*, pp. 226—227 (October 1925)

第八章 激素时代

Bardin, C. W., Swerdloff, R. S. & Stanten, R. J., "Androgens: risks and benefits". *Journal of Clinical Endocrinology and Metabolism* **73**, 4—7 (1991)

Colditz, G. A., Willett, W. C., Stampfer, M. J., Rosner, B., Speizer, F. E. & Hennekens, C. H., "Menopause and the risk of coronary heart disease in women", *New England Journal of Medicine* **316**, 1105—1110 (1987)

Djerassi, C., *The Pill, Pygmy Chimps and Degas-Horse* (Basic Books, New York; HarperCollins, London, 1992)

Grossman, C. J., "Interactions between the gonadal steroids and the immune system", *Science* **227**, 257—265 (1985)

Gwei-Djen, L. & Needham, J., "Medieval preparations of urinary steroid hormones", *Medical History* **8**, 101—121 (1964)

Hamilton, J. B. & Mestler, G. E., "Mortality and survival: a comparison of eunuchs with intact men and women in a mentally retarded population", *Journal of Ger-

ontology **24**,395—411(1969)

Parkes, A. S., "The rise of reproductive endocrinology,1926—1940", *Journal of Endocrinology* **34**,xix—xxxii(1966)

Pincus, G. & Thimann, K. V., *The Hormones. Physiology, Chemistry and Applications* (Academic Press, New York,1948)

Royal College of General Practitioners, "Mortality among oral contraceptive users", *Lancet* **ii**,727—731(1977)

Stampfer, M. J., Willett, W. C., Colditz, G. A., Rosner, B., Speizer, F. E. & Hennekens, C. H., "A prospective study of postmenopausal estrogen therapy and coronary heart disease", *New England Journal of Medicine* **313**,1044—1049(1985)

Stevenson, J. C., Crook, D. & Godsland, I. F.,"Influence of age and menopause on serum lipids and lipoproteins in healthy women", *Atherosclerosis* **98**,83—90(1993)

第九章 绝经期的意义

Bancroft, John, *Human Sexuality and its Problems*, 2nd edn (Churchill Livingstone, Edinburgh,1989)

Brecher, E. M., *Love,Sex and Aging: A Consumer's Union Report* (Little Brown, Boston,1984)

Brindley, G. S., "Pilot experiments on the actions of drugs injected into the human corpus cavernosum", *British Journal of Pharmacology* **87**,495—500(1986)

Dennerstein, L., Burrows, G. D., Wood, C. & Hyman, G.,"Hormones and sexuality: effect of estrogen and progestogen", *Obstetrics and Gynecology* **56**, 316—322(1980)

Faddy, M. J., Gosden, R. G., Gougeon, A., Richardson, S. J. & Nelson, J. F., "Accelerated disappearance of ovarian follicles in mid-life-implications for forecasting menopause", *Human Reproduction* **7**,1342—1346(1992)

Featherstone, M. & Hepworth, M.,"The history of the male menopause, 1848~1936", *Maturitas* **7**,249—257(1985)

Goodall, J., *The Chimpanzees of Gombe: Patterns of Behavior* (Belknap Press of Harvard University Press, Cambridge, Mass.,1986)

Gosden, R. G., *Biology of Menopause: The Causes and Consequences of Ovarian Ageing* (Academic Press, London,1985)

Gow, S. M., Turner, E. I. & Glasier, A., "Clinical biochemistry of the menopause and hormone replacement therapy", *Annals of Clinical Biochemistry* **31**, 509-528(1994)

Greer, Germaine, *The Change: Women Ageing and the Menopause* (Penguin, 1991)

Hallström, T., "Sexuality of women in middle age: the Göteborg study", *Journal of Biosocial Science*, Supplement **6**, 165—175 (1979)

Harman, S. M. & Tsitouras, P. D., "Reproductive hormones in ageing men. 1. Measurement of sex steroids, basal luteinizing hormone and Leydig cell response to human chorionic gonadotropin", *Journal of Clinical Endocrinology and Metabolism* **51**, 35—40 (1980)

Judd, H. L., Judd, G. E., Lucas, W. E. & Yen, S. S. C., "Endocrine function of the postmenopausal ovary: concentrations of androgens and estrogens in ovarian and peripheral vein blood", *Journal of Clinical Endocrinology and Metabolism* **39**, 1020—1024 (1974)

Kinsey, A. C., Pomeroy, W. B. & Martin, C. E., *Sexual Behavior in the Human Male* (W. B. Saunders, Philadelphia, 1948)

Kinsey, A. C., Pomeroy, W.B., Martin, C. E. & Gebhard, P. H., *Sexual Behavior in the Human Female* (W. B. Saunders, Philadelphia, 1953)

Masters, V. H. & Johnson, V.E., *Human Sexual Response* (Little Brown, Boston, 1966)

Neaves, W. B., Johnson, L., Porter, J. C., Parker, Jr., C. R. & Petty, C. S., "Leydig cell numbers, daily sperm production, and serum gonadotropin levels in aging men", *Journal of Clinical Endocrinology and Metabolism* **59**, 756—763 (1984)

Nesheim, B. I. & Saetre, T., "Changes in skin blood flow and body temperatures during climacteric hot flushes", *Maturitas* **4**, 49—55 (1982)

Tenover, J. S., "Effects of testosterone supplementation in the aging male", *Journal of Clinical Endocrinology and Metabolism* **75**, 1092—1098 (1992)

Tilt, E. J., *The Change of Life in Health and Disease*, 3rd edn (Churchill, London, 1870)

Treloar, A. E., Boynton, R. E., Behn, B. G. & Brown, B. W., "Variation of the human menstrual cycle through reproductive life", *International Journal of Fertility* **12**, 77—126 (1967)

Vermeulen, A., "Sex hormone status of the postmenopausal woman", *Maturitas* **2**, 81—89 (1980)

Whitehead, M. & Godfree, V., *Hormone Replacement Therapy - Your Questions Answered* (Churchill Livingstone, Edinburgh, 1992)

第十章 类固醇的塑形作用

Albright, F., Smith, P. H. & Richardson, A. M., "Postmenopausal osteoporosis", *Journal of the American Medical Association* **116**, 2465—2474 (1941)

Bardin, C. W. & Catterall, J. F., "Testosterone: a major determinant of extragenital sexual dimorphism", *Science* **211**, 1285—1294 (1981)

Barker, D. J. P., Hales, C. N., Fall, C. H. D., Osmond, C., Phipps, K. & Clark, P. M. S., "Type 2 (non-insulin-dependent) diabetes mellitus, hypertension and hyperlipidaemia (syndrome X): relation to reduced fetal growth", *Diabetologia* **36**, 62—67 (1993)

Christiansen, C., Riis, B. J. & Rodbro. P., "Prediction of rapid bone loss in postmenopausal women", *Lancet* **i**, 1105~1107 (1987)

Darwin, C., *The Descent of Man and Selection in Relation to Sex* (John Murray, London, 1871)

Fraser, D., Padwick, M. L., Whitehead, M. I., Coffer, A. & King, R. J. B., "Presence of an oestradiol receptor-related protein in the skin: changes during the normal menstrual cycle", *British Journal of Obstetrics and Gynaecology* **98**, 1277—1282 (1991)

Hartz, A. J., Rupley, D. C. & Rimm, A. A., "The association of girth measurements with disease in 32 856 women", *American Journal of Epidemiology* **119**, 71—85 (1984)

Jones, B. M., "Surgical treatment of male pattern baldness", *British Medical Journal* **292**, 430 (1986)

Kissebah, A. H. & Krakower, G. R., "Regional adiposity and morbidity", *Physiological Reviews* **74**, 761—811 (1994)

Lees, B., Molleson, T., Arnett. T. R. & Stevenson, J. C., "Differences in proximal bone density over two centuries", *Lancet* **341**, 673—675 (1993)

Reaven, G. M., "Role of insulin resistance in human disease", *Diabetes* **37**, 1595—1607 (1988)

Tanner, J. M., *Foetus into Man: Physical Growth from Conception to Maturity*, 2nd edn (Castlemead Publications, Ware, Hertfordshire, 1989)

Vague, J., "The degree of masculine differentiation of obesities: A factor determining predisposition to diabetes, atherosclerosis, gout and uric calculous disease", *American Journal of Clinical Nutrition* **4**, 20—34 (1956)

第十一章 一个极度不育的物种

Berryman, J. C. & Windridge, K, "Having a baby after 40: II. A preliminary investigation of women's experience of motherhood", *Journal of Reproductive and Infant Psychology* **9**, 19—33 (1991)

Bond, D. J. & Chandley, A. C., *Aneuploidy* (Oxford Monographs on Medical Genetics, No. 11) (Oxford University Press, Oxford, 1983)

Carlsen, E., Giwercman, A., Keiding, N. & Skakkebaek, N. E., "Evidence for decreasing quality of semen during past 50 years", *British Medical Journal* **305**, 609—613 (1992)

Cummins, J. M., Jequier, A. M. & Kan, R., "Molecular biology of human male infertility: links with aging, mitchondrial genetics, and oxidative stress?" *Molecular Reproduction and Development* **37**, 345—362 (1994)

Fédération CECOS, Schwartz, D. & Mayoux, N. J., "Female fecundity as a function of age. Results of artificial insemination in 2193 nulliparous women with azoospermic husbands", *New England Journal of Medicine* **306**, 404—406 (1982)

Meldrum, D. R., "Female reproductive aging-ovarian and uterine factors", *Fertility and Sterility* **59**, 1—5 (1993)

Menken, J., Trussell, J. & Larsen, U., "Age and infertility", *Science* **233**, 1389—1394 (1986)

Navot, D., Bergh, P. A., Williams, M. A., Garrisi, G. J., Guzman, I., Sandler, B. & Grunfeld. L., "Poor oocyte quality rather than implantation failure as a cause of age-related decline in fertility", *Lancet* **337**, 1375—1377 (1991)

Ober, W. B., "Reubens mandrakes: infertility in the Bible", *International Journal of Gynecological Pathology* **3**, 299—317 (1984)

Paulson, R. J. & Sauer, M. V., "Pregnancies in post-menopausal women", *Human Reproduction* **9**, 571—572 (1994)

Sharpe, R. M. & Skakkebaek, N. E., "Are oestrogens involved in falling sperm counts and disorders of the male reproductive tract?" *Lancet* **341**, 1392—1395 (1993)

Silber, S. J., *How to Get Pregnant with the New Technology* (Warner Books, New York, 1990)

Tietze, C., "Reproductive span and rate of reproduction among Hutterite women", *Fertility and Sterility* **8**, 89—97 (1957)

Wallace, D. C., "Mitochondrial genetics: a paradigm for aging and degenerative diseases?" *Science* **256**, 628—632 (1992)

Winston, Robert M. L., *Infertility*, rev. edn (Optima, London, 1994)

第十二章 美丽新时代？

Brinster, R. L. & Zimmermann, J. W., "Spermatogenesis following male germ-cell transplantation", *Proceedings of the National Academy of Sciences of the USA* **91**, 11298—11302 (1994)

Corpas, E., Hannan, S. M. & Blackman, M. R., "Human growth hormone and human aging", *Endocrine Reviews* **14**, 20—39 (1993)

Doll, R., Peto, R., Hall, E., Wheatley, K. & Gray, R., "Mortality in relation to consumption of alcohol: 13 years-observations on male British doctors", *British Medical Journal* **309**, 911—918 (1994)

Doll, R., Peto, R., Wheatley, K., Gray, R. & Sutherland, I., "Mortality in relation to smoking: 40 years' observations on male British doctors", *British Medical Journal* **309**, 901—910 (1994)

Eaton, S. B., Pike, M. C., Short, R. V. et al., "Women's reproductive cancer in evolutionary context", *Quarterly Review of Biology* **69**, 353~367

Fries, James F. & Crapo, Lawrence M., *Vitality and Aging: Implications of the Rectangular Curve* (W. H. Freeman & Co., Oxford, 1981)

Gosden, R. G. & Aubard, Y., *Transplantation of Ovarian and Testicular Tissues* (R. G. Landes Co., Austin, Texas, 1996)

Gosden, R. G., Baird, D. T., Wade, J. C. & Webb, R., "Restoration of fertility to oophorectomised sheep by ovarian autografts stored at $-196℃$", *Human Reproduction* **9**, 597—603 (1994)

Henderson, B. E., Ross, R. K. & Pike, M. O., "Hormonal chemoprevention of cancer in women", *Science* **259**, 633—638 (1993)

Medawar, P. B., *Memoir of a Thinking Radish* (Oxford University Press, Oxford, 1986)

Olshansky, S. J., Carnes, B. A. & Cassel, C. K., "The Aging of the Human Species", *Scientific American*, pp. 18—24 (April 1993)

Paulson, R. J. & Sauer, M. V., "Pregnancies in post-menopausal women", *Human Reproduction* **9**, 571—572 (1994)

Short, R. V., "The evolution of human reproduction", *Proceedings of the Royal Society of London* **195**, 3—24 (1976)

译 后 记

人究竟怎么样算"老"？人为什么会变老？哪种人容易老？而哪种人又能够"长生不老"？英国著名老年学家罗杰·戈斯登在他的《欺骗时间——科学、性与衰老》一书中，不仅对这些问题提出了自己睿智的见解，将人体老化之全景清晰地呈现于人们眼前，也让这本关于衰老生物学的通俗读物1996年甫一出版，就立即受到了读者的青睐，成为书海中一本精彩的畅销书。

戈斯登早年曾在剑桥大学跟随"试管婴儿之父"爱德华兹研究生殖生物学，以后又涉足老年学领域。他在长期研究工作的基础上，出版了《欺骗时间》。在书中，戈斯登兴趣盎然地谈论了性和衰老。这是一个古老而常新的话题。古今中外浩瀚的史书、文学作品中有许多关于"长生不老"的奇妙传说，它们表达了人们向往健康长寿、追求长生不老的美好愿望。人人都想长寿，没人愿意衰老。但是，衰老至今仍然困惑着人类。可以说，在衰老问题研究领域，有多少位老年学家，就有多少种关于衰老如何发生的理论。

戈斯登是一位勇于探索、敢于创新的科学家，他力图将进化论、生理学和临床医学诸方法糅合在一起，从新的视角窥探衰老之内在机理。他认为，衰老本身并不是一种疾病。人们不是死于衰老本身，衰老带来的变化本身并不是致命的。衰老并不是完全由物理规律支配的，而是由繁衍后代的冲动和保存自己的需求这两者间的张力来决定的。

在竭力诠释衰老本质的同时,戈斯登特别考察了生殖力和寿命的关系,揭示出性激素对年轻和健康的重要性。在这个问题的追索过程中,一种不出名的袋"鼠"——"袋鼬"帮了戈斯登的大忙。这种栖息在澳大利亚腹地的小型哺乳动物,模样看上去像老鼠,但它们没有老鼠那样锐利的门齿,只有细小的牙齿用来捕食昆虫。每当交配季节,雄袋鼬性欲极度亢进,在交配过程中显得十分疯狂,往往毛皮脱落,形容枯槁,结果很快衰老并死亡。雄袋鼬的悲剧是由激素引起的,它使机体的免疫力受到了抑制。在袋鼬及其他这类动物中,性激素就象征着它们的命运:要想达到性成熟生殖后代,所付出的巨大代价就是衰老并死亡。

戈斯登通过对袋鼬有趣的生活史的形象生动的描绘,使我们看到了生殖力与寿命之间存在着一种奇妙的交易,每一物种的寿命都有一个遗传决定的上限,性激素就是这一交易的典型示例,因为我们需要它们来生育后代,但是,它们也会引起老年人身体的恶变。

性激素向来被视为一种"长生不老药"。在历史上,法国的布朗-塞加尔教授企图用精液注射法赢得长生不老;俄国的沃罗诺夫医生试图用睾丸移植术实施复壮疗法。尽管他们最终由于方法不当,都陷于性激素和衰老研究的泥潭,但是他们的冒险性、先驱性工作却鼓励了后人努力去揭开笼罩在性激素和衰老上面的神秘面纱。激素在衰老过程中扮演的角色有时被夸大了,但它们确实具有一种极大的效力,我们不必忍受自然规定的激素水平,如果我们能敏锐地控制自己的激素水平,我们就能长久保持年轻和健康。

琳琅满目的化妆品固然可以帮助那些爱美的男男女女遮盖衰老,但是老年学却远非如此肤浅,它力求阐释衰老的影响,甚至力图彻底根除老化效应。随着老龄化人口的日益增长,衰老研究的社会影响变得更加重要。尽管岁月的影响依然与我们相伴,我们还战胜不了衰老,但衰老并不是一成不变的,这意味着我们也能欺骗时间——活得更长,拥有更加健康的身体,或者拨慢我们的生物钟。这些年来,在衰老问题探索中已经取得的一些鼓舞人心的科学发现,也正在帮助我们欺骗时间。

  本书共分上下两篇,上篇由刘学礼译,下篇由陈俊学、毕东海译。本译著最初于1999年由上海科技教育出版社出版,2014年作为上海世纪出版集团"世纪人文系列丛书·开放人文"之一再版。在本译著又一次再版之际,我衷心感谢上海科技教育出版社潘涛、蔡洁、伍慧玲、林赵璘等编辑为本书的一版再版所做的种种努力。

刘学礼
2022年春于复旦大学光华楼

图书在版编目(CIP)数据

欺骗时间:科学、性与衰老/(英)罗杰·戈斯登著;刘学礼,陈俊学,毕东海译.—上海:上海科技教育出版社,2022.7

书名原文:Cheating Time: Science, Sex and Ageing

ISBN 978-7-5428-7722-2

Ⅰ.①欺… Ⅱ.①罗… ②刘… ③陈… ④毕… Ⅲ.①衰老-人体生理学-普及读物 Ⅳ.①R339.3-49

中国版本图书馆CIP数据核字(2022)第028931号

责任编辑　潘　涛　蔡　洁　林赵璘
装帧设计　李梦雪　杨　静

QIPIAN SHIJIAN
欺骗时间——科学、性与衰老
[英]罗杰·戈斯登　著
刘学礼　陈俊学　毕东海　译

出版发行　上海科技教育出版社有限公司
　　　　　(上海市闵行区号景路159弄A座8楼　邮政编码201101)
网　　址　www.sste.com　www.ewen.co
经　　销　各地新华书店
印　　刷　常熟市华顺印刷有限公司
开　　本　720×1000　1/16
印　　张　20.25
版　　次　2022年7月第1版
印　　次　2022年7月第1次印刷
书　　号　ISBN 978-7-5428-7722-2/N·1151
图　　字　09-2022-0091号
定　　价　68.00元

Cheating Time:
Science, Sex and Ageing
by
Roger Gosden
Copyright © 1996
This edition arranged with Jamestowne Bookworks LLC
through Big Apple Agency, Inc., Labuan, Malaysia.
Simplified Chinese edition copyright:
© 2022 Shanghai Scientific & Technological Education Publishing House
Co., Ltd.
All rights reserved.